钢的成分、组织与性能

（第二版）

第六分册：耐热钢与高温合金

谢长生　崔　崑　编著

科学出版社

北京

内 容 简 介

《钢的成分、组织与性能》系列著作全面介绍常用钢类的成分、组织、性能,以及它们之间的关系,同时介绍各钢类相关标准及工程应用。本书为第六分册,介绍各类耐热钢与高温合金的化学成分、组织特点、性能要求,以及相关的国家标准和行业标准,并与国外同类钢种进行比较。

本书适合从事钢材研究、应用的科研人员、工程技术人员阅读,也适合高等院校金属材料类专业的师生阅读。

图书在版编目(CIP)数据

钢的成分、组织与性能. 第六分册,耐热钢与高温合金/谢长生,崔崑编著. —2 版. —北京:科学出版社,2019.1
ISBN 978-7-03-059783-0

Ⅰ. ①钢⋯ Ⅱ. ①谢⋯②崔⋯ Ⅲ. ①钢-研究②耐热钢-研究③耐热合金-研究 Ⅳ. ①TG142

中国版本图书馆 CIP 数据核字(2018)第 276787 号

责任编辑:牛宇锋 / 责任校对:郭瑞芝
责任印制:吴兆东 / 封面设计:刘可红

科 学 出 版 社 出版
北京东黄城根北街 16 号
邮政编码: 100717
http://www.sciencep.com
北京厚诚则铭印刷科技有限公司印刷
科学出版社发行　各地新华书店经销
*

2013 年 11 月第 一 版　开本:720×1000　1/16
2019 年 1 月第 二 版　印张:19
2022 年 6 月第四次印刷　字数:372 000

定价:118.00 元
(如有印装质量问题,我社负责调换)

第二版前言

钢铁工业是我国国民经济的重要支柱产业,在经济建设、社会发展、国防建设等方面发挥着重要作用,为保障国民经济稳定快速发展做出了重要贡献。1996 年我国粗钢产量达 1.0002 亿 t(未包含港澳台数据),跃居世界第一产钢大国,2010 年达到 6.3 亿 t(当年世界钢产量为 14.1 亿 t)。近年我国的钢产量增长趋缓,主要任务是研发高技术水平品种,淘汰落后产能。目前,我国大型钢铁企业和一些技术先进的钢铁企业的吨钢综合能耗已接近国际先进水平。2017 年我国粗钢产量达到 8.317 亿 t(当年世界钢产量为 16.912 亿 t)。

近年来,我国钢铁工业在大型化和现代化方面有了很大的进展,许多企业优化了工艺流程,建立了高效率、低成本的洁净钢生产体系,提高了钢的冶金质量。此外,控制轧制和控制冷却技术已广泛应用,以强化冷却技术为特征的新一代控冷技术有了较快的发展和应用。我国近年兴建的中厚钢板厂已引进和自主开发了一些具有国际先进水平的轧后控冷系统,可以生产出高强度并具有良好韧性的中厚钢板,提高了众多品种的低合金钢和微合金钢的使用性能,提高了产品的规格。

建筑、机械、汽车等领域是推动钢材需求的主要部门。为节约资源,国家积极引导和促进高效钢材的应用,提倡在建筑领域使用 400MPa 及以上高强螺纹钢取代 335MPa 螺纹钢。在新修订的国家标准中,取消了 335MPa 级的螺纹钢牌号。2007 年我国成立了汽车轻量化技术创新战略联盟,努力发展高强汽车用钢以实现商用汽车减重 300kg 的目标。2006~2017 年,我国陆续制定了《汽车用高强度热连轧钢板及钢带》系列国家标准,包括 7 个部分;还制定了《汽车用高强度冷连轧钢板及钢带》系列国家标准,包括 11 个部分,其中包括双相钢、相变诱导塑性钢、复相钢、液压成形用钢、淬火配分钢、马氏体钢、孪晶诱导塑性钢等,并已成功开发出 1200MPa、1500MPa 高强钢,为汽车轻量化提供了支持。

机械、汽车、航空工业的发展促进了机械制造用钢(包括弹簧钢和轴承钢)的发展。新修订的国家标准中,对这类钢的硫、磷和其他杂质元素的含量有了更为严格的要求,对低倍组织和非金属夹杂物的要求也更为严格。为满足航空发动机、直升机等高技术领域的需求,国内外开发出高性能的轴承齿轮钢。用这些钢制成的零部件,有更好的耐磨性、韧性,以及更长的机械疲劳和接触疲劳寿命,因此,具有更高的使用寿命和安全性。

模具钢是工具钢中的一种。由于用模具生产零件具有材料利用率高、制品尺寸精度高等优点,能极大地提高生产率,在工具钢中,模具钢产量的比例日益增加。

因此,最近在修订国家标准《合金工具钢》(GB/T 1299—2000)时,将其名称更改为《工模具钢》(GB/T 1299—2014),新纳入的模具钢牌号有 46 个。

为节约战略资源镍,国内外加速了现代铁素体不锈钢的研究和发展,开发出一些新的铁素体不锈钢和超级铁素体不锈钢。我国高铬铁素体不锈钢产量份额(包括高铬马氏体不锈钢)在 20 世纪 80 年代仅占我国不锈钢产量的 10% 左右,近年已接近 20%。

耐热钢主要应用于大型火电机组和内燃机。在新修订的这种钢的国家标准或行业标准中,都加严了对成分、组织和质量的控制,并引进了国内外一些使用性能良好的钢种。高温合金的发展不仅推动了航空/航天发动机等国防尖端武器装备的技术进步,而且促进了交通运输、能源动力等国民经济相关产业的技术发展。金属材料领域中许多基础概念、新技术、新工艺都曾率先在高温合金研究领域中出现。进入 21 世纪以来,世界各国在高性能高温合金材料研究方面的步伐明显加快,需要对高温合金发展的新进展作一简单评述,主要包括:成分设计方法,组织结构等的定量表征,以及变形、强化与损伤过程的研究。

《钢的成分、组织与性能》一书的上、下册于 2013 年出版,距今已 5 年有余。在此期间,我国钢铁的生产技术不断进步,产品质量和性能持续提升,开发出一些高技术产品,更新了大部分国家标准并制定出一些新的标准。因此有必要对原书进行修订,再版发行。

在《钢的成分、组织与性能》第二版中更新了 58 个与钢种有关的国家标准或行业标准,还列入了 27 个新制定的与钢种有关的国家标准或行业标准。

为便于读者查阅,本书由原来的上、下册,更改为第二版的六个分册。其中,第一分册:合金钢基础,包括原书的第 1 章至第 4 章,第二分册:非合金钢、低合金钢和微合金钢,以原书的第 5 章为主干,第三分册:合金结构钢,包括原书的第 6 章和第 7 章,第四分册:工模具钢,以原书的第 8 章为主干,第五分册:不锈钢,以原书的第 9 章为主干,第六分册:耐热钢与高温合金,以原书的第 10 章为主干。

由于编著者学识有限,书中难免存在不妥和疏漏之处,尚祈读者不吝指正。

崔　崑

2018 年 9 月

第一版前言

人类现代文明与钢材的大量生产和使用密不可分。高技术在钢铁工业上的应用使钢铁工业成为世界上最高产、最高效和技术最先进的工业之一,因而钢材价格也比较低。钢材具有良好的综合性能,是世界上最为常见的多用途制造材料。钢材制成的产品服役报废后,绝大部分可以回收利用,具有良好的循环再生能力。环保技术与钢铁生产工艺的结合,使得钢铁生产中空气排尘与污泥外排正在减少,产生的固体废弃物已近全部回收利用,因此钢铁材料是与环境协调、友好的材料。与其他基础材料相比,钢铁材料,特别是作为基础结构材料,在 21 世纪仍将占据主导地位。

近年来国内陆续出版了不少有关各类专用钢的书籍,也出版了一些有关钢铁材料工程的大型工具书。作者撰写本书的目的是想在一部作品中对工程上常用的钢类(不包括电工用钢)作较全面的介绍,着重阐明合金元素在钢中的作用,钢的成分与其热处理特点、组织、性能之间的关系及其工程应用。

2005 年,国家标准化管理委员会召开了全国标准化工作会议,要求加大采用国际标准和国外先进标准的力度,进一步促进提高我国产品、企业和产业的国际竞争力。之后有关部门加快了钢标准的修订和制定工作,我国国家标准与国际标准一致性水平大幅提升,我国钢标准体系更加科学、技术更加先进、市场更加适应、贸易更加便利。本书尽量采用最新制定的国家标准和行业标准,对国内常引进的国外钢号和各类材料的发展方向亦作了适当的介绍。

本书重视钢种的热处理工艺、性能和应用,特别是国家标准中列入的钢号,使从事钢铁材料工程的科技人员能依据部件或构件的服役条件合理选用钢材。

全书共 10 章。第 1 章简要介绍钢的生产过程及其对钢的冶金质量的影响。自 20 世纪中叶以来,世界钢铁生产工业装备技术快速发展,普遍采用了炉外精炼、连铸等新技术。1978 年我国钢铁工业进入了稳定快速发展时期。近年通过大量引进国外先进的工业设备和技术创新,我国一些大中型钢铁企业的装备和生产工艺已进入世界钢铁生产企业的先进行列,大大促进了我国钢质量的提高和新钢种的开发。第 2 章介绍常用的铁基二元相图与钢的相组成,这是各类钢的成分设计基础。第 3 章介绍合金元素对钢中相变的影响,主要分析钢中加入合金元素后对各种热处理相变所产生的影响,以及各类组织的特征和性能,对各种相变的不同理论不作过多的分析,因为这方面已有许多专著。第 4 章介绍合金元素对钢的性能的影响,这些性能包括力学性能(强度、塑性、韧性、硬度、疲劳和磨损)、钢的淬透性、热变形成形性(控制轧制和控制冷却、锻造性能)、冷变形成形性(拉伸、胀形、弯曲)、焊接性、切削加工性。对于钢的热处理性能及表面处理，除淬透性外，未专门作介绍，同样因为这方面已有许多专著和大型手册。第5～10章为各大类钢的介绍，在各章中又将各大类钢分为若干小类。钢的分类方法有多种：按化学成分、按质量等级、按组织、按用途等。本书的分类不拘一格，第5章大体上是按化学成分分类，后面各章是按用途分类，而且也不是很严格。例如，第5章中在论述 TRIP 钢时，既有低合金钢又有合金钢，这是为了论述的系统性。

　　本书第1～9章由崔崑撰写，并经华中科技大学谢长生教授和张同俊教授审阅，第10章由谢长生教授撰写，经崔崑审阅。全书最后由崔崑统一定稿。

　　本书对钢材领域的科学研究人员、材料科学专业的师生、广大的钢材应用部门和材料选用者均有参考价值。读者如果具有物理冶金(金属学)和金属热处理的基本知识，阅读本书不会有困难。

　　在撰写本书过程中，引用了大量的专著、论文，以及标准中的图、表和数据，作者均注明出处，并尽可能引用原始文献，在此谨向文献作者、标准制定者和刊物的出版者表示诚挚的感谢！

　　本书的撰写得到华中科技大学材料科学与工程学院和华中科技大学材料成形与模具技术国家重点实验室的支持和资助，作者表示衷心的感谢！

　　由于作者学识有限，书中必有不妥之处，恳请读者不吝指正。

崔　崑

目　　录

第 10 章　耐热钢与高温合金

耐热钢与高温合金是为制造 550～1100℃ 甚至更高温度环境中工作的结构件而开发的一类高温金属材料,它广泛用于动力、石化、航天、航空、核工业、交通运输、冶金等工业部门。

耐热钢是指在高温下具有较高强度和良好化学稳定性的合金钢。耐热钢最初用于蒸汽锅炉及蒸汽轮机,后来由于燃气轮机、航空技术及宇航事业的发展,以及化工、石油等工业部门中高温高压技术的发展,对耐热钢提出了越来越高的要求。

耐热钢可以有多种分类方法,这些分类方法都是根据钢的某一特点而划分的,因而可以相互交叉。下面是耐热钢的一些主要的分类方法[1]:

耐热钢按特性可分为:①抗氧化钢(或称耐热不起皮钢),通常指在高温下长期工作不会因介质侵蚀而破坏的钢;②热强钢,即在高温下仍具有足够强度而不会大量变形或破断的钢。

耐热钢按组织状态可分为:①珠光体(型)耐热钢;②马氏体(型)耐热钢;③铁素体(型)耐热钢;④奥氏体(型)耐热钢;⑤沉淀硬化(型)耐热钢。

耐热钢按主要用途可分为:①锅炉和汽轮机用耐热钢,主要用于制造锅炉管、汽轮机叶片、叶轮、紧固件、主轴和转子等;②航空涡轮发动机用耐热钢,主要用于制造压气机盘、叶片、阀门、涡轮盘等;③燃气轮机用耐热钢,主要用于制造整体锻造转子和涡轮盘、紧固件、叶片等;④内燃机用耐热钢,主要用于制造汽车、拖拉机等用的在高温和燃气腐蚀条件下工作的气阀,特别是工作条件更加恶劣的排气阀;⑤火箭发动机用耐热钢,主要用于制造燃烧室的外壁材料,以及涡轮盘、轴、燃烧室隔板、涡流进气导管等;⑥工业炉用耐热钢,在冶金、机械、建材等工业中广泛用于制造热交换器、加热炉管等的耐热部件。耐热钢还常用于制造耐热钢铸件,如冶金厂的各种退火炉罩、炉底辊、辐射管、马弗罐等。除上述用途外,还有其他一些重要用途。

在耐热钢不能满足更高温度下工作的零件性能要求时则需要使用高温合金。高温合金是指能够在 600℃ 以上高温承受较大复杂应力,并具有表面稳定性的高合金化铁基、镍基或钴基奥氏体金属材料。高温、较大应力、表面稳定和高合金化是铁基、镍基或钴基奥氏体高温合金不可缺少的四大要素,缺少其中任何一个要素的金属材料都不属于高温合金[2]。最常用的高温合金是镍基合金,它是在 Cr20Ni80 合金的基础上加入强化元素而发展起来的,可以在 650～1150℃ 使用。随着我国科研能力的增强,近十余年来还开发出高温钛合金、高温金属间化合物、超高温钨基复合材料等自成体系的高温材料[3]。

本章首先从耐热钢与高温合金的抗氧化性能、高温力学性能等方面来了解对耐热钢与高温合金的要求,然后从热处理工艺特点、组织变化与性能特点、典型应用举例及最新发展动态等方面对热强钢、抗氧化钢、阀门钢及高温合金等进行介绍。

10.1　对耐热钢与高温合金的要求

高温强度和高温化学稳定性是耐热钢和高温合金应具有的两大性能。对高温下使用的耐热钢和高温合金的最基本性能要求有两条:一是能满足高温使用条件下对力学性能的要求;二是具有高温化学稳定性。此外,它们还应具有良好的铸造、热加工等工艺性能。

10.1.1　耐热钢与高温合金的抗氧化性能

10.1.1.1　金属的氧化过程

耐热钢与高温合金均为金属材料,而金属材料在高温下发生的气体腐蚀主要是氧化,因此耐热钢与高温合金的氧化过程实际上就是它们与氧化性介质反应生成氧化物的过程。

氧化是一种典型的化学腐蚀,它具有介质与金属直接接触而发生化学反应、反应产物可附着在金属表面、反应过程没有电流产生等化学腐蚀的特点。在高温工况条件下,当 O_2、CO_2、H_2O 及 H_2 等气体与纯净的金属表面接触时,介质分子就吸附于金属表面并分解成介质原子,然后介质原子与金属原子之间发生化合作用。化合作用的结果首先使钢脱碳(针对于耐热钢),随后使金属氧化(针对于耐热钢和高温合金),其反应可用下式表示:

$$Me + X \rightleftharpoons MeX \qquad (10.1)$$

式中,Me 代表金属原子;X 代表介质原子。

如果腐蚀产物 MeX 是可挥发气体或以不完整的膜覆盖在金属表面,则介质可以继续与金属表面接触,并按吸附、分解、化合的过程使金属继续氧化。反之,如果腐蚀产物 MeX 能完整地覆盖在金属表面上,要使氧化过程能够进一步发展,则必须使金属原子或金属离子与氧原子或氧离子的相互迎面扩散,然后相遇并化合成 MeX 而使氧化膜继续长大。

图 10.1 是金属氧化时金属原子或金属离子与氧原子或氧离子穿过氧化膜扩散生长的示意图,至于氧化膜的生成区靠近氧化膜的哪一边,则取决于金属原子或金属离子与氧原子或氧离子两者的扩散速率。

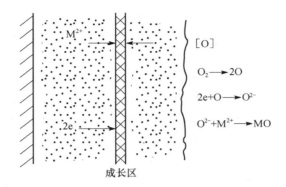

$O_2 \longrightarrow 2O$

$2e + O \longrightarrow O^{2-}$

$O^{2-} + M^{2+} \longrightarrow MO$

成长区

图 10.1　金属原子或金属离子与氧原子或氧离子穿过氧化膜扩散生长的示意图[4]

　　金属原子或金属离子与氧原子或氧离子两者的扩散速率又取决于它们的粒子半径。表 10.1 给出了部分常见金属与非金属的原子半径和离子半径。

表 10.1　部分常见金属与非金属的原子半径和离子半径[4]

原子符号	原子半径/Å	离子符号	离子半径/Å	原子符号	原子半径/Å	离子符号	离子半径/Å
Be	1.12	Be^{2+}	0.31	Cu	1.28	Cu^{2+}	0.96
Al	1.43	Al^{3+}	0.50	Nb	1.47	Nb^{3+}	0.70
Si	1.18	Si^{4+}	0.41	Mo	1.39	Mo^{6+}	0.62
Ti	1.49	Ti^{4+}	0.68	O	0.60	O^{2-}	1.40
Cr	1.25	Cr^{3+}	0.65	S	1.04	S^{2-}	1.84
Mn	1.29	Mn^{2+}	0.80	Cl	1.07	Cl^{-}	1.81
Fe	1.26	Fe^{2+}	0.75	H	0.79	H^{+}	1.27
Fe	1.25	Fe^{3+}	0.67	C	0.77	C^{4+}	0.15
Ni	1.25	Ni^{2+}	0.78	C	0.77	C^{-}	2.60

　　由表 10.1 可见,金属的离子半径比相应金属的原子半径小,氧化剂的阴离子半径比相应氧化剂的原子半径大。因此,在一般情况下可以推测,从氧化膜内侧向外侧运动的主要是金属离子与电子(而不是原子),而从氧化膜表面向内部扩散的则是氧化剂的阴离子。此时,氧化剂是在氧化膜的外表面依靠穿过氧化膜传运出来的电子而实现离子化。由表 10.1 还可以看到,金属离子的半径显著地小于氧离子的半径,这说明在相互迎面扩散过程中金属离子的迁移速率较大,因而氧化膜主要在其成长区的外表面上生长。自然,在化学腐蚀过程中离子扩散的假设并不排斥还有原子平行地进行扩散的可能性。

　　随着氧化膜的增厚,金属离子与氧离子的扩散越来越困难,这时候形成的氧化膜具有抑制金属继续发生氧化的作用。我们把这种具有抑制金属继续发生氧化的氧化膜称为保护膜。金属氧化到一定程度后是否会继续氧化,则取决于氧化膜的性质。

　　由上可见,氧化膜的形成是化学反应过程,氧化膜的增厚则是扩散和化学反应的综合过程,金属本身是否具有抗氧化性则取决于氧化膜的性质。

从前面的金属氧化反应式可以看出,当反应向右进行时金属产生氧化,当反应向左进行时金属不能产生氧化。反应向左或向右进行取决于空气中氧的分压力和氧化物的分解压力:①如果氧化物的分解压力小于外界气氛中氧的分压力,则反应向右而使金属发生氧化;②如果氧化物的分解压力大于外界气氛中氧的分压力,则反应向左而金属不会被氧化;③如果人为地制造一种条件来降低气氛中的氧的分压力并使它小于金属氧化物的分解压力,那么金属也不会被氧化。

上述情况②对铁来说是不可能的,因为氧在空气中的分压力为 0.2atm,而铁在各种温度下发生 $2FeO \longrightarrow 2Fe + O_2$ 的分解压力如表 10.2 所示。从表 10.2 的这些数据可以看出,铁的氧化物在各种温度下的分解压力都低于空气中氧的分压力,因此 Fe 在高温下是不抗氧化的。

表 10.2   FeO 在各种温度下的分解压力[4]

温度	600K(327℃)	800K(527℃)	1000K(727℃)	1400K(1127℃)	1800K(1527℃)
分解压力/atm	5.1×10^{-42}	9.1×10^{-30}	2.0×10^{-22}	5.9×10^{-14}	3.3×10^{-9}

上述情况③则是可以做到的,如生产中的真空热处理、惰性气体或控制气氛中加热等,都是利用这一原理来防止氧化的。

上面的压力分析只介绍了金属氧化的可能性,而没有解决氧化速率的问题。因此,我们可以设想,虽然金属发生氧化,但如果其氧化速率能减小到某种允许的程度,这种金属也可以在工业生产中应用。

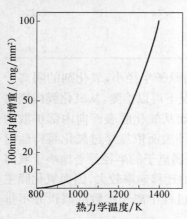

图 10.2   空气中铁的氧化速率与
热力学温度的关系[4]

当氧化介质一定、合金成分相同时,金属的氧化速率在一般情况下主要与温度及时间有关。

图 10.2 与图 10.3 分别给出了金属铁的氧化速率与温度和时间的关系曲线。从图 10.2 可以看到,铁的氧化速率随着温度升高而明显增大,这是由两方面的原因造成的,一方面是温度升高使氧化反应加快,另一方面是温度升高使扩散加快。而从图 10.3 却可以看到另一方面的情况,即在 252℃ 或 305℃ 空气中,随着时间的增加,铁的氧化速率增长缓慢,这是由于随着氧化膜的增厚、扩散阻力加大的缘故,但铁的这种效果只能持续到 575℃ 左右。图 10.4 给出了铁在空气中氧化速率的另一个转变点:850~880℃。

在该温度范围内,铁的氧化速率随着温度的上升而缓慢增大,这是铁素体转变为奥氏体而造成,但此温度范围内铁的氧化速率仍然比 575℃ 以下要大得多。

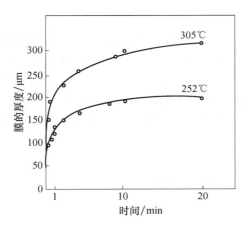

图 10.3　较低温度下铁在空气中的
氧化速率与时间的关系[4]

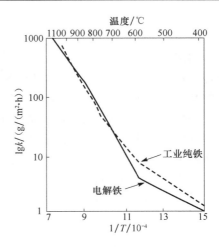

图 10.4　铁在空气中的氧化速率的
对数与 $1/T$ 之间的关系[4]

至于氧化速率与时间的关系,则大致可分为如图 10.5 中直线 Ⅰ、曲线 Ⅱ 与曲线 Ⅲ 所示的三种情况:

(1) 不生成完整的连续氧化膜,如 K、Na、Ca、Ba、Mg 等。它们的氧化速率是恒定的,这时氧化速率与时间之间的关系有图 10.5 中曲线 Ⅰ 所示的直线关系,且可用方程 $dy/dt = K$ 或 $y = Kt + A$ 来表示,式中 y 为氧化膜厚度,t 为时间,A、K 为常数。

(2) 可以生成完整的氧化膜但它不阻

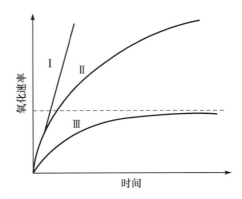

图 10.5　氧化速率与时间的关系

碍扩散,这类金属有 Fe、Cu、Ni、Mn、Zr、Ti 等。这时氧化速率与时间之间的关系遵循图 10.5 中曲线 Ⅱ 所示的抛物线规律,即 $dy/dt = K/y$ 或 $y^2 = Kt + A$。

(3) 不但可以生成完整的氧化膜,而且它还可以阻碍扩散,如 Cr、Si、Al 等。这时氧化速率与时间之间的关系遵循图 10.5 中曲线 Ⅲ 所示的对数规律(或渐近线规律),即 $dy/dt = K/e^y$ 或 $y = \ln Kt$。

此外,人们还在一些金属和合金中发现了氧化速率与时间之间的立方规律,在高温合金的涂层上还发现有氧化速率与时间之间的四次方和五次方规律。

上面介绍了金属的氧化过程及压力、温度、时间对氧化过程的影响,那么什么样的氧化膜可以抑制氧化过程继续进行,即具有抗氧化性呢? 这就需要从分析氧化膜的特性着手。

10.1.1.2　氧化膜的特性

耐热钢可以是低碳钢、低合金钢或高合金钢,因此其抗氧化性能与铁的氧化膜特性密切相关,而高温合金是以 Fe、Ni 或 Co 为基的合金。在实际应用中,Fe 基合金的基体实际为 Fe-Ni-Cr 基,Co 基合金大多为 Co-Ni-Cr 基,而 Ni 基合金实际为 Ni-Cr 或 Ni-Cr-Co 基,然后在此基础上进一步合金化,因此耐热钢的抗氧化性主要与基体元素 Fe、合金元素 Cr 和 Al 等构成的氧化膜的特性有紧密联系。据此,以下将重点介绍 Fe、Cr、Al 的氧化膜特性。

1) 铁的氧化膜特性[4]

图 10.6 给出了 Fe-O 状态图和氧化膜中氧化物的类型及分布。

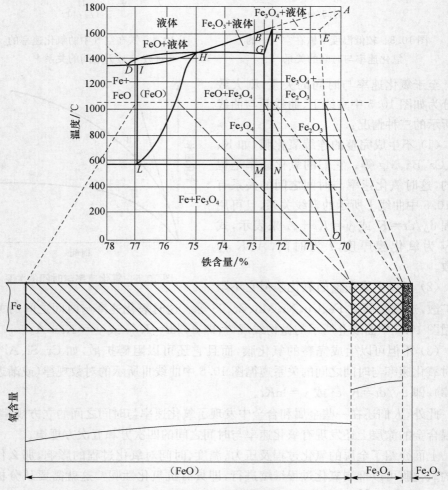

图 10.6　Fe-O 状态图和氧化膜中氧化物的类型及分布[4]

从图 10.6 可以看到,Fe 与 O 可以生成三种稳定的氧化物:FeO(Wüstite,维氏体)、Fe_3O_4(magnetite,磁铁矿)及 Fe_2O_3(hematite,赤铁矿)。它们的分布如下:靠近基体一侧为 FeO,中间层为 Fe_3O_4,最外层为 Fe_2O_3。各层氧化物的厚度或者三种氧化物是否同时存在取决于铁表面的氧化条件。随着温度的升高,各层氧化物的含量(质量分数)如表 10.3 所示。

表 10.3　Fe 在空气中不同温度下各氧化层的含量[5]　　　　　(单位:%)

氧化物	以下温度下各氧化层含量			
	700℃	800℃	900℃	950℃
Fe_2O_3	1.0	0.75	0.66	0.78
Fe_3O_4	5.0	4.1	4.3	4.4
FeO	余量			

另外,在铁基体与 FeO 之间有一部分由氧和铁所形成的固溶体,在 FeO 与 Fe_3O_4 之间、Fe_3O_4 与 Fe_2O_3 之间还各有一个中间层,这些中间层中含有相邻氧化物的混合物或固溶体。它们的各层结构如图 10.7 所示[6]。

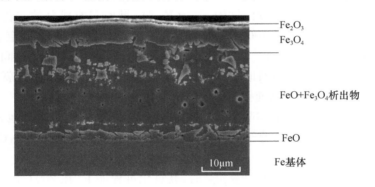

图 10.7　氧化铁皮的结构[6]

氧化亚铁 FeO 具有 NaCl 型的立方晶格,晶体学名称叫维氏体。由图 10.6 可知,维氏体在高于 570~575℃时形成,而当它自高温冷下来时会发生 $4FeO \longrightarrow Fe + Fe_3O_4$ 转变。维氏体中氧含量(原子分数)大于 50%,过剩的氧在 FeO 中能够夺取部分铁的阳离子的电子(使 $Fe^{2+} \rightarrow Fe^{3+}$),过剩氧本身则以离子状态占据着阴离子结点,这样晶格中就有一部未占据的阳离子结点形成空位,维氏体的这种性质为 Fe^{2+} 沿着空位移动、电子的转移($Fe^{2+} - e \longrightarrow Fe^{3+}$)创造了条件,这两个方面的原因造成了铁在约 600℃时开始强烈氧化的条件。

FeO 能存在的最高温度为 1424℃。在 FeO 存在区间有很宽的氧浓度的变化,当它自高温冷下来时,在共析点靠近 Fe 基体的一侧氧浓度变化很小,几乎看不到先共析 Fe 粒子的析出,而在靠近 Fe_3O_4 的一侧,则有相当数量的先共析 Fe_3O_4 的析出,析出物的析出速率很快。试样在 980℃氧化后,即使水冷也不能阻止其在 FeO 中的析出,析出主要在靠近 Fe_3O_4 层的一侧。FeO 冷却至约 570℃以下将发生 $4FeO \longrightarrow Fe + Fe_3O_4$ 的共析转变。

室温氧化铁皮的组织结构,随自高温开始冷却的温度和速率的不同而有很大的差异。冷却速率很快,高温形成的 FeO 将保留至室温,其中分布着一些 Fe_3O_4 析出物。如果冷却速率很慢,FeO 将分解为 Fe_3O_4 和金属 Fe 的混合物。在一定的冷却的条件下,570℃以上,先共析 Fe_3O_4 首先析出并继续长大,而在 570℃以下将在 Fe 基体和 FeO 的界面上形成新的 Fe_3O_4 析出物,称之为 Fe_3O_4 层(图 10.7)。随着冷却速率的减缓,最后 FeO 将分解为片层状的 $Fe_3O_4 + Fe$ 的共析体,残余的 FeO 也越来越少。Fe_3O_4 层生成的机制尚有不同的解释。加快冷却速率可抑制 Fe_3O_4 层的生成[6]。

Fe_3O_4 具有磁性,它有"尖晶石"型的立方晶格(尖晶石为具有 $MeO \cdot Me_2O_3$ 型分子式和类似立方晶格的矿石,二价的金属 Me^{2+} 可以是 Mg、Fe、Mn 与 Zn,三价的金属 Me^{3+} 可以是 Fe、Cr、Al 等)。磁性 Fe_3O_4 从室温至熔点 1597℃都是稳定的,在具有氧化性的介质中加热时有 $4Fe_3O_4 + O_2 \longrightarrow 6Fe_2O_3$ 的转变发生,在 200℃时形成具有磁性的过渡性结构——$\gamma\text{-}Fe_2O_3$,此时只有成分的变化而没有晶体结构的变化,待加热到 $400 \sim 500$℃时才失去磁性而转变成稳定性结构的 $\alpha\text{-}Fe_2O_3$。由于 Fe_3O_4 和 $\gamma\text{-}Fe_2O_3$ 堆砌得比较紧密,而且有各个结点之间距离比较小的尖晶石型结构,能够强烈地阻止扩散,故具有一定的抗氧化性,这就是温度小于 575℃时或蒸汽处理都会使钢有一定的抗氧化性的原因。

$\alpha\text{-}Fe_2O_3$ 具有斜方六面体晶系的结构,在高于 1100℃时它将部分地分解,因为此时 Fe_2O_3 的分解压力接近于大气中氧的分压。在铁的熔点时,Fe_2O_3 将完全分解。

由上可知,当铁在空气中缓慢加热时,其氧化过程如下:在 200℃以下加热时,氧化膜 $\gamma\text{-}Fe_2O_3$(或 Fe_3O_4)的成长过程很缓慢,遵循氧化的对数规律,在氧化膜达到比较小的厚度时,氧化过程就几乎停止;在加热到 $250 \sim 275$℃时,氧化膜的外层发生 $\gamma\text{-}Fe_2O_3$(或 Fe_3O_4)向 $\alpha\text{-}Fe_2O_3$ 的转变,氧化膜继续增厚;在加热到高于 575℃时,已经生成三层氧化物——$FeO\text{-}Fe_3O_4\text{-}\alpha\text{-}Fe_2O_3$,氧化过程大大加速,此时遵循抛物线规律[4,6]。

2) 铬的氧化膜特性

合金元素 Cr 与 O 可以生成四种氧化物:CrO、Cr_2O_3、CrO_2 及 CrO_3。对耐热钢和高温合金而言,其中存在于低温下并具有立方结构的 CrO 与 CrO_2 并不重要,而重要的是 Cr_2O_3 与 CrO_3。

CrO_3 为熔点较低的暗红色晶体,热稳定性较差,加热到 435℃时会通过反应式 $4CrO_3 \longrightarrow 2Cr_2O_3 + 3O_2 \uparrow$ 发生分解,因此它在耐热钢与高温合金中也是不能稳定存在的。

Cr$_2$O$_3$ 属于六方晶系,熔点 2024℃,是 Cr 的氧化物中唯一能够稳定存在的化合物。在耐热钢与高温合金中,由于合金元素 Cr 转变为 Cr$_2$O$_3$ 的生成自由能较低而容易使 Cr 被选择性氧化,导致合金表层 Cr 的浓度降低而形成由表及里的浓度梯度。当合金内部 Cr 的扩散供给不能弥补由于 Cr$_2$O$_3$ 氧化膜生成所消耗的 Cr 量时,Cr$_2$O$_3$ 层出现贫铬区而造成 Cr$_2$O$_3$ 氧化膜减薄,最终导致 Cr$_2$O$_3$ 氧化膜破损而失去保护作用。Wagner 合金高温氧化理论给出了保护性 Cr$_2$O$_3$ 氧化膜的再生条件,只有合金表层的 Cr 浓度大于形成连续 Cr$_2$O$_3$ 氧化膜所需的 Cr 浓度临界值(1000℃以下 Fe-Cr 合金的临界值约为 14%)时,才能保证 Cr$_2$O$_3$ 氧化膜具有良好的抗氧化性,但是 Cr$_2$O$_3$ 氧化膜在高温下会进一步氧化,通过反应式 $2Cr_2O_3 + 3O_2 \longrightarrow 4CrO_3(g)$ 生成挥发性的 CrO$_3$。这一反应在 950℃ 以上就十分快速,因此 Cr$_2$O$_3$ 氧化膜的使用温度不适于超过 1000℃。

3) 铝的氧化膜特性

铝的氧化物只有一种,即 Al$_2$O$_3$,它有四种同素异形体,即 α-Al$_2$O$_3$、β-Al$_2$O$_3$、γ-Al$_2$O$_3$ 和 δ-Al$_2$O$_3$,其中最主要的是 α-Al$_2$O$_3$ 和 γ-Al$_2$O$_3$。在含有水分的氧化性气氛中,将最终生成具有保护作用的 α-Al$_2$O$_3$ 氧化膜[7]。α-Al$_2$O$_3$ 的晶体结构与 Cr$_2$O$_3$ 相似,同属六方晶系,熔点 2040℃,热稳定性非常高,它不会随温度的升高而产生挥发性的组分,加之其氧化膜致密,因而在高温下 Al$_2$O$_3$ 氧化膜的抗氧化能力比 Cr$_2$O$_3$ 氧化膜强,但一般认为 Al$_2$O$_3$ 氧化膜与基体的结合力比 Cr$_2$O$_3$ 氧化膜稍差。由于 Al$_2$O$_3$ 氧化膜的生成自由能比 Cr$_2$O$_3$ 氧化膜的生成自由能低,因而 Al$_2$O$_3$ 氧化膜的形成比 Cr$_2$O$_3$ 氧化膜的形成更为容易,当 Al 和 Cr 共存时,只要动力学条件满足,Al$_2$O$_3$ 氧化膜将优先形成。含有适当量 Al 的耐热钢和高温合金在高温下具有优良的抗氧化性。

耐热钢与高温合金在高温下同样会发生氧化,但怎样的氧化速率才能在工业上使用就涉及金属的抗氧化性标准。

10.1.1.3　抗氧化性的评定方法

通常用来评定金属材料抗氧化性的方法主要是重量法。所谓重量法,就是用单位时间、单位面积上氧化后重量增加或减少的数值来表示金属抗氧化性的大小的一种方法。重量法又分减重法和增重法两种。用重量法评定金属抗氧化性的试验方法见 GB/T 13303—91《钢的抗氧化性能测定方法》。下面介绍各种重量法的特点。

减重法常用于碳钢、低合金钢或氧化物容易剥落的材料。这种方法的准确性取决于氧化物去除干净而又不伤及金属表面的操作。使用这种方法测量抗氧化性时可用下式算出氧化速率 $K(g/(m^2 \cdot h))$:

$$K = \frac{m_0 - m_t}{S_0 t} \tag{10.2}$$

式中,m_0、m_t 分别为金属腐蚀前、后的重量(g);S_0 为金属腐蚀前的表面积(m^2);t 为腐蚀时间(h)。

增重法常用于冷却后氧化物仍然紧密附着在金属表面上的材料,如高合金钢。应用这种方法测量时,应采取措施保留和称重全部腐蚀产物。其氧化速率 K 计算如下:

$$K = \frac{m_t - m_0}{S_0 t} \tag{10.3}$$

根据金属的氧化速率,GB/T 13303—91 规定了如表 10.4 所示的抗氧化性级别。

表 10.4　钢的抗氧化性级别(GB/T 13303—91)

级　别	氧化速率/(g/(m^2·h))	抗氧化性分类
1	≤0.1	完全抗氧化
2	>0.1~1.0	抗氧化
3	>1.0~3.0	次抗氧化
4	>3.0~10.0	弱抗氧化
5	>10.0	不抗氧化

用减重法计算出的氧化速率在实验室使用较多,但对工程设计则应用单位时间内的腐蚀深度。为了将氧化速率换算成以深度指标表示的腐蚀速率(mm/a),可将按腐蚀速率稳定时计算得到的氧化速率代入下式进行换算:

$$R = \frac{24 \times 365}{1000} \times \frac{K}{\rho} = 8.76 \frac{K}{\rho} \tag{10.4}$$

式中,R 为以深度指标表示的腐蚀速率(mm/a);K 为按腐蚀速率稳定时计算的氧化速率(g/(m^2·h));ρ 为金属密度(g/cm^3)。

用增重法计算得到的气体腐蚀速率或氧化速率,在将它换算为单位时间内的腐蚀深度时,首先要分析氧化产物的化学成分,然后根据氧化物中的金属含量,方能计算出年腐蚀深度。但氧化物的成分常随钢种、氧化气体成分、温度压力及氧化腐蚀时间等发生变化,其内外层的成分大多也不相同,计算上颇为麻烦,结果也不易准确。因此,用增重法做试验时,一般只计算其稳定氧化腐蚀的增重速率,以每平方米每小时所增加重量的克数为单位,而不再换算为年腐蚀深度。

10.1.1.4　合金元素对抗氧化性的影响

1) 合金元素对耐热钢抗氧化性的影响

提高钢在高温下抗氧化性的基本方法是合金化。在钢中加入的合金元素,能在钢的表面生成一层稳定的合金氧化膜,进而提高钢的抗氧化性。因此,合金元素的离子应比基体金属铁的离子小,且合金元素比基体金属更容易氧化。只有这样才能优先生成合金氧化物。另外,合金元素的离子小,生成氧化物的晶格常数也小,使扩散困难。合金元素 Cr、Al、Si 都可满足上述条件(表 10.1)。

由铁的氧化膜结构分析可以看出,铁的氧化速率的降低与 Fe_3O_4 及 $\gamma\text{-}Fe_2O_3$ 等的尖晶石型结构有关,如果加入的合金元素能生成尖晶石型或复杂的尖晶石型($FeO \cdot Me_2O_3$ 或 $Fe_2O_3 \cdot MeO$)结构,那么铁的氧化速率就可以降低。此外,合金氧化膜应当致密、与基体金属结合紧密,而不易剥落。为此,两者的点阵类型应当相似,点阵常数相等或成整倍数,从而使氧化膜与基体金属间形成较小的内应力。基体金属与氧化物点阵相适应性见表 10.5。

表 10.5　基体金属及其氧化物点阵相适应性[8]

基体金属	金　属		尖晶石氧化物(立方晶系)		金属及氧化物点阵中平行面	相应几何尺寸偏差/%
	点阵类型	点阵常数/Å	化学式	点阵常数/Å		
$\alpha\text{-}Fe$	体心立方	2.86	$\gamma\text{-}Fe_2O_3$	8.32	$(111)_M /\!/ (210)_O$ $(001)_M /\!/ (001)_O$	2.5
Fe-Cr	同上	2.86~2.87	$\gamma\text{-}Cr_2O_3$ $FeO \cdot Cr_2O_3$	8.10 8.35	同上	0~3
Fe-Al (<10%)	同上	2.86~2.87	$FeO \cdot Al_2O_3$ $\gamma\text{-}Al_2O_3$	8.12 7.90	同上	0~2
Fe-Cr-Al	同上	<2.87	$FeO \cdot Cr_2O_3$ $FeO \cdot Al_2O_3$	8.35~8.12 8.35~8.12	同上	0~3

由表 10.5 可见,Cr_2O_3 或 Al_2O_3 与基体金属铁之间具有良好的点阵相适应性。因此当钢中 Cr、Al 含量较高时,表面能形成致密的 Cr_2O_3 或 Al_2O_3 氧化膜,从而具有良好的保护作用。例如,Cr 含量为 15%、Si 含量为 0.5% 的铁合金,在950℃氧化 8h 就可以在钢表面形成如图 10.8 所示的连续致密 Cr_2O_3 氧化膜[7]。

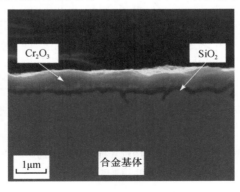

图 10.8　钢中铬含量较高时在表面形成的致密 Cr_2O_3 氧化膜[7]

通常含量时，表面形成的 $FeO \cdot Cr_2O_3$ 或 $FeO \cdot Al_2O_3$ 氧化物也是致密结构且具有良好的保护性。含有 Cr、Al 的铁合金氧化时则可以生成两种尖晶石结构组成的固溶体型 $m(FeO \cdot Cr_2O_3) + n(FeO \cdot Al_2O_3)$ 氧化膜。在含 Si 的钢中，生成的氧化膜 Fe_2SiO_4 也有良好的保护性。

在钢中加入的合金元素，还应能避免钢在氧化时生成维氏体结构的化合物 FeO。根据实验，发现离子半径比铁小的合金元素可使维氏体形成区缩小，反之则扩大，如表 10.6 所示。

表 10.6　合金元素 Cr、Al、Si 等对维氏体形成区域的影响[4]

合金成分	纯铁	+1.03%Cr	+1.5%Cr	+1.14%Si	+1.0%Co	+10.0%Co	+0.4%Si +1.1%Al	+0.5%Si +2.2%Al
氧化铁皮出现 FeO 的温度下限/℃	575	600	650	750	650	700	800	850

这些数据表明，离子半径比 Fe 小的 Cr、Si，特别是 Al，使维氏体出现的温度显著提高，当 Cr、Al、Si 含量较高时，钢和合金在 800～1200℃ 都不出现 FeO。而离子半径比 Fe 大的 Mn、Cu 等元素的存在则使 FeO 出现的温度降低。在耐热钢中，工作温度在 575℃ 以上时，就必须考虑抗氧化的问题。

铬是目前提高钢抗氧化性能的主要元素。铬对钢的抗氧化性的影响如图 10.9 所示。实践证明，在 600～650℃ 需要钢中含有 5%Cr 才能保证其具有足够的抗氧化性，而 800℃ 需要用含有 12%Cr 的钢，950℃ 需要用含 20%Cr 的钢，1100℃ 需要用含 28%Cr 的钢方能满足要求。

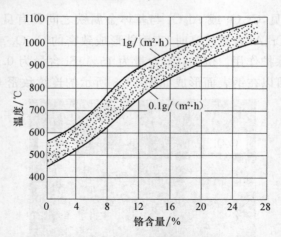

图 10.9　钢中铬含量对其抗氧化性能的影响[9]
100h 增重试验

铬虽能提高钢的抗氧化性，但单独加入铬没有同时加入铬硅、铬铝或铬铝硅的效果好。因为在同时加入铬硅、铬铝或铬铝硅时,一方面可降低达到同样抗氧化水平所需的铬含量,另一方面还可以提高钢的热强性。因此,在抗氧化钢中一般不单独用铬进行合金化。

　　硅将增加钢的脆性,一般常作为提高钢抗氧化性的辅助元素加入到 Cr-Fe 或 Cr-Ni-Fe 合金中。在铬钢中加入硅,可以提高抗氧化性的作用如图 10.10 所示。硅的加入量一般为 2%～3%,加入量较少时抗氧化作用不显著,加入量较多时不仅增加脆性而且工艺性能也变差。铬硅和铬镍硅钢广泛用做抗氧化钢。含硅的抗氧化钢不仅在氧化性介质中稳定,而且在含硫的气氛中抗腐蚀性也很好,用做渗碳罐时抗渗碳性也很好。还原性介质对含硅钢影响不显著,当在含有水气或含有较多水蒸气的气氛中,硅铬钢比纯铬钢或铬镍钢受损坏的程度要严重些。

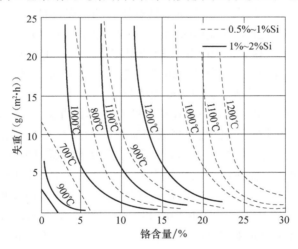

图 10.10　硅对不同铬含量钢的抗氧化性的影响[10]

　　不少实验都指出,Al 具有优良的抗氧化性。Al 对钢的抗氧化性的影响如图 10.11 所示。在 1000℃时,钢中含有 6%Al 几乎就能达到含有 18%Cr 的抗氧化水平,但很少用单独加入铝的钢作为抗氧化钢,因为此时钢的强度差、脆性大、难于压力加工、氧化膜易剥落。铝通常加入到含铬或锰的钢中,Fe-Cr-Al 及 Fe-Al-Mn 是两种抗氧化钢。钢中同时加入 Al 和 Si 对提高抗氧化性的作用比单独加入 Al 或 Si 时更大。Fe-Cr-Al 合金中能生成更为复杂的两种尖晶石氧化物的固溶

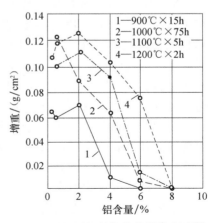

图 10.11　铝对钢的抗氧化性的影响[5]

体 $m(\text{FeO} \cdot \text{Cr}_2\text{O}_3) + n(\text{FeO} \cdot \text{Al}_2\text{O}_3)$ 氧化膜,因而有很高的抗氧化性。

Ni 对钢的抗氧化性的影响很弱,一般不单独加入 Ni 来做抗氧化钢。在铬钢中,只有加入较大含量的合金元素 Ni 时才能形成 $\text{NiO} \cdot \text{Cr}_2\text{O}_3$,从而对抗氧化性产生好的影响。由于 Ni 是稀缺金属,应尽量不在抗氧化钢中使用,只有为了形成奥氏体以改善抗氧化钢的工艺性能、提高抗氧化钢的热强性时才在钢中加入 Ni。将高镍钢置于含有硫化物,特别是 H_2S 的高温气体介质中,硫化物将沿晶界渗入而与 Ni 作用形成 Ni_3S_2,Ni_3S_2 又将与 Ni 形成熔点只有 $645\,^{\circ}\text{C}$ 的共晶产物,晶界区出现 $\text{Ni-Ni}_3\text{S}_2$ 共晶将使钢和合金发生严重破坏。含有 $15\% \sim 30\%\text{Ni}$ 的钢和合金对含硫气氛很敏感,因此,在还原性的含硫介质中,不能应用含镍高的钢和合金。钢中铬含量为 $15\% \sim 20\%$ 和铝含量大于 7% 时可明显增加钢的抗硫能力,Cr18Ni9型不锈钢和 Cr22Al10 钢在含硫介质中具有较高的抗腐蚀性。

Mn 对钢的抗氧化性具有轻微的不良影响,因为 Mn 的离子半径比 Fe 稍大且能扩大 FeO 相的生成区,使 FeO 相在较低温度出现。在 Cr 钢和 Cr-Ni 钢中,Mn都会稍微降低其抗氧化性,尤其当 Mn 含量超过 10% 以后。在 Fe-Al-Mn 耐热钢中,加入大量的 Mn 主要是为了获得奥氏体组织。

碳对钢的抗氧化性的影响与碳在钢中的存在形式有关。当碳溶于基体中形成固溶体时,基本上不影响抗氧化性;当碳以碳化物形式存在时,则降低钢的抗氧化性,这主要是由于碳化物能结合一部分合金元素(如铬)而减少合金元素在基体中的含量,另外碳化物的存在还造成组织上的不均匀性。氮的影响与碳相同。由于抗氧化钢长期工作于高温环境中,碳化物或氮化物总会或多或少地析出,许多实验都证明了它们的有害作用。为了减轻碳和氮的这种不良影响,可向钢中加入适当含量比 Cr 更具活性的元素如 Ti 等。此外,P 和 S 在含量不大时,对钢的抗氧化性没有什么影响。

Mo、V、W 对钢的抗氧化性的影响如下:Mo 能生成低熔点($795\,^{\circ}\text{C}$)的氧化物MoO_3,而且这种氧化物易挥发,故 Mo 使钢的抗氧化性变差;V 由于其氧化物V_2O_5 的熔点低($658\,^{\circ}\text{C}$),加入到钢中也会使钢的抗氧化性变差,钒含量不小于 1%时产生的影响已很显著,含 V 较高的钢如果用于较高温度($750 \sim 900\,^{\circ}\text{C}$)下,表面须通过镀镍或渗铝等加以保护;W 的影响与 Mo 相似,但由于 W 的氧化物 WO_3熔点和升华温度较高,故只在较高温度下才产生影响。

在耐热钢和合金中加入极少量的稀土金属(Ce、La 等)、碱土金属(Ca、Th)可显著提高其抗氧化性(图 10.12[11]),特别是在高于 $1000\,^{\circ}\text{C}$ 时极为有效。加入量在$0.05\% \sim 0.2\%$ 时,可提高 Fe-Cr-Al 和 Ni-Cr 钢和合金的抗氧化寿命数倍,如在$1050\,^{\circ}\text{C}$ 可提高抗氧化寿命达 $5 \sim 10$ 倍。在高温下,Fe-Cr-Al 和 Ni-Cr 钢和合金的破坏主要是由晶界优先氧化造成的,而加入少量上述稀土或碱土金属后,高温下晶界优先氧化的现象几乎消失。

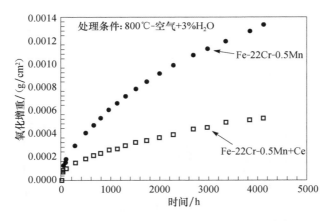

图 10.12　稀土元素 Ce 对钢抗氧化性的影响[11]

　　钢的抗氧化性能与基体的点阵结构之间关系不大,上述合金元素的影响对于铁素体或奥氏体均适用。

　　为了提高钢的抗氧化性,除了采用加入合金元素外,目前还采用渗金属,如渗铝、渗硅等。利用渗金属的方法,可以在钢铁构件的表面形成稳定的氧化膜层,还可以在普通钢表面上进行合金化以代替一些含稀缺元素的高合金钢。

　　2) 合金元素对高温合金抗氧化性的影响

　　一般情况下,铁基高温合金含有较多的合金元素,而合金成分的变化又将导致合金表面氧化膜组成发生两方面的变化:氧化膜变为多层的复相组织;合金中不同相所含合金元素的不均匀氧化使得氧化膜组织不均匀且缺陷较多。当合金中 Cr含量超过 15％,氧化膜中以 Cr_2O_3 为主,从而使合金具有优异的抗氧化性能。此外,氧化膜中还有(Cr,Fe)$_2O_3$、TiO_2、$NiCr_2O_4$、$FeCr_2O_4$ 等相,但它们不均匀的机械混合将导致热应力作用下的易剥落。当温度超过 1000℃以后,这类合金的晶界氧化倾向明显增加,而且 Cr_2O_3 氧化膜氧化成具有易挥发性的 CrO_3。此外,在 Cr含量超过 15％以后,铁基高温合金的抗氧化能力随着 Al 含量的增高而增大。例如,化学成分如表 10.7 所示的四种含不同 Al 含量的试样(以 HP40 合金为基础),它们在 1200℃下就有如图 10.13 所示的氧化动力学曲线[12]。

表 10.7　以 HP40 合金为基的实验合金试样的主要化学成分[12]（单位:％）

合金编号	Fe	Ni	Cr	Al	C
1	38.8	35	25	0	0.42
2	38.8	30	25	5	0.42
3	38.8	27.5	25	7.5	0.42
4	38.8	25	25	10	0.42

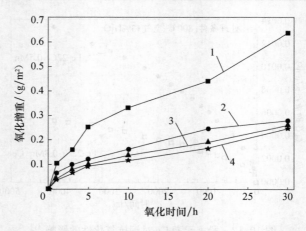

图 10.13　表 10.7 中所示的实验合金在 1200℃下氧化动力学曲线[12]

以 Ni-Cr 为基或 Ni-Cr-Co 为基的高温合金,凡是 Al 含量较低(一般在 5% 以下)的合金都形成以 Cr_2O_3 为主的内层氧化膜,在 900℃ 以下能够起到保护膜的作用。外层氧化物有 Cr_2O_3、TiO_2、$NiCr_2O_4$、Al_2O_3,含 Fe 的镍基合金还有 $FeCr_2O_4$,Nb 含量较高的还有 Nb_2O_5 等组成的混合氧化物层,它们比较疏松且容易剥落。在 Cr_2O_3 氧化膜下面是由含有 Al_2O_3 为主的内氧化颗粒组成的过渡层。如果以 Ni-Cr 或 Ni-Cr-Co 为基的高温合金中铝含量在 5% 以上,则常常形成以 Al_2O_3 为主的内层氧化膜,它在 1000℃ 以上高温具有良好的防护作用,中间层往往是以 $NiCr_2O_4$ 为主的氧化层,而最外层则是由 NiO 等组成的疏松、无任何防护作用的混合氧化层[2]。

对 Co 基高温合金而言,目前国外大多以 Co-Cr、Co-Cr-Ni 或 Co-Cr-Ni-W 为合金基体。Co-Cr 基高温合金在温度低于 900℃ 时,Co 氧化生成内层为面心立方结构的 CoO,外层为尖晶石结构的 Co_3O_4。在 Co-Cr 二元合金的基础上加入第三合金元素,可以促进 Cr_2O_3 氧化膜的形成,Co 基合金中通常都加入有 20% 以上的 Cr,因此 Co 基高温合金形成以 Cr_2O_3 为主的氧化膜,以保证合金具有良好的抗氧化性能,外层为 CoO、Cr_2O_3 和 $CoCr_2O_4$ 尖晶石的混合物。由于合金元素不同,可能还有一些其他氧化物[2]。

高温合金氧化层的结构不仅与所加的合金有关,也与高温氧化环境有关。例如,成分如表 10.8 所示的两种镍基高温合金,它们在 900℃ 的两种不同氧化性气氛中氧化 1000h 后的氧化膜结构如图 10.14 所示[13]。

表 10.8　镍基高温合金 Inconel 617 与 Haynes 230 的化学成分[13](单位:%)

合金	Ni	Cr	Co	Mo	W	Fe	Al	Mn	Si	Ti	C
Inconel 617	余量	21.6	11.8	8.92	—	1.14	1.5	0.05	0.5	0.35	0.1
Haynes 230	余量	21.5	0.36	1.09	13.8	2.94	0.29	0.46	0.38	—	0.1

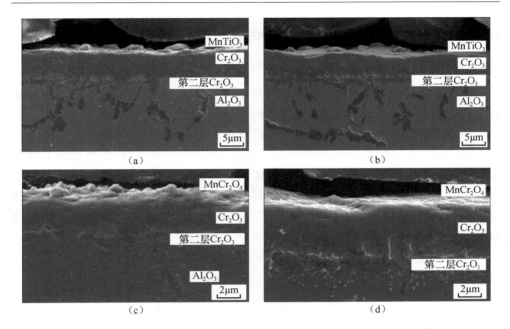

图 10.14   在 900℃下 Inconel 617 在水蒸气中(a)、Inconel 617 在水蒸气＋20％氢气中(b)、
Haynes 230 在水蒸气中(c)、Haynes 230 在水蒸气＋20％氢气中(d)
分别氧化 1000h 后的氧化膜结构[13]

高温合金除了加入铬和铝之外,也有个别合金加入硅,此时硅的作用是在内层形成如图 10.8 所示的 SiO_2 氧化膜层,它可以改善合金的循环氧化抗力。

钛只能稍微增加 Al_2O_3 氧化膜在 β-NiAl 上的长大速率,但不能促进 Al_2O_3 氧化膜在 γ 基体上的形成,也不能促进强化相 γ'-Ni_3Al 的产生,因此 Ti 对镍基高温合金是有害的。

难熔金属在镍基和钴基合金中可能有三种作用。第一种作用是有益的,它们可以看做是一种氧的获得者,从而有利于 Al_2O_3 和 Cr_2O_3 愈合层的形成;第二种作用是有害的,它们降低铝、铬和硅在合金中的扩散速率,因而不利于氧化膜愈合层的形成;第三种作用也是有害的,难熔金属的氧化物往往具有低熔点、高蒸汽压、高扩散系数等特点,因此难熔金属的氧化物通常不具备防护功能而不希望把它们作为外层氧化物的组成部分。难熔金属的有害影响超过有益影响。钨、钼和钒三者的影响类似,但钨的有害影响更大。铌的氧化物也不具备防护作用。在某些高温合金中还含有铼,它在某种程度上也有类似的不良影响[2]。

具有氧活性的稀土元素、铪、锆等,它们的微量(通常小于 1％)加入,可以明显降低高温合金的氧化速率,增加氧化膜与高温合金基体的黏附性,从而明显改善高温合金的抗氧化性能[2]。

10.1.2　耐热钢与高温合金的高温力学性能

10.1.2.1　金属的力学性能和温度的关系

高温强度是金属在高温下对机械载荷的抗力。室温力学性能与高温力学性能的主要差别在于后者又增加了温度、时间和组织变化三个因素的影响。

1) 温度对力学性能的影响(不考虑时间)

温度对力学性能的影响如图 10.15 所示。随着温度的升高,强度逐渐下降而塑性增加。其中 250℃附近发生的强度增加而塑性降低这一异常现象被称为"蓝脆",因为这时钢的表面上出现蓝色氧化膜。金属性能的改变实际上是应变时效的表现。时效在变形过程(拉伸)中进行,因形变在较高温度下进行而加快了时效的过程,可称为动态应变时效。

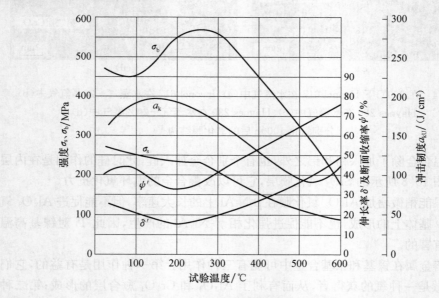

图 10.15　20 钢在高温时的力学性能

900℃退火

2) 载荷时间对力学性能的影响(温度恒定)

如表 10.9 所示,在常温时,材料的强度特性几乎与时间无关,但随着温度升高,原子间结合力下降,导致强度随时间的增加而不断下降,且温度越高,这种影响越大。

在高温下对金属进行拉断试验时,拉断试样的时间越长,金属的塑性越低,且比一般短时拉断试验要低很多。如一般碳钢在 450～500℃温度下长期工作后,破坏时所伴随的塑性变形率只有 4%～6%,而常温下变形率达 20%～30%。

表 10.9　40 钢退火状态下的抗拉强度　　　　（单位：MPa）

温度/℃	拉断试样的时间/min					
	1	5	10	20	300	600
20	700	700	700	700	700	700
200	750	750	750	750	750	750
500	400	350	320	300	390	285
600	300	250	210	180	170	160

3）温度、时间对断裂形式的影响

温度升高时由于原子间结合力下降，导致晶粒强度和晶界强度皆下降，如图 10.16 所示。虽然晶粒强度和晶界强度均下降，但是晶界强度下降得更快，这是因为晶界处原子排列不规则，扩散易通过晶界进行。

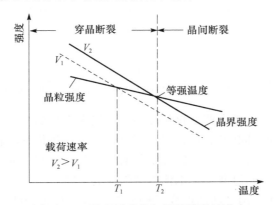

图 10.16　温度对晶粒与晶界强度的影响

晶粒强度与晶界强度两者相等时的温度叫做等强温度。当承载零件的工作温度超过等强温度后，金属的断裂方式由常温常见的穿晶断裂（韧性断裂）过渡到晶间断裂（脆性断裂），其断口形貌如图 10.17 所示[14]

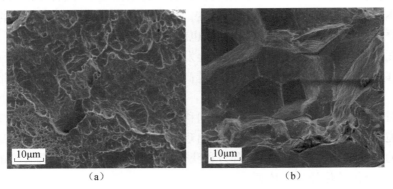

图 10.17　金属高温断裂的断口形貌[14]

（a）穿晶断裂；（b）晶间断裂

当载荷时间很长时,如图 10.16 中虚线所示,等强温度也下降。与其他性能一样,化学成分也对断裂形式有影响,如表 10.10 所示。如 Cr-Mo(1.25%Cr+0.5% Mo)钢与 15 钢两者虽然同样是在 540℃下进行试验,但 Cr-Mo 钢在时间延长至 6150h 后仍然保持常温的穿晶断裂。由于高温长期工作的零件性能发生了以上一系列变化,高温下工作的零件不能再以常温力学性能指标作为设计的依据。这里所讲的高温是指零件的工作温度超过该材料的再结晶温度,通常工程上的再结晶温度是指对于一定变形程度的金属加热保温 60min 内完成再结晶的最低温度。

表 10.10　温度及时间对断裂形式的影响[9]

钢类	试验温度/℃	载荷/MPa	时间/h	断裂形式
15 钢	20	350	短时	穿晶
15 钢	540	175	短时	穿晶
15 钢	540	84	1552	晶间
1.25%Cr+0.5%Mo	540	172	6150	穿晶

试验方法:①观察断口有无颈缩;②观察断口附近硬度变化,若硬度大则有加工硬化。

金属高温力学性能的这些变化是高温时金属内部组织结构变化的结果。随着温度的升高,金属原子间的结合力下降,同时合金的强化状态(细化了的亚晶、点阵畸变、弥散相等)要转为热力学上的稳定状态(亚晶合并、畸变的恢复和再结晶、弥散相的聚集和长大等),这些变化都伴随着强度的下降。

此外,高温时还会出现新的形变机构。在常温下金属受载时产生变形的主要方式是滑移,但高温下金属受载时还会出现扩散形变及晶粒移动等新的形变机构。温度升高,金属内原子的热振动加剧,从而增加了可移动原子的数目。在不受外力的情况下,这种移动是没有方向的,所以宏观上不发生形变;而当有外力作用时,这种移动会变得更加容易且有方向性,这样就会引起塑性变形,这种变形机构和扩散在物理本质上是相似的,故又称扩散形变。这种机构包括了溶解、沉淀、再结晶等一系列原子移动过程。这些过程的发生也就导致性能的变化。

温度升高,在外力作用下的晶界也会发生滑动与迁移,如图 10.18 所示。这两种晶界移动的过程往往交替进行,温度越高,载荷作用时间越长,这种变形方式也越显著。

相对于常温下的滑移,高温下晶粒间移动所占变形的比例甚大,晶界变形使金属产生脆性断裂。可见,在高温下强度出现一系列特点的根本原因在于高温下出现了新的形变机构。提高原子结合力和获得最有利组织是提高高温强度的两大途径,也是合金化及热处理的依据。

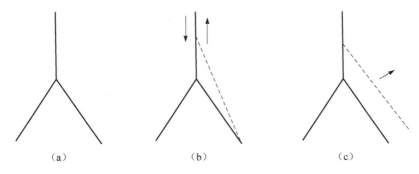

图 10.18　晶界的滑动与迁移示意图

(a) 晶界；(b) 晶界滑动；(c) 晶界迁移

10.1.2.2　金属的高温力学性能(热强性)评价指标

热强性通常是指耐热钢及高温合金在高温外力作用下抵抗塑性变形和破坏的能力。耐热钢及高温合金零件常处于高温且比较复杂的工作条件下,根据温度、应力作用情况,可用下面一些指标来衡量其热强性,如蠕变极限、高温持久强度、应力松弛、高温疲劳强度、热疲劳等。这些指标间可相互补充,并有一定程度的联系。因此,热强性是评价高温材料的一个广义的术语。

1) 金属的蠕变

金属在某一温度下受应力作用时逐渐产生变形的现象叫做蠕变。蠕变现象对长期高温工作的机械如锅炉、燃气轮机和喷气发动机等具有很大的意义。若材料选择和设计不当,蠕变量超过一定允许量时,完全可以使机械零件失效或损坏。例如,高温高压下长期工作的钢管,蠕变会使管径越来越大而管壁越来越薄,最终会导致钢管破裂。因此,研究金属的蠕变,确定相应的抗力指标,对于选择、评定和研制高温材料,以及对其进行失效分析,都具有重要的工程意义。当使用温度超过该材料的再结晶温度时,就必须考虑蠕变的影响。

蠕变试验是人们研究蠕变规律的方法。在蠕变过程中,伸长率随时间变化的特点取决于加载的应力、试验温度及承受试验材料的性质,因而我们可以将试验的金属制成一定尺寸及形状的试样放在恒定的高温炉中并施加一定的静拉伸载荷来观察蠕变伸长率与时间的对应关系,从而绘制蠕变曲线。金属的典型蠕变曲线如图 10.19 所示。

金属的典型蠕变曲线可分四个部分,蠕变本身可分三个阶段。

第一部分 oa,是金属加上负荷后所引起的瞬时弹性变形,如果应力超过金属在该温度下的弹性极限,则瞬时变形由弹性变形 oa' 和塑性变形 $a'a$ 组成,这种变形还不标志蠕变现象的发生,而是由外加负荷所引起的一般变形过程。

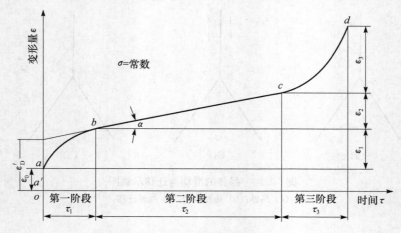

图 10.19　典型的蠕变曲线

　　第二部分 ab(蠕变第一阶段),是蠕变的不稳定阶段,或称蠕变的减速阶段。此阶段金属以逐渐减小的变形速率进行变形,即蠕变速率随时间增加而减小。

　　第三部分 bc(蠕变第二阶段),也叫蠕变的稳定阶段或等速阶段,这时金属以恒定的变形速率进行变形。此阶段的蠕变速率可用倾角 α 的正切来表示。

　　第四部分 cd(蠕变第三阶段),是蠕变的最后阶段,也叫加速阶段。在此阶段,蠕变是加速进行的,直至 d 点,金属发生断裂为止。

　　当改变应力或温度时,蠕变三阶段的特点仍然保持着,不过各阶段的持续时间会有很大改变,如图 10.20 所示。

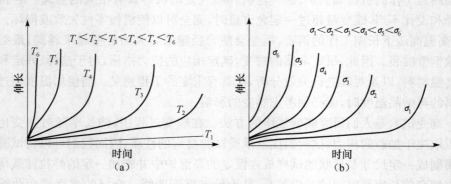

图 10.20　同一材料的蠕变曲线
(a)应力一定而温度不同时;(b)温度一定而应力不同时

　　一般规律是:当增加应力或升高温度时,蠕变第二阶段随之逐渐缩短甚至消失,这时可把蠕变曲线看做由第一阶段和第三阶段所组成;反之,当减少应力或降低温度时,蠕变第二阶段逐渐延长甚至在一般的试验条件下不发生破断。

在高温条件下承受应力作用的工件,往往由于蠕变而失去工作能力。对于这些工件,应以蠕变为基础进行强度计算,就像钢材在常温时的强度指标一样。下面介绍如何利用蠕变试验中绘出的蠕变曲线得到的蠕变极限,再利用此蠕变极限进行强度计算的方法。

图 10.21 中绘出了在某温度下对应于三个应力的三条蠕变曲线。在三条蠕变曲线中,应力 σ_3 较大,致使试样在试验过程中破裂。应力 σ_2 小于 σ_3,在 σ_2 作用下,试验过程中试样没有发生破坏,但引起了一定的蠕变速率 V_n(恒速期的)。应力 σ_1 又小于 σ_2,在 σ_1 作用下,试验过程中试样非但没有破坏,而且其恒速期间蠕变为零。

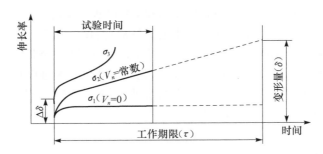

图 10.21　蠕变曲线

根据 GB/T 2039—1997《金属拉伸蠕变及持久试验方法》,蠕变极限的定义为:在规定温度下使试样在规定时间产生的蠕变伸长率(总伸长率或塑性伸长率)或稳态蠕变速率不超过规定值的最大应力,蠕变极限又称蠕变强度。当以伸长率测定蠕变极限时,用 $\sigma_{\varepsilon_t/\tau}^t$ 或 $\sigma_{\varepsilon_p/\tau}^t$ 表示;当以稳态蠕变速率测定蠕变极限时,用 σ_V^t 表示。表述符号中的 t 为试验温度(℃),ε_t 为蠕变总伸长率(%),τ 为试验时间(h),ε_p 为蠕变塑性伸长率(%),V 为稳态蠕变速率(%/h)。例如,12CrMoV 钢的蠕变极限为 $\sigma_{1/100000}^{565} = 50 \sim 60 \text{MPa}$,表示该钢在 565℃时工作 10^5h 产生的总伸长率为 1%时的蠕变强度为 50～60MPa;又如,12MoVWBSiRE 钢的蠕变极限为 $\sigma_{1\times10^{-5}}^{580} = 95 \text{MPa}$,表示该钢在 580℃下,蠕变速率为 1×10^{-5}%/h 的蠕变极限为 95MPa。

由图 10.21 可知应力 σ_3 是不能用的,因为它将使零件在服役期间断裂。

若取 σ_1 作为蠕变极限,则由最大应力 σ_1 除以安全系数即可得到许用应力,工件中的应力 σ 在这样的强度计算中应满足以下条件:

$$\sigma \leqslant \sigma_{许用} = \sigma_1/n \tag{10.5}$$

式中,$\sigma_{许用}$ 为许用应力;n 为安全系数。

这样计算出的应力,可以保证工件在工作中不会出现蠕变现象,因而断面也不会由于蠕变而变小以致最终破坏。但是在高温条件下,这个不引起蠕变现象的应力是很小的，因而得出的许用应力也十分小。这样制作工件就需耗费大量金属，另外也不能认为工件尺寸越大就越安全。例如，在变化着的高温作用下，会出现附加的变动温度应力，其值是和管壁厚度成正比的。这种附加的温度应力如果很大，与工作应力配合起来也可能使得较厚的工件破坏。据此，显然不应该以不产生蠕变现象的应力作为确定工件尺寸的基础。

许多任务件在工作中出现塑性变形是允许的，只要在整个工作期限内由于蠕变所积累的塑性变形不超过许可值即可。这个许可值（$\delta_{许用}$）是根据工件的性质来决定的，如汽轮机汽缸 $\delta_{许用} = 0.001 \text{mm/mm}$ 或 0.1%，锅炉所有承受内压力作用的部件 $\delta_{许用} = 0.01 \text{mm/mm}$ 或 1%，而两者的工作期限一般都规定为 10^5h，即约 12 年。若用与工作期限一样的时间做蠕变试验，再判断哪个应力值所引起的总变形不超过前述的许可值是非常困难的。于是只好规定：试验 $3000 \sim 10000 \text{h}$ 后得出的蠕变曲线（已进入恒速期），通过外延至 10^5h 的方法得出总变形值，如图 10.21 所示。只要这个总变形值不超过许可值，那么此应力即可作为强度计算的依据。

下面换算一下对应于此应力的稳定蠕变速率值。由于 $\Delta\delta$ 值（瞬时变形）相对很小而可忽略不计（图 10.21），则有

$$V_{稳定} = \delta/\tau \tag{10.6}$$

式中，δ 为总变形；τ 为工作期限。

因此，锅炉零部件许可的蠕变速率（指恒速期的）为

$$V = \delta_{许用}/\tau = \frac{0.01 \text{mm/mm}}{100000 \text{h}} = 10^{-7} \text{mm/(mm} \cdot \text{h)} = 10^{-5} \%/\text{h}$$

对于汽轮机汽缸，许可的蠕变速率为

$$V = \delta_{许用}/\tau = \frac{0.001 \text{mm/mm}}{100000 \text{h}} = 10^{-8} \text{mm/(mm} \cdot \text{h)} = 10^{-6} \%/\text{h}$$

因此，对于锅炉零部件应使用能引起蠕变速率为 $10^{-5} \%/\text{h}$ 的应力作为强度计算的依据。

这两种表示方法有什么差别呢？从图 10.19 可见，蠕变的总变形量可按下式计算：

$$\varepsilon = \varepsilon_D' - \varepsilon_0 + V_n \cdot \tau \tag{10.7}$$

式中，ε_D' 为蠕变在第一阶段结束时的切线在纵坐标轴上截得的长度（也可用蠕变第一阶段的变形量 ε_1 来代替，数值相差不大）；ε_0 为试样的弹性变形；V_n 为蠕变第二阶段的变形速率；τ 为工作期限。

如果忽略掉 $\varepsilon_1 - \varepsilon_0$ 值（其值相差甚小），上述两种蠕变极限的表示方法是完全一致的，变形速率恒定为 $10^{-5} \%/\text{h}$，即相应在 10^5h 后的总变形量为 1%。

虽然这样算出的零部件，当工作 10^5h 后的总变形不会超过许可变形值，但为保证安全，很多任务厂都对重要零件在运行过程中仍利用蠕变测量设备进行监控，

经 6000～7000h 运行后检查一次,对蠕变严重的零件必须拆换以防止事故发生[15]。

2)金属的持久强度极限或持久强度

金属的持久强度极限是指试样在规定温度下(t)达到规定的试验时间(τ)而不产生断裂的最大应力,用 σ_t^τ 表示。材料能支持的时间越久,则其抵抗断裂的能力越大。如 12Cr13 钢(即 1Cr13)在 1030℃油淬 750℃回火后的蠕变极限 $\sigma_{1/100000}^{500}=$ 57MPa,而持久强度极限 $\sigma_{100000}^{500}=$190MPa,前者表示在 500℃工作 10^5h 后产生 1％伸长的应力为 57MPa,后者表示在 500℃工作 10^5h 后产生断裂的应力为 190MPa。持久强度是以断裂为标准,而蠕变极限却以限制变形量为标准,因此同一合金的持久强度极限高于蠕变极限。

持久强度极限之所以必要,一方面是因为有些零件如锅炉设备中的某些高温部件,其蠕变极限是次要指标,而持久强度极限却是主要指标;另一方面是因为蠕变极限曲线仅仅反映蠕变第二阶段的变形速率或蠕变的总变形量,不能反映钢在高温断裂时的强度和塑性。

某些热动力设备通常以零件在高温下工作 10^5h 后断裂的应力作为持久强度极限。10^5h 是相当长的时间,对钢材进行高温持久试验时不可能进行到 10^5h,然后再来确定断裂应力。因此,要求通过较短的试验时间找出持久强度与时间的关系后,用外推的方法来确定 10^5h 的断裂应力。

持久试验时间的长短,最好是根据零件的工作条件来确定,一般认为数据外推一个数量级时(即外推到最长试验时间的十倍)得到的数据是可靠的。由于很难选择出刚好在规定时间内产生断裂的应力,很多试验都采用简便的方法,即先将试验温度及试验应力规定好,什么时间断裂便写多少时间。

大量试验表明,材料在持久试验时,断裂时间与断裂应力之间存在一定的关系。描述这样关系的公式很多,有些是根据断裂理论用弹性塑性力学的方法推导出来的,有些是根据实验数据归纳出来的。目前被广泛应用的有下列两种经验公式:

$$\tau = A\sigma^{-B} \tag{10.8}$$
$$\tau = Ce^{-D\sigma} \tag{10.9}$$

式中,A、B、C、D 是与试验温度和材料有关的常数。若将两公式分别取自然对数,则可以得到

$$\ln\tau = \ln A - B\ln\sigma \tag{10.10}$$
$$\ln\tau = \ln C - D\sigma \tag{10.11}$$

可以看出,断裂时间 τ 的对数值与应力 σ 的对数值呈线性关系(又称对数坐标关系)或与应力直接呈线性关系(又称半对数坐标关系),它们可用对数和半对数坐标表示出来。若以对数坐标表示,则得到如图 10.22 所示的直线关系。应力和断

裂时间的这种关系受温度的影响,应力 σ、温度 T 和断裂时间 τ 三者的关系大致符合如下规律:

$$f(\sigma) = T(C + \ln\tau) \tag{10.12}$$

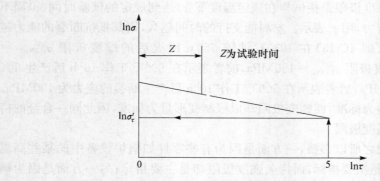

图 10.22　持久强度试验中应力 σ 与至破坏所需时间 τ 的对数关系示意图

　　取 $T(C+\ln\tau)$ 为横坐标轴,取应力 σ 为纵坐标轴来整理试验结果的方法就是拉森-米勒(Larson-Miller)法,其中,常数 C 一般取 20,但也可以是其他值。

　　应力越大,至破坏所需的时间越短。若欲使断裂时间延长,则必须降低应力,否则就得改换材料。将此直线延伸,可得到对应于 10^5 h(工作期限)使材料破坏所需的应力值。

　　但要特别注意的是,当外推时间较长时,$\ln\tau$-$\ln\sigma$ 不总是保持直线关系,一般均有折点,如图 10.23 所示,因此导致推出的结果有偏高的危险。图 10.23 中折点的位置随着材料和温度的不同而不同。对同一种材料而言,折点发生的时间随着试验温度的升高而缩短。折点的产生是因为材料由穿晶断裂过渡到晶间断裂造成的,有时还不只出现一个折点,大约 30000h 的试验结果表明可能出现几个折点。折点的产生除上述因素以外还有相变等的影响,为了消除这种危险性,最好是测出折点后再根据时间和应力的对数值的线性关系进行外推,因此试验时间不可太短。有人认为,当试验时间为 3000～4000h,主要折点皆会出现。

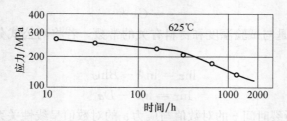

图 10.23　1Cr18Ni9Ti 钢的持久强度对数关系图

在锅炉零件强度计算中,壁温超过 420℃(碳钢)或 470℃(低合金钢)时就需要考虑持久强度极限的计算。计算时许用应力[σ]按下式确定:

$$[\sigma] = \sigma_\tau^t / n_D \qquad (10.13)$$

式中,σ_τ^t 为工作温度下的持久强度极限;n_D 为安全系数。

在锅炉零件的强度计算中,安全系数按如下方式确定:由三个不同炉号试样确定持久强度时,安全系数 $n_D = 1.65$;由两个不同炉号试样确定持久强度时,安全系数 $n_D = 1.85$;由一个炉号试样确定持久强度时,安全系数 $n_D = 2.0$。正确规定和选择安全系数是个非常重要的问题,需在实践中不断充实和积累经验才行[15]。持久塑性也是一个重要性能指标,是指材料在一定温度及恒定试验力作用下的塑性变形,用蠕变断裂后试样的伸长率和断面收缩率表示。高温材料特别是发电厂使用的管材,应具有良好的持久塑性,希望不低于 3%～5%。过低的持久塑性,会使材料发生脆性破坏,降低其使用寿命。

有关金属拉伸蠕变及持久试验方法的具体要求可参阅 GB/T 2039—1997《金属拉伸蠕变及持久试验方法》和有关专著[16]。

关于蠕变和持久断裂的本质,这里只作简单的介绍。蠕变是金属同时受力及高温作用的一种现象,可以从加工硬化及回复再结晶现象方面去理解。在力的作用下,金属中存在塑性变形而使金属强化(强化后金属的再结晶温度降低);在高温作用下,已强化的金属会产生再结晶现象而使金属的强化状态消失,即软化。"强化"与"软化"不断交替地发展下去,便构成金属在应力及高温作用下不断塑性变形的蠕变现象。蠕变过程中塑性形变的机制,不只是简单的滑移,还有扩散形变。在蠕变第一阶段,温度的影响尚不十分明显,此时加工硬化占主导地位。在蠕变第二阶段,温度的影响已经显现,由温度引起再结晶而导致的软化与加工硬化所导致的强化相互抵消,此时蠕变速率保持不变。在蠕变第三阶段,由于晶界相对位移的结果,在晶界产生裂纹,裂纹不断扩展,最后以晶间断裂的形式而破坏。图 10.24 为晶界相对滑动时晶界裂纹形成的各种形式[17]。

研究发现,晶界相对移动时在晶界产生的应力集中是产生晶界裂纹的重要原因。应该注意到,裂纹的扩展速率和晶粒的塑性形变能力有关,若以晶粒内的塑性形变来松弛因晶界滑动而产生的应力集中,则塑性较大的钢的晶界裂纹发展速率要小于塑性较小的钢。

另外,在蠕变过程中产生的空位在晶界积蓄也可以形成裂纹,在裂纹长轴垂直于外加应力的情况下,由于拉应力的作用,使空位进一步扩散到已经形成的裂纹处而使裂纹继续扩大。因此,晶界裂纹容易在垂直于外应力的晶界上产生并扩展。这种空位在晶界积累也是产生晶界裂纹并促使其扩展的重要原因。

为了增加耐热钢和合金的持久塑性,必须在考虑晶界强化的同时考虑晶粒塑性变形的能力,求得二者适当的配合,适当提高晶粒的塑性的同时也可以提高其持

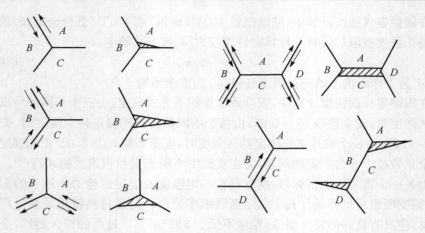

图 10.24　裂纹按应力集中理论形成的几种不同形式示意图[16,17]

箭头表示切变方向,阴影表示相应的裂纹

久塑性。

　　钢和合金在工作情况下,还应考虑其对缺口的敏感性,所以还要在接近实际服役条件下做缺口持久强度试验。实践证明,在蠕变条件下的缺口敏感性与塑性有关。高塑性合金对缺口不敏感,而持久塑性 $\delta < 5\%$ 的低塑性合金的缺口敏感性就很高。在实际工作中,为了降低钢和合金的缺口敏感性,不得不牺牲一些强度来提高塑性。

　　3) 应力松弛

　　应力松弛发生在高温下工作的紧固件上,如紧固螺栓、销钉、紧压弹簧等,如图10.25 所示。处于松弛条件下的紧固螺栓,为了压紧两个连接件,首先需转动螺帽使螺杆拉长,目的是使螺杆产生一些弹性变形,这样就可以产生压紧的力量。但是在高温下,一定的时间会使原来压紧的力量逐渐自行减少,原来不漏气的会产生漏气现象。这种在具有固定的总变形中,应力自动减少的现象叫做金属的应力松弛。除了螺栓以外,凡是互相连接着并有应力相互作用的工件都能产生应力松弛现象,如压配合的工件、弹簧等。

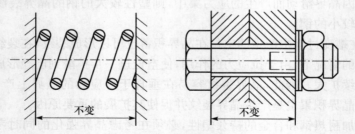

不变　　不变

图 10.25　处于松弛条件下的紧压弹簧和紧固螺栓

松弛过程中,应力和变形(应变)的变化情况可用图 10.26 表示,为了对比松弛和蠕变的关系,图中同时列出了蠕变过程中应力与变形的变化。

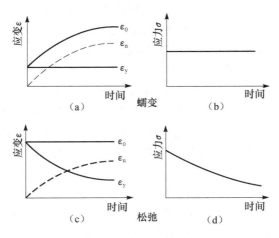

图 10.26 蠕变和松弛现象的对比

ε_0—总变形;ε_y—弹性变形;ε_n—塑性变形

由图可见,蠕变时,应力不变,塑性变形随时间的延长而增大,如图 10.26(a)与图 10.26(b)所示;松弛时,总变形不变,应力随着时间的延长伴随着部分弹性变形转变为塑性变形而逐渐减小,如图 10.26(c)与图 10.26(d)所示。

图 10.27 给出了典型的松弛曲线。由图可以看出,应力松弛过程可以分为两个阶段,第一阶段的特点是持续时间较短而应力却显著下降,第二阶段的持续时间长而应力下降速率很慢。锅炉与汽轮机中的紧固件是在高温下长期工作的,因此只有曲线的第二部分有实用意义。

在生产实践中需要知道的是,零件在高温工作一段时间后还存在多少"残余应力",会不会因紧固不足而发生漏气。曲线中的 σ_1、σ_2 分别表示经过 τ_1、τ_2 时间后在紧固件中的残余应

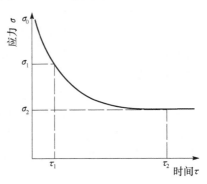

图 10.27 典型的松弛曲线

力。在工程上,一般就是以在规定工作时间后的残余应力数值作为松弛的特性指标。关于引起应力松弛的原因,目前还没有一致的看法,一般认为应力下降的根源在于材料本身产生了蠕变。所以蠕变抗力高的材料必然具有高的抗松弛性能。有人认为,应力松弛并不是什么新的特性,它是对材料蠕变抗力要求的另一种形式而已。

4) 高温疲劳强度

在交变应力作用下的高温零件,往往不是产生蠕变断裂而是出现疲劳断裂。因为在对称交变应力作用下,在张应力期所产生的伸长在一定程度上被以后的压应力所产生的压缩所抵消。只有在不对称交变应力作用下,其不对称部分才会引起蠕变,当这一部分应力较大时才会产生蠕变断裂。因此,耐热钢与合金的高温疲劳强度是一个很重要的性能。

疲劳裂纹在较低温下是穿晶的,而在高温下是沿晶界发展的。疲劳裂纹发展类型的转变温度随应力、应力交变频率以及某些介质的作用等因素而改变:交变应力频率增加,转变温度增高;由于化学腐蚀介质的作用,转变温度将下降至很低。通过交变应力试验测得的转变温度,要高于通过静拉伸试验测出的穿晶断裂-晶界断裂的转变温度。

一般来说在高温下没有明显的疲劳极限。高温疲劳极限是指在一定温度下、在某一循环次数(10^7)内材料不发生断裂的最大交变应力,它与持久强度之间有很好的相关性。一般持久强度升高,高温疲劳极限也升高。

5) 热疲劳

当金属材料在工作中存在温度差时,会因各部分膨胀和收缩的互相约束而产生附加的温度应力(也称热应力)。如果这种温差值是周期性变动的,那么热应力也随之周期性变动。金属材料在经受多次周期性热应力的作用而遭到的破坏就称为热疲劳破坏。

热疲劳最早在航空工业中出现较多,如高速燃气轮机的叶片、喷管、燃烧室等零部件都是在高温和急变条件下工作的,它们的破坏形式主要就是热疲劳。随着温度和应力参数的提高,电站设备中的汽轮机和锅炉中的某些零部件也出现因热疲劳导致破坏的现象。

图 10.28 给出了金属管内汽水分层现象示意图。从图中可以看到,当通过汽水混合物的管子倾斜角度很小($\alpha < 15°$),而且汽水混合物的通过速率也较小时,由于重力的作用,汽和水分开,形成汽水"分层现象",管子上部为蒸汽而下部为水。产生汽水分离后,所出现的水面是周期性地上下波动着的(在 mn 范围内),当

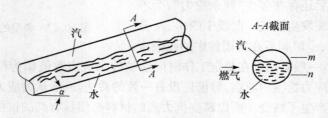

图 10.28　汽水分层现象示意图

水面波动到 m 位置时，mn 段全为水，由于水的散热系数很大而使这段金属温度不会很高；当水面波动到 n 位置时，mn 段全为蒸汽，蒸汽的散热系数比水小得多而使这段金属的温度增高。水面在 mn 段周期性上下波动时，此段金属温度也随之产生周期性变化，同时也就出现了周期性变化的温度应力，当变化的次数达到一定值时，在这一段将出现疲劳裂纹。

热疲劳的测定方法是将金属材料在规定的最高和最低温度之间来回多次加热冷却，直到材料上产生 0.5mm 的裂纹为止。热疲劳以符号 $N_{0.5}^{T_1 \rightleftharpoons T_2} = n$ 表示，其中 T_1 为下限温度（℃），T_2 为上限温度（℃），n 为温度循环次数，0.5 为裂纹长度（mm）。例如，$N_{0.5}^{20 \rightleftharpoons 800} = 100$ 表示试样在下限温度为 20℃、上限温度为 800℃条件下产生 0.5mm 裂纹时的热疲劳为 100 次。

试验表明，金属的热疲劳都带有晶粒内破坏的特点。图 10.29 给出了 GH230 合金在 700℃与 20℃之间循环 500 次之后主裂纹的尖端形貌[17]。从图中可明显看到由于热疲劳而引起的晶粒内破坏。

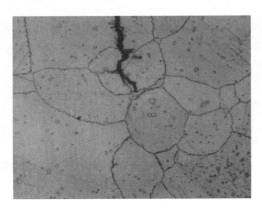

图 10.29　GH230 合金在 700℃与 20℃之间循环 500 次之后主裂纹的尖端形貌[18]

由此可推断，热疲劳破坏可能是由两个方面的因素造成的：一方面是附加的热应力与工作应力的联合作用使金属的塑性变形周期性地发展，当塑性变形积累到一定程度（晶粒的塑性变形主要以滑移的形式进行）就会在滑移线中出现裂纹，并逐渐在应力集中处（裂纹的端部）扩大；另一方面是高温下的周期性热应力作用会加速组织的不稳定性，合金元素和碳化物容易从固溶体中析出而降低晶粒强度，导致在较低应力作用下也会产生塑性变形，并进一步发展为裂纹。

此外，介质的振荡、燃烧的不稳定、锅炉的停炉与启动，都会造成温差的周期性变化而促进热疲劳的产生。

影响热疲劳的因素很多，其中最主要的是温度差。温度差越大，造成的热应力就越大，金属也越易因疲劳而破坏。另外，金属高温组织稳定性也对热疲劳产生重要影响,金属高温组织稳定性越差,抗热疲劳性也越差。同样,金属的线性膨胀系数越大、导热系数越小,势必造成温度差和温度应力越大,从而降低抗热疲劳性能,所以珠光体钢具有比奥氏体钢更高的抗热疲劳性能。此外,由于热疲劳主要是晶内破坏,细晶粒钢的抗热疲劳性能要比粗晶粒钢好。

热疲劳不仅出现在锅炉钢管上,同样在压铸模的表面、钢锭模的表皮、大炮管筒上都可以见到。试验证明,最大的周期应力出现在表面,距离表面越远,应力幅度越小。因而由热疲劳引起的疲劳裂纹往往发生于工件的表面,并且多以网状裂纹的形式出现。

图 10.30 给出了某电站利用 12Cr1MoV 钢所制备锅炉再热器的微量喷水减温器的连通管弯头内壁出现的网状裂纹[19],如果观察其显微组织,则可以看到如图 10.29 所示的晶粒内裂纹。

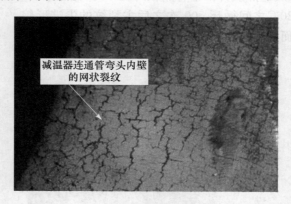

减温器连通管弯头内壁的网状裂纹

图 10.30　12Cr1MoV 钢所制备锅炉再热器的微量喷水减温器
连通管弯头内壁出现的网状裂纹[19]

10.1.3　耐热钢与高温合金的强化

无论是耐热钢还是高温合金,它们的强化都离不开固溶强化、晶界强化和第二相的沉淀强化这三个基本的强化手段。此外,还可以通过热处理来改变使用组织的晶粒度及强化相在基体中的分布以提高耐热钢的高温强度。

10.1.3.1　固溶强化

耐热钢与高温合金的基体强度取决于原子间结合力的大小,原子间结合力越大则基体的强度越高。在高温时,γ-Fe 的原子排列较致密且原子间结合力较强,因此奥氏体钢的高温强度,即热强性一般比铁素体钢高,这也是在较高的温度下均使用奥氏体组织的原因。

一般情况下,耐热钢与高温合金均在基体金属中加入了一种或多种合金元素,这些合金元素可以固溶态、化合物或游离态等形式存在。当这些合金元素以固溶态形式存在时，将与基体金属形成间隙固溶体或置换固溶体等单相固溶体，而这些单相固溶体常常能使基体金属的原子间结合力增强，从而使耐热钢与高温合金的热强性明显提高（图 10.31）。

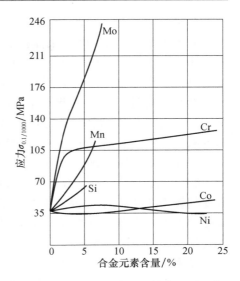

图 10.31　合金元素对纯铁在 427℃时蠕变极限的影响[20]

我们知道，强度是材料抵抗塑性变形的能力，而产生塑性变形的根本原因是位错的运动，因此不难理解材料产生固溶化的本质。当溶质原子与溶剂原子形成固溶体时，它们在几何尺寸上的差异将导致基体金属溶剂原子的晶格产生畸变，进而在畸变晶格处产生应力场，这个应力场将阻碍位错的运动，进而使基体金属产生固溶强化。显然，溶质原子与溶剂原子的几何尺寸，即原子半径的差异越大，溶质原子的熔点越高，溶质元素对增强基体的热强性越有效。通常情况下，固溶强化引起的强化程度在合金元素加入量少时比较显著，随着合金元素加入量的继续增加，基体金属晶格畸变产生的应力场将由于距离太近而部分相互抵消，从而导致阻碍位错运动的能力下降而使强化程度逐渐减弱。试验表明，在一定温度下达到最佳的固溶强化效果通常有一个最佳的溶质原子浓度。

通过原子结合力的提高和晶格的畸变，使在固溶体中的滑移变形困难而强化，这在温度 $T \leqslant 0.6T_{熔}$（熔点的热力学温度）时是相当重要的。

在更高温度使用条件下（$T \geqslant 0.6T_{熔}$）更为突出的是通过原子结合力的提高，降低固溶体中元素的扩散能力，提高再结晶温度，阻碍扩散式形变过程的进行，因为在高温蠕变时扩散形变机制起很大的作用[21]。

长期实践还得到一个经验，即加入少量多种合金元素比加入同总量的一种合金元素能更显著地提高固溶强化效果。现代一些性能优良的耐热钢与高温合金的基体都是多元合金化的固溶体。

10.1.3.2　晶界强化

无论耐热钢还是高温合金，它们一般情况下都是多晶材料，晶粒与晶粒之间必然存在晶粒边界，即晶界。在常温下，晶界对位错的运动构成强烈阻碍，从而提高材料的强度。晶粒越细，晶界越多，晶界面积越大，对位错的阻碍作用越显著，材料的强度就越高,即细晶强化。此外,多晶材料中每个晶粒的取向都各不相同,当在外力作用下发生塑性变形时,不同取向的晶粒不能各自独立变形而必须相互协调,由此需要更多的外力使晶粒发生转动,进而导致材料的塑性变形抗力增大。晶粒大小与材料强度之间满足霍尔-佩奇公式,即材料的强度与晶粒大小的平方根成反比。

然而在高温变形时,晶界却是最薄弱的环节,原因在于晶界处的原子排列不规则,并存在各种晶体缺陷。由于晶界区存在大量的晶体缺陷,在晶界处被塞积的位错容易与晶界缺陷发生交互作用而消失,进而导致晶界的强度较低。此外,由于晶界区存在大量的晶体缺陷,有利于原子的扩散,也有利于蠕变的进行,在高温蠕变时,晶界弱化并参与变形,有时晶界形变量可占总变形量的 50%。晶界形变量高,因此相较于细晶粒钢,粗晶粒钢的蠕变速率较低、断裂时间较长。因此,在高温下承受较大工作应力的构件,需要对其晶粒进行适当的控制,但也不宜过分粗化,否则会损害高温塑性及韧性等。

在耐热钢和高温合金中加入合金元素是提高其热强性的主要方式之一,加入的合金元素对晶界的强化作用主要表现在以下几个方面[21]:①纯化晶界。耐热钢与高温合金中的硫、磷及其他低熔点杂质,容易在晶界区聚集而且还常与基体金属形成易熔共晶,导致高温下承受较大应力时产生所谓的红脆性。因此在合金中应避免含有使晶界弱化的有害杂质元素,有些国家和生产厂家对各种有害杂质的含量及总含量有十分严格的规定。为了消除有害杂质和气体的不利作用以及进一步净化和强化晶界,有意识地加入某些微量元素,如硼、锆,碱土元素镁、钙、钡,以及稀土元素铈、镧等。它们与有害杂质元素在冶金过程中发生反应而生成稳定的难熔化合物。这些元素的加入都有一个最合适的量,过量地加入又会使热强性下降。②填充晶界空位。填充晶界空位的元素目前以硼为最好,硼原子尺寸比一般间隙元素(碳、氮)大而较一般置换式原子小,钢中加入微量的硼,无论处于置换或间隙状态,都能较稳定地填充晶界空位,使晶界上对扩散有利的空位大大减少,从而提高了蠕变抗力;硼还可以改善晶界碳化物以及金属间化合物的析出形貌。③晶界的沉淀强化。加入的合金元素在晶界上沉淀出不连续的强化相,这种骨架状的强化相不但可以提高材料的热强性,还可以阻碍裂纹沿着晶界的扩展。

10.1.3.3　沉淀强化

沉淀强化与固溶强化和晶界强化的实质一样,都是通过障碍物的形成阻碍位错的运动,只不过沉淀强化是从固溶体中析出的沉淀相(如耐热钢中析出的碳化物或氮化物等难熔化合物,铁基和镍基高温合金中析出的 γ'-Ni_3Al 相或 γ''-Ni_xNb 相,钴基合金中析出的 $M_{23}C_6$ 相等)来对位错的运动产生阻碍作用。

当加入的合金元素含量大于在工作温度下能够溶入基体金属的饱和浓度时,多余的溶质原子将从过饱和固溶体中沉淀出第二相(或更多相)。从过饱和固溶体中沉淀出第二相是提高热强性的最有效方法之一,许多耐热钢及高温合金都是通过这种方式来获得良好的热强性。

第二相的沉淀强化主要通过以下几种机制起作用[2]:①共格应变强化机制。析出的第二相与基体共格,由于沉淀相与基体之间晶格常数的差异而产生共格应变,从而在第二相周围产生一个高的弹性应力场,这个应力场对位错的运动产生阻碍作用而引起强化。共格畸变越大,强化效果越显著。②奥罗万(Orowan)绕过机制。当第二相颗粒比基体硬、强度比基体高时,如果第二相颗粒间距较大或者与基体无共格关系,位错不能切割这类弥散质点,而只能通过绕过方式越过这些障碍物,因此增大位错运动的阻力而使材料强度提高。③位错切割机制。当第二相颗粒比基体软、强度比基体低,且与基体共格并具有公共滑移面时,位错运动通过切割第二相的方式越过这些障碍物,位错切割第二相也必然增大位错运动的阻力而使材料强度提高。④位错攀移机制。在高体积分数沉淀相的耐热钢与高温合金中,位错切割第二相的临界应力小于奥罗万绕过应力,因此位错切割机制总是优先启动,只有在长期蠕变末期因第二相颗粒粗化才可能启动绕过机制,这两种位错运动机制均具有较高的应力指数。当施加的应力较小而不足以启动位错切割机制或奥罗万绕过机制时,蠕变变形只能借助于位错以热激活攀移方式越过强化第二相粒子。所有这几种强化机制的强化作用均与沉淀相的大小、形状、分布、稳定性有很大的关系。实践及研究工作都表明,沉淀相的大小和间距均有一个最佳值,此时形变的阻力最大;要保持高的热强性,沉淀相本身也应当具有高的高温强度及良好的高温稳定性。

若耐热钢与高温合金中存在低熔点或不稳定的第二相,会使高温材料的热强性降低,尤其是这类第二相分布在晶界上时影响更大。此外,若耐热钢与高温合金中沉淀出脆性的金属间化合物,一般也会对其热强性带来不利影响。

10.1.3.4　工艺强化[21]

工艺强化是耐热钢和高温合金的发展和强化的重要途径。

为了提高高温合金的纯洁度和减少夹杂,绝大部分高温合金采用真空感应熔炼母材以及真空自耗或电渣重熔的双联工艺。为了得到更纯净的合金还可以采用等离子熔炼或电子轰击炉。为了消除偏析,提高均匀性,可以采用粉末冶金法等。

高温合金采用铸造工艺制造,由于不受变形成型的约束,可以具有比变形合金更高的合金化程度,因而可获得更高的使用温度。为消除高温下晶界的弱化作用而发展了定向结晶法、单晶法;还可以与合金成分设计配合,采用定向共晶以强化合金,使其获得更高的使用温度。

耐热钢与高温合金通过热处理可以得到需要的晶粒度,同时可以改善强化相的分布状态,调整基体与强化相的成分。

耐热钢通过热处理常常可以有效地提高其热强性。在耐热钢零件的工作温度高、负荷较小和工作时间比较长的情况下,热处理应尽可能地使零件获得稳定的组织状态,以避免在工作过程中发生组织变化,加速蠕变过程,这样可以保证零件使用的可靠性。例如,对于珠光体钢常采用正火和高于使用温度100℃的回火,奥氏体钢常使用固溶处理,随后用高于工作温度60~100℃的时效处理,但是稳定状态一般都伴随着一定热强性的牺牲。

在工作温度较低、负荷较高和工作时间不很长时,为了获得高的热强性,可以通过热处理获得不稳定的组织,并在这种状态下使用。例如,一些珠光体钢可以在正火后,奥氏体钢可以在固溶处理后使用,而不经过回火,零件利用工作温度使强化过程在使用中进行,或在使用前进行部分回火或时效,适当提高起始的强度,而在使用过程中达到最高的强度。

10.2　热　强　钢

热强钢是指在高温既能承受相当的附加应力又要具有优异的耐高温气体腐蚀的钢种。例如,汽轮机、燃气轮机的转子和叶片,锅炉的过热器,高温下工作的螺栓和弹簧,内燃机的进排气阀等用钢均属此类。

根据热强性的基本原理,作为热强钢有两点是十分重要的:一是熔点要尽可能高;二是再结晶温度也应尽可能高。因此,两者之比值($T_{再结晶}/T_{熔点}$)就构成了热强性的准则之一。大量的研究和实践证明,多元合金化是提高热强钢热强性的有效途径,组织结构是决定热强钢的热性能的另一重要因素,而钢的合金化程度及随后的热处理是改变其组织结构的重要条件。因此,研究钢的组织结构与其耐热性能之间的关系一直是探讨热强钢高温性能的重要课题。

根据钢的组织状态,热强钢主要包括:珠光体(型)热强钢、铁素体(型)热强钢、马氏体(型)热强钢、奥氏体(型)热强钢和沉淀硬化(型)热强钢[1,22]。

本节主要结合电站高压锅炉用钢管和钢板、汽轮机叶片、汽轮机和燃气轮机的转子、叶轮和紧固件论述热强钢的成分、组织与性能及其研究进展。

10.2.1　动力机组锅炉用钢管

火电厂锅炉内的工质都是水,其临界压力是22.115MPa,临界温度为374.15℃。在这个压力和温度下,水和蒸汽的密度是相同的。炉内工质压力低于这个压力就叫亚临界锅炉,大于这个压力就是超临界锅炉,蒸汽温度不低于593℃或蒸汽压力不低于31MPa被称为超超临界。目前国内及国际上一般只要主蒸汽温度达到或超过600℃就认为是超超临界机组。锅炉蒸汽参数的提高可以提高机组的效率,而蒸汽参数的提高受到材料的严重制约。

国外超临界火力发电机组和超超临界机组是 20 世纪 50 年代末同时开发和交叉发展的。目前亚临界机组标准参数为 16.7MPa/538℃/538℃;超临界机组的蒸汽参数采用较多的是 24.2MPa/566℃/566℃,566℃/566℃ 中前者为新汽温度,后者为再热汽温度;超超临界机组的蒸汽参数可达 30.0MPa/600℃/620℃。一些国家已开发出相应可用于机组各部件的热强钢。

我国 20 世纪 80 年代以来已有发展大功率临界火电技术的经验和引进超临界机组的实践。2004 年和 2006 年,我国首台国产化超临界机组和首台超超临界机组分别投入运行。我国现已成为投运和在建超超临界机组最多的国家。

我国已制定出 GB/T 5310—2017《高压锅炉用无缝钢管》标准,过去的版本为 GB 5310—85、GB 5310—1995、GB 5310—2008。GB/T 5310—2017 增加了 1 个钢号,并对一些技术条件进行了修改。GB/T 5310—2017 中列入的高压锅炉用无缝钢管用钢的化学成分见表 10.11(a)和表 10.11(b),主要用于制造高压蒸汽锅炉、管道用无缝钢管。

10.2.1.1　低碳珠光体热强钢

在表 10.11（a）中列入了三个优质碳素结构钢的牌号:20G、20MnG 和 25MnG。这类钢的使用温度不高,20G 钢用于壁温不大于 480℃的受热面管、不大于 450℃的联箱与蒸汽管;20MnG 钢用于壁温不大于 425℃的集箱和蒸汽管道;25MnG 钢可用于 300MW、600MW 的水冷壁、省煤器、过热器及再热器。

高压锅炉用无缝钢管大量使用的是低碳珠光体热强钢（合金结构钢）。

1) 低碳珠光体热强钢的性能要求

低碳珠光体热强钢主要用于锅炉制造。根据锅炉各主要组件的工作条件,对这类钢提出如下的性能要求:

(1) 具有足够高的强度、塑性和韧性。钢材的室温抗拉强度、屈服极限在汽包和管子的设计中是直接用做计算指标的。韧性可以作为判断钢材质量好坏的标准,而塑性则直接关系到钢材的工艺性能,如锅炉制造中进行卷板弯管、冲压、封头等操作时,钢材都要在冷态或热态下承受一定的塑性变形。此外,在锅炉组件中管孔很多,各种孔壁上的应力集中比较严重,钢材具有足够的塑性有利于改善应力集中处的应力分布,使之趋向均匀。

(2) 具有较高的蠕变极限和持久强度极限。锅炉钢的持久强度极限直接作为过热器管子、联箱、导管等受热面管子的高温强度的计算依据,而蠕变极限则作为校核依据。这些热强性指标对于保证组件在高温长时间应力作用下安全运行十分重要。

(3) 足够的抗氧化性能。锅炉组件大多在高温蒸汽和烟气中工作,尤其是在燃烧室内工作的各种零件,工作温度高而无工质冷却,氧化和腐蚀十分严重,因此钢材需要有足够的抗氧化性和抗腐蚀性。通常要求其在工作温度下氧化速率不应超过 0.1～0.5mm/a,烟气的最大允许腐蚀速率也不应超过 0.1～0.15mm/a。

表 10.11(a)　我国高压锅炉用优质碳素结构钢和合金结构钢无缝钢管用钢化学成分(GB/T 5310—2017)　　(单位:%)

牌　号	C	Si	Mn	Cr	Mo	V	B	Ni	Alt	Cu	Nb	N	W
20G	0.17~0.23	0.17~0.37	0.35~0.65	—	—	—	—	—	≤0.015	—	—	—	—
20MnG	0.17~0.23	0.17~0.37	0.70~1.00	—	—	—	—	—	—	—	—	—	—
25MnG	0.22~0.27	0.17~0.37	0.70~1.00	—	—	—	—	—	—	—	—	—	—
15MoG	0.12~0.20	0.17~0.37	0.40~0.80	—	0.20~0.35	—	—	—	—	—	—	—	—
20MoG	0.15~0.25	0.17~0.37	0.40~0.80	—	0.44~0.65	—	—	—	—	—	—	—	—
12CrMoG	0.08~0.15	0.17~0.37	0.40~0.70	0.40~0.70	0.40~0.55	—	—	—	—	—	—	—	—
15CrMoG	0.12~0.18	0.17~0.37	0.40~0.70	0.80~1.10	0.40~0.55	—	—	—	—	—	—	—	—
12Cr2MoG	0.08~0.15	≤0.50	0.40~0.60	2.00~2.50	0.90~1.13	—	—	—	—	—	—	—	—
12Cr1MoVG	0.08~0.15	0.17~0.37	0.40~0.70	0.90~1.20	0.25~0.35	0.15~0.30	—	—	—	—	—	—	—
12Cr2MoWVTiB	0.08~0.15	0.45~0.75	0.45~0.65	1.60~2.10	0.50~0.65	0.28~0.42	0.0020~0.0080	—	—	—	0.08~0.18Ti	—	0.30~0.55
07Cr2MoW2VNbB	0.04~0.10	≤0.50	0.10~0.60	1.90~2.60	0.05~0.30	0.20~0.30	0.0005~0.0060	—	≤0.030	—	0.02~0.08	≤0.030	1.45~1.75
12Cr3MoVSiTiB	0.09~0.15	0.60~0.90	0.50~0.80	2.50~3.00	1.00~1.20	0.25~0.35	0.0050~0.0110	—	—	—	0.22~0.38Ti	—	—
15Ni1MnMoNbCu	0.10~0.17	0.25~0.50	0.80~1.20	—	0.25~0.50	—	—	1.00~1.30	≤0.050	0.50~0.80	0.015~0.045	≤0.020	—
10Cr9Mo1VNbN	0.08~0.12	0.20~0.50	0.30~0.60	8.00~9.50	0.85~1.05	0.18~0.25	—	≤0.40	≤0.020	—	0.06~0.10	0.030~0.070	—
10Cr9MoW2VNbBN	0.07~0.13	≤0.50	0.30~0.60	8.50~9.50	0.30~0.60	0.15~0.25	0.0010~0.0060	≤0.40	≤0.020	—	0.04~0.09	0.030~0.070	1.50~2.00

续表

牌　号	C	Si	Mn	Cr	Mo	V	B	Ni	Alt	Cu	Nb	N	W
10Cr11MoW2VNbCu1BN	0.07~0.14	≤0.50	≤0.70	10.00~11.50	0.25~0.60	0.15~0.30	0.0005~0.0050	≤0.50	≤0.020	0.30~1.70	0.04~0.10	0.040~0.100	1.50~2.50
11Cr9Mo1W1VNbBN	0.09~0.13	0.10~0.50	0.30~0.60	8.50~9.50	0.90~1.10	0.18~0.25	0.0003~0.0060	≤0.40	≤0.020	—	0.06~0.10	0.040~0.090	0.90~1.10

注:Alt 指全铝含量。20G 钢中的 Alt 不大于 0.015%,不作为交货要求。一些牌号的后缀"G",表示锅炉及锅炉钢管用钢。这类钢中,12Cr1MoVG 和 07Cr2MoW2VNbB 含≤0.025%P,≤0.010%S;10Cr9Mo1VNbN 钢及其后的 4 种钢中铝含≤0.020%P,≤0.010%S;其余各钢中含≤0.025%P,≤0.015%S。表中各钢中的残余元素含量的规定见 GB/T 5310—2017。

表 10.11(b)　我国高压锅炉奥氏体耐热不锈钢无缝钢管用钢化学成分(GB/T 5310—2017)　　　(单位:%)

牌　号	C	Si	Mn	Cr	Ti	B	Ni	Alt	Cu	Nb	N	P	S
07Cr19Ni10	0.04~0.10	≤0.75	≤2.00	18.00~20.00	—	—	8.00~11.00	—	—	—	—	≤0.030	≤0.015
10Cr18Ni9NbCu3BN	0.07~0.13	≤0.30	≤1.00	17.00~19.00	—	0.0010~0.0100	7.50~10.50	0.003~0.030	2.50~3.50	0.30~0.60	0.050~0.120	≤0.030	≤0.010
07Cr25Ni21	0.04~0.10	≤0.75	≤2.00	24.00~26.00	—	—	19.00~22.00	—	—	—	—	0.030	0.015
07Cr25Ni21NbN	0.040~0.10	≤0.75	≤2.00	24.00~26.00	—	—	19.00~22.00	—	—	0.20~0.60	0.150~0.350	≤0.030	≤0.015
07Cr19Ni11Ti	0.04~0.10	≤0.75	≤2.00	17.00~20.00	4C~0.60	—	9.00~13.00	—	—	—	—	≤0.030	≤0.015
07Cr18Ni11Nb	0.04~0.10	≤0.75	≤2.00	17.00~19.00	—	—	9.00~13.00	—	—	8C~1.10	—	≤0.030	≤0.015
08Cr18Ni11NbFG	0.06~0.10	≤0.75	≤2.00	17.00~19.00	—	—	9.00~12.00	—	—	8C~1.10	—	≤0.030	≤0.015

注:Alt 指全铝含量。牌号 08Cr18Ni11NbFG 中的"FG"表示细晶粒。一些牌号的后缀"G",表示锅炉及锅炉管用钢。这类钢中的残余元素含量的规定见 GB/T 5310—2017。

(4) 足够的组织稳定性和持久塑性(小的蠕变脆性)。钢材不能因高温下长时间工作所导致的组织变化而使其热强性及塑性、韧性大幅度下降。一般认为在高温长时间应力作用下,管子的冲击韧性不应低于 $20J/cm^2$,持久塑性不应小于 2%。

所有的珠光体热强钢在高温长期作用下,普遍地要出现片状珠光体球化和碳化物的聚集长大。珠光体球化后虽对常温冲击韧性没影响,而且还能略提高其塑性,但却会降低常温和高温强度,降低钢的高温持久强度。研究结果表明,12Cr1MoV 钢经完全球化后,持久强度降低 1/3。在电站运行中,管子出现珠光体严重球化会导致爆管,如某厂某号炉的高温过热器管(12Cr1MoV)经 27777h 运行后发生了几起爆管事件,经金相检验表明珠光体球化是爆管的主要原因。运行时间(27777h)远远低于设计要求的 10^5h,说明过热器管在运行过程中发生了较严重的超温现象。

渗碳体球化及积聚的主要影响因素是温度、时间和化学成分。碳钢最容易球化,碳含量的增加会加速渗碳体球化过程,这是由于碳降低了原子间的结合力,加速了原子扩散所致。因此,碳含量越低,组织越稳定,在钢的成分中,凡能溶入固溶体并降低碳的扩散速率和增加碳化物中原子结合力的合金元素,均能阻碍或减缓球化及聚集过程。而合金元素锰、铝、钴会加速碳的扩散,对珠光体钢的热强性不利。一般珠光体钢的合金化应是既加入强碳化物元素 Nb、Zr、Ti、V 等增强碳化物中的原子结合力,也加入 Cr、Mo 等元素使其在固溶体中阻止碳的扩散。珠光体钢的一种比较危险的组织转变是石墨化。石墨化是指钢中的碳化物分解成游离碳,即石墨($Fe_3C \longrightarrow 3Fe+C$)的一种组织转变。必须指出,石墨化是随着渗碳体球化而产生的,若发现石墨化现象,则球化过程早已进行,但产生球化的钢不一定出现石墨化现象。

石墨本身既无强度又无塑性。当钢内游离石墨析出时,管子钢材性能变脆,强度和塑性显著下降,很快就会使耐热钢管发生爆破,这是十分危险的。某国曾用 0.5%Mo 的低合金钢做高压蒸汽管材料,在 565℃温度下工作五年半后管子发生脆性爆破。分析证明,其爆破原因主要是石墨沿晶界析出从而引起钢材的脆化所致。

合金元素对减少或防止石墨化有决定性的作用,总的规律是:强碳化物形成元素如 Cr、Ti、Nb 等,能形成稳定性很高的碳化物或使渗碳体的稳定性提高,从而阻碍钢的石墨化过程。Al 是强烈石墨化促进元素。

在高温长时间工作条件下,珠光体热强钢中固溶体基体和碳化物之间合金元素会重新分布。形成碳化物的元素(钼、铬等)向碳化物相中过渡,而铁和其他元素则被排挤到固溶体中去。合金元素的重新分布过程随温度的升高和时间的延长而加强。碳含量增高也会加速合金元素的重新分布过程。合金元素重新分布的结果,使强化固溶体的元素钼、钨等含量降低,从而使得钢的热强性降低(图 10.31)。

例如,抽查在 540℃经 33500h 运行的 12Cr1MoV 钢管,发现碳化物中 Cr 含量增加 10%,Mo 含量增加 60%,V 含量增加 30%,这说明固溶体内含 Cr、V 含量特别是含 Mo 含量大大降低了。为了减小合金元素的重新分布趋势,热强钢的合金化方向应该是:采用固溶体复合合金化,有效地提高基体原子结合力并阻碍扩散;加入能强烈形成碳化物的元素以稳定碳化物相,减小强化固溶体的元素向碳化物相过渡的倾向。

珠光体钢在一定温度范围长时间工作后,室温冲击韧性严重下降,韧脆转变温度升高,这种现象称为热脆性,其本质与第二类回火脆性相同。

(5) 良好的焊接性能及其他加工工艺性能。在锅炉制造和安装过程中,焊接是主要的工艺方法,所以保证锅炉钢材具有良好焊接性能是简化工艺、获得高质量产品的重要措施。所谓良好的焊接性是指使用工业上最常用的焊接方法也能保证获得高质量的焊接接头,力学性能不低于基体金属,焊前焊后的热处理工艺简单。2.25Cr-1Mo 钢单道焊缝附近形成的各种显微组织如图 10.32 所示[22](参考图 4.103),正确的焊接工艺、合理的焊前焊后热处理,可调控焊缝附近形成的显微组织,进而控制其性能。

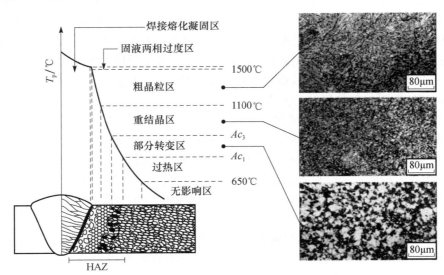

图 10.32　2.25Cr-1Mo 钢单道焊缝附近形成的各种显微组织示意图[23]

2) 低碳珠光体热强钢的合金化

为了满足上述对锅炉钢的要求,最根本的办法是通过在钢中加入合金元素。合金元素对锅炉钢高温强度起着决定性影响,合金元素也必然会改变钢的室温力学性能和工艺性能,这里着重分析合金元素对锅炉钢高温强度的影响。

根据热强性研究,第二相质点的数量、形状、大小在载荷大、时间短的条件下,对热强性的作用明显;在载荷小、时间长的环境中,固溶体对热强性的影响将增加。第二种情况正是锅炉钢的工作条件:高温低应力、长时间服役。因此它的合金化是以获得高强度的 α-Fe 固溶体为主,同时又要具有稳定的第二相。显然为达到这样的目的,需要考虑合金元素在第二相与 α-Fe 固溶体中的分布问题。

一般凡是能提高 $\alpha \rightarrow \gamma$ 相变温度,增加原子结合力及静畸变力的因素,都对 α-Fe固溶体热强性有良好的作用,满足这些条件的元素有 Cr、Mo、W、Nb、Ti 等。它们的共同特点是熔点高,与 α-Fe 有同样的点阵类型,点阵常数都比 α-Fe 大,溶入后使 α-Fe 固溶体点阵常数增大和引起静畸变;另一个特点是在周期表中都位于Fe 左侧,外层电子均未被填满,从而与 Fe 交换电子倾向很大,提高 α-Fe 固溶体原子结合强度(但钒能减弱 α-Fe 的原子结合力)。

各种元素对铁素体热强度影响如图 10.31 所示。由图可知,Mo、Cr、Mn、Si 都可提高铁素体的热强度,其中以 Mo 最为显著,这就是大多数锅炉耐热钢管都用Mo 合金化的原因。Cr 也可以提高铁素体的热强度,但在小于 1% 时效果较显著,大于 1% 影响减小。Mo 还可减小回火脆性,Mo、Cr 还可降低碳化物的聚集和石墨化。但是它们都是碳化物形成元素,因此要使它们溶入固溶体,必须同时向钢中加入强碳化物形成元素如 V、Ti、Nb,在生成 V、Ti、Nb 碳化物的同时,可把钢中Cr、Mo、W 等强化固溶体的元素挤入固溶体。这些碳化物还有一定的沉淀强化作用,它们的加入量一般是以形成全部碳化物而没有多余量进入固溶体为宜,过少则会有部分 Mo、W 形成碳化物,而过多则可能形成金属间化合物。Cr 和 Si 可以提高钢在 600℃ 时抗气体腐蚀的能力。

珠光体热强钢管的碳含量在 0.2% 以下,这是因为:①钢中碳含量越高,球化和聚集速率越快,因为碳是削弱钢基体原子间结合力的元素,碳含量增加,原子扩散速率加快;②碳含量的增加会加快石墨化;③碳含量的增加会加速合金元素的再分配;④碳含量的增加会使钢的塑性、焊接性、耐蚀性和抗氧化性都下降。由于以上原因,钢中碳含量越少越好,但不能过少,否则钢的强度会降低,因此碳含量一般在 0.1%～0.2%。

在这类钢中,硼是较为重要的元素,它可以改善晶界的性能,但加入量要适当。加入微量(0.03%～0.08%)的稀土及碱土元素均有良好作用。

3) 低碳珠光体热强钢的热处理

不同热处理工艺得到的组织对这类钢的热强性有很大影响。表 10.12 为热处理得到的不同组织对 12Cr1MoV 钢持久强度的影响。在 580℃ 和 600℃ 长时间试验证实,马氏体回火组织具有最高的持久强度,贝氏体次之,铁素体＋珠光体组织持久强度最低。现在生产上采用的热处理工艺为正火＋高温回火,得到铁素体＋珠光体组织或者贝氏体组织,这主要是因为热处理过程比较简便,易于控制,但希望冷却速率快些,以便得到贝氏体组织以提高 12Cr1MoV 钢的持久强度。

表 10.12　热处理得到的不同组织对 12Cr1MoV 钢持久强度的影响[8]

热处理制度	580℃		600℃	
	σ_{10000}/MPa	σ_{100000}/MPa	σ_{10000}/MPa	σ_{100000}/MPa
980℃水冷(＞600℃/min,马氏体),740℃回火 5h	130	100	102	85
980℃空冷(200～250℃/min,贝氏体＋少量铁素体及马氏体),740℃回火 5h	120	90	80	60
980℃炉冷(1～6℃/min,铁素体＋珠光体)	80	50	48	30

　　过去一些实验认为,奥氏体的晶粒度对这类钢的热强性有影响,在高温下较粗大的晶粒具有较高的持久强度。因此,奥氏体化的目的,一方面是使碳化物溶解以获得高的合金化程度,另一方面是要获得合适大小的晶粒度。实验证明,以 12Cr1MoV 钢为例,钢的持久强度与奥氏体晶粒度并无必然的联系,起主要作用的是奥氏体的合金化程度。

　　从表 10.12 可以看出,通过热处理改变这类钢的组织结构是提高其热强性的主要途径。通过马氏体相变或贝氏体相变,细化了基体的组织结构,提高了强度,在之后的 740℃回火时,并未发生完全再结晶,强化效果还保存部分作用。这种强化效果的部分保存,很重要的原因是 VC 沉淀在位错上,以及 Cr 和 Mo 降低了原子扩散系数,提高了基体的再结晶温度。实验证明,12Cr1MoV 钢基体的再结晶温度范围在 700～800℃。在 740℃回火得到的强化组织在 600℃或低于 600℃温度使用时,有足够的组织稳定性,在长时间内能够保持高的持久强度。

　　研究结果表明,只有含 Mo、W、V、Ti、Nb 等合金元素的钢,得到马氏体回火组织和贝氏体回火组织的强化效果才显示出来,不含这些元素的碳钢、锰钢和镍钢基体的再结晶温度不高,渗碳体又容易聚集长大,马氏体或贝氏体相变引起的强化效果无法保持。

　　这类钢的正火温度一般都选择较高的温度,以促使碳化物较完全地溶解和较均匀地分布。选择回火温度时,要注意材料的使用温度,回火温度应高于使用温度 100～150℃以上,以提高在使用温度下的组织稳定性。回火温度过高会使强度降低,例如,12Cr1MoV 钢目前采用的正火温度为 980～1020℃(12Cr1MoV 的 Ac_3 为 882～914℃),保温时间按壁厚 1min/mm 计算,但不少于 20min,再经 720～760℃回火后 2～3h 空冷;12Cr2MoWVTiB 钢的 Ac_3 为 950～1000℃,为消除组织中的自由铁素体和增加奥氏体的合金度,正火温度选 1020～1060℃。正火的冷却速率应控制在 1000～700℃平均为 20℃/min,以阻止自由铁素体的析出,不致影响持久强度。回火温度高于 500℃时,析出特殊碳化物 MC、M_7C_3、M_6C,M_7C_3 逐渐转为 M_6C,其中 MC 即(V、Ti)C 是主要强化相,M_6C 即 Fe_3Mo_3C 也有一定沉淀强化效果。

　　表 10.13 为表 10.11 中列入的各牌号的钢管的热处理制度。经热处理后成品钢管的晶粒度应符合以下要求(GB/T 5310—2017):

　　(1) 优质碳素结构钢和除下面(2)所列的牌号外的合金结构钢的晶粒度应为

4～10级,但两个试片上晶粒度最大级别与最小级别差不超过3级。

(2) 10Cr9Mo1VNbN、10Cr9MoW2VNbbN、10Cr11MoW2VNbCu1BN 和 11Cr9- Mo1W1VNbBN 几种钢的晶粒度级别应不小于4级,但两个试片上晶粒度最大级别与最小级别差不超过3级。

(3) 07Cr25Ni21、07Cr19Ni10、07Cr19Ni11Ti、07Cr18Ni11Nb 等钢的晶粒度应为4～7级,但两个试片上晶粒度最大级别与最小级别差不超过3级。

(4) 07Cr25Ni21NbN 钢的晶粒度应为2～7级,但两个试片上晶粒度最大级别与最小级别差不超过3级。

(5) 10Cr18Ni9NbCu3BN、08Cr8Ni11NbFG 等钢的晶粒度应为7～10级,但两个试片上晶粒度最大级别与最小级别差不超过3级。

表 10.13　我国高压锅炉用无缝钢管的热处理制度(GB/T 5310—2017)

牌　号	热处理制度
20G	正火温度 880～940℃
20MnG	正火温度 880～940℃
25MnG	正火温度 880～940℃
15MoG	正火温度 890～950℃
20MoG	正火温度 890～950℃
12CrMoG	正火加回火:正火温度 900～960℃,回火温度 670～730℃
15CrMoG	$S\leqslant30mm$ 的钢管正火加回火:正火温度 900～960℃,回火温度 680～730℃ $S>30mm$ 的钢管淬火加回火或正火加回火:淬火温度不低于 900℃,回火温度 680～750℃;正火温度 900～960℃,回火温度 680～730℃,但正火后应进行快速冷却
12Cr2MoG	$S\leqslant30mm$ 的钢管正火加回火:正火温度 900～960℃,回火温度 700～750℃ $S>30mm$ 的钢管淬火加回火或正火加回火:淬火温度不低于 900℃,回火温度 700～750℃;正火温度 900～960℃,回火温度 700～750℃,但正火后应进行快速冷却
12CrMoV	正火加回火:正火温度 970℃,回火温度 750℃
12Cr1MoVG	$S\leqslant30mm$ 的钢管正火加回火:正火温度 980～1020℃,回火温度 720～760℃ $S>30mm$ 的钢管淬火加回火或正火加回火:淬火温度 950～990℃,回火温度 720～760℃;正火温度 980～1020℃,回火温度 720～760℃,但正火后应进行快速冷却
12Cr2MoWVTiB	正火加回火:正火温度 1020～1060℃,回火温度 760～790℃
07Cr2MoW2VNbB	正火加回火:正火温度 1040～1080℃,回火温度 750～780℃
12Cr3MoVSiTiB	正火加回火:正火温度 1040～1090℃,回火温度 720～770℃
15Ni1MnMoNbCu	$S\leqslant30mm$ 的钢管正火加回火:正火温度 880～980℃,回火温度 610～680℃ $S>30mm$ 的钢管淬火加回火或正火加回火:淬火温度不低于 900℃,回火温度 610～680℃;正火温度 880～980℃,回火温度 610～680℃,但正火后应进行快速冷却

续表

牌　号	热处理制度
10Cr9Mo1VNbN	正火加回火：正火温度 1040~1080℃，回火温度 750~780℃ $S>70mm$ 的钢管可淬火加回火：淬火温度不低于 1040℃，回火温度 750~780℃
10Cr9MoW2VNbBN	正火加回火：正火温度 1040~1080℃，回火温度 760~790℃ $S>70mm$ 的钢管可淬火加回火：淬火温度不低于 1040℃，回火温度 760~790℃
10Cr11MoW2VNbCu1BN	正火加回火：正火温度 1040~1080℃，回火温度 760~790℃ $S>70mm$ 的钢管可淬火加回火：淬火温度不低于 1040℃，回火温度 760~790℃
11Cr9Mo1W1VNbBN	正火加回火：正火温度 1040~1080℃，回火温度 750~780℃ $S>70mm$ 的钢管可淬火加回火：淬火温度不低于 1040℃，回火温度 750~780℃
07Cr19Ni10	固溶处理：固溶温度不低于 1040℃，急冷
10Cr18Ni9NbCu3BN	固溶处理：固溶温度不低于 1100℃，急冷
07Cr25Ni21	固溶处理：固溶温度不低于 1100℃，急冷
07Cr25Ni21NbN	固溶处理：固溶温度不低于 1100℃，急冷
07Cr19Ni11Ti	固溶处理：热轧（挤压、扩）钢管固溶温度不低于 1050℃，冷拔（轧）钢管固溶温度不低于 1100℃，急冷
07Cr18Ni11Nb	固溶处理：热轧（挤压、扩）钢管固溶温度不低于 1050℃，冷拔（轧）钢管固溶温度不低于 1100℃，急冷
08Cr18Ni11NbFG	冷加工之前软化热处理：软化热处理温度应至少比固溶处理温度高 50℃，最终冷加工之后固溶处理不低于 1180℃，急冷

注：S 为钢管壁厚。12CrMoV 钢的数据来源于 GB/T 3077—2015《合金结构钢》。

优质碳素结构钢和合金结构钢成品钢管的显微组织应符合以下规定：

（1）优质弹碳素钢应为铁素体加珠光体。

（2）15MoG、20MoG、12CrMoG 和 15CrMoG 钢应为铁素体加珠光体，允许存在粒状贝氏体，不允许存在相变临界温度在 $Ac_1 \sim Ac_3$ 之间的不完全相变产物。

（3）12Cr2MoG 和 12Cr1MoVG 钢应为铁素体加粒状贝氏体，或铁素体加珠光体，或铁素体加粒状珠光体加珠光体，允许存在索氏体，不允许存在相变临界温度在 $Ac_1 \sim Ac_3$ 之间的不完全相变产物。

（4）12Cr2MoWVTiB、12Cr3MoVSiTiB 和 07Cr2MoW2VNbB 钢应为回火贝氏体，允许存在索氏体或回火马氏体，不允许存在自由铁素体。

（5）10Cr9Mo1VNbN、10Cr9MoW2VNbBN、10Cr11MoW2VNbCu1BN 和 11Cr9-Mo1W1VNbBN 钢应为回火马氏体或回火索氏体。

表 10.11 中列入的各牌号的钢管交货状态的室温力学性能应符合表 10.14 的规定。

表 10.14　我国高压锅炉无缝钢管用钢的力学性能(GB/T 5310—2017)

牌号	拉伸性能		A/% 不小于		冲击吸收功 A_{kV2}/J		硬度		
	R_m/MPa	R_{eL}或 $R_{p0.2}$/MPa	纵向	横向	纵向	横向	HBW	HV	HRC 或 HRB
20G	410~550	245	24	22	40	27	120~160	120~160	—
20MnG	415~560	240	22	20	40	27	125~170	125~170	—
25MnG	485~640	275	20	18	40	27	130~180	130~180	—
15MoG	450~600	270	22	20	40	27	125~180	125~180	—
20MoG	415~665	220	22	20	40	27	125~180	125~180	—
12CrMoG	410~560	205	21	19	40	27	125~170	125~170	—
15CrMoG	440~640	295	21	19	40	27	125~170	125~170	—
12Cr2MoG	450~600	280	22	20	40	27	125~180	125~180	—
12CrMoV	≥440	225	22	—	78	—	—	—	≤241HRB
12Cr1MoVG	470~640	255	21	19	40	27	135~195	135~195	85~97HRB
12Cr2MoWVTiB	540~735	345	18	—	40	—	160~220	160~230	80~97HRB
07Cr2MoW2VNbB	≥510	400	22	18	40	—	150~220	150~230	≤25HRC
12Cr3MoVSiTiB	610~805	440	16	—	40	—	180~250	180~265	≤25HRC
15Ni1MnMoNbCu	620~780	440	19	17	40	27	185~255	185~270	≤25HRC
10Cr9Mo1VNbN	≥585	415	20	16	40	27	185~250	185~265	≤25HRC
10Cr9MoW2VNbBN	≥620	440	20	16	40	27	185~250	185~265	≤25HRC
10Cr11MoW2VNbCu1BN	≥620	400	20	16	40	27	185~250	185~265	≤25HRC
11Cr9Mo1W1VNbBN	≥620	400	20	16	40	27	185~250	185~265	≤25HRC
07Cr19Ni10	≥515	205	35	—	—	—	140~192	150~200	75~90HRB
10Cr18Ni9NbCu3BN	≥590	235	35	—	—	—	150~219	160~230	80~95HRB
07Cr25Ni21	≥515	205	35	—	—	—	140~192	150~200	75~90HRB
07Cr25Ni21NbN	≥655	295	30	—	—	—	175~256	—	85~100HRB
07Cr19Ni11Ti	≥515	205	35	—	—	—	140~192	150~200	75~90HRB
07Cr18Ni11Nb	≥520	205	35	—	—	—	140~192	150~200	75~90HRB
08Cr18Ni11NbFG	≥550	205	35	—	—	—	140~192	150~200	75~90HRB

注:12CrMoV 钢的数据来自 GB/T 3077—2015,冲击吸收功为 A_{kU2}。

4) 低碳珠光体热强钢的应用[15,22]

含 0.5% Mo 的低碳钢是最早研制成的珠光体热强钢,其热强性优于其他低碳钢,但抗氧化性与其他低碳钢类似。这类钢应用时在高温下长期工作后产生石墨化问题,在靠近焊缝区这种倾向尤为严重。15MoG 钢用做工作温度不超过 510℃ 的过热器、500℃ 的蒸汽导管。20MoG 钢用于工作温度不超过 510℃ 的水冷壁、过热器和再热器等。

为了阻止石墨化过程和进一步提高热强性,Cr-Mo 钢应运而生。钢中添加 Cr 还能提高抗氧化性能。12CrMo 钢广泛用于制造蒸汽参数达 510℃ 的蒸汽管、管壁温度达 540℃ 的过热管及相应的锻件。15CrMo 钢用于管壁为 550℃ 的锅炉受热面管以及蒸汽参数为 510℃ 的高、中压蒸汽导管。这类钢的工艺性比较好。

在 Cr-Mo 低合金钢中,12Cr2Mo 钢(美国类似牌号为 T22 或 P22,德国类似牌号为 10CrMo910,日本类似牌号为 STBA24 或 STPA24,常称之为 2.25Cr-1Mo 钢)是 20 世纪 50 年代为适应锅炉向高参数大容量发展而开发的一个重要的钢种,具有优良的加工工艺性能和焊接性能,对热处理不敏感,持久塑性好,性能稳定。该钢含有较多的铬,其抗高温氧化及抗高温腐蚀性能均优于一般低合金珠光体耐热钢。该钢用于不超过 565℃ 的联箱、主蒸汽管,不超过 580℃ 再热器与过热器。

为适应动力工业的不断发展,满足锅炉和蒸汽轮机高参数工作的要求,科技工作者相继开发出三元合金化的低合金耐热钢和多元复合合金化的低合金耐热钢。前者可以 12Cr1MoV 钢为代表,后者可以我国开发的 12Cr2MoWVTiB 钢(简称 102)和 12Cr3MoVSiTiB(简称 Π11)钢为代表。

12CrMoV 钢是一种珠光体耐热钢,在高温长期使用时具有高的组织稳定性和较好的热强性,热处理时过热敏感性低,无回火脆性倾向;钢在冷变形时塑性高,可切削性尚好;焊接性一般,但壁厚零件需预热到 200~300℃,焊后需要进行除应力处理。这种钢通常在高温正火及高温回火状态下使用,正火温度为 970℃,回火温度为 750℃,回火后空冷。12CrMoV 钢主要在汽轮机中用做蒸汽参数达 540℃ 的主汽管道、转向导叶环、汽轮机隔板、隔板外环以及管壁温度不高于 570℃ 的各种过热器管、导管和相应的锻件。

12Cr1MoV 钢是国内外广泛使用的低合金珠光体钢,加入了少量的 V,可以阻止在高温下长期使用时 Mo 向碳化物的扩散,从而提高钢的组织稳定性和热强性;提高了 Cr 含量,使热强性和抗氧化性也有些提高。12Cr1MoV 钢用做高压和超高压锅炉、蒸汽参数为 500℃ 的导管和金属壁温小于 580℃ 的过热器管及锻件。

12Cr1MoV 钢有较好的热强性,生产工艺简单,加工工艺性良好,但在 580℃ 长期使用后,会产生珠光体球化现象,出现局部冲击值不均匀,但能满足高参数机组锅炉制造厂生产设计要求,因此获得广泛的应用。该钢在 580℃ 时的氧化速率小于 0.05mm/a,符合氧化速率小于 0.1mm/a 的设计要求。600℃ 时,12Cr1MoV

钢的氧化速率急剧增大到大于 0.13mm/a,故工作温度上限不能超过 580℃。

锅炉、汽轮机组若采用超高压和超临界参数(600~650℃、20~30MPa),可以进一步提高机组热效率、节约燃料,但此时耐热材料就须使用奥氏体高合金钢。这样虽然参数提高后节约了燃料,但耐热钢价格提高数倍,而且奥氏体钢的生产工艺要比珠光体钢复杂。因此,国外某些机组的蒸汽参数实际上稳定在 570℃、13~24MPa 的水平上,其主要原因是缺乏既耐高温又价格低廉的耐热钢。

长期以来,国内外均致力于进一步提高珠光体钢使用温度,使之超过 600℃,甚至达到 620℃,这样便可以在许多部门代替高合金的奥氏体钢。20 世纪 60~70 年代我国研制成的在 600~620℃工作的低合金珠光体钢 12Cr2MoWVTiB 和 12Cr3MoVSiTiB 具有良好的综合力学性能。

12Cr2MoWVTiB 钢是一种低碳贝氏体热强钢,Cr、Mo、W 主要起固溶强化的作用,W、Mo 的复合作用效果显著;V、Ti 主要起碳化物沉淀强化作用;B 可以增加晶界的强度;Cr 和 Si 能提高钢的抗氧化性。由于合金元素种类较多,该钢有较大的淬透性,奥氏体化后空冷可以得到贝氏体组织,是立足国内的较经济的超高压锅炉过热器材料,已大量用于大型机组不超过 600℃的高温再热器与高温过热器。12Cr3MoVSiTiB 钢可用于 600~620℃的再热器与过热器等。

15Ni1MnMoNbCu 钢是引自德国的一种低碳贝氏体热强钢,在德国的标准中称为 WB36 或 15NiCuMoNb5 钢,在美国的有关标准中称为 T36 或 P36 钢。该钢有比较高的强度,在超临界机组中广泛用做主给水管道。该钢在 270℃时的许用应力为 203MPa,在 450℃时的许用应力为 163MPa,可以显著减少钢管的壁厚和重量[24]。该钢还可以用做工作温度不超过 500℃的焊接结构受热部件,如锅炉汽包、汽水分离器等。

15Ni1MnMoNbCu 钢的实际工艺为:正火温度 940~950℃,可以采用空冷,壁厚大于 50mm 的工件应采用雾冷的方式以保证其性能,回火温度为 630~650℃,回火时间以 3min/mm 为宜,厚度在 25mm 以上时,其热处理后的组织为回火贝氏体和铁素体[25]。

10.2.1.2　贝氏体和马氏体型抗蠕变钢

为了填补 Cr-Mo、Cr-Mo-V 热强钢与 18-8 等奥氏体钢之间的空白,20 世纪 70 年代以后,国外一些研究者不断致力于开发新型锅炉钢管用贝氏体和马氏体类低铬热强钢和 9~12Cr 型热强钢(有些文献将低碳珠光体钢、贝氏体钢和马氏体钢统称为铁素体系热强钢,以区别于奥氏体钢[26])。

1) 高级贝氏体型抗蠕变钢

目前工作在 538~566℃蒸汽参数下的低合金低碳珠光体钢主要是 2.25Cr-1Mo(T22/P22)和 12Cr1MoV 钢,这些钢已成功地运行了超过 $15×10^4$h,最大不足之处是其高温蠕变断裂强度低,使得高温组件的壁厚增加,增加了成本和工艺复杂性,焊后需热处理。表 10.15 列出了部分新型低铬贝氏体耐热钢管用钢的化学成分。

表 10.15 一些电站锅炉低铬贝氏体耐热钢管用钢的化学成分（单位：%）

牌 号	C	Si	Mn	Ni	Cr	Mo	W	V	Nb	B	N	其他
T22/P22(12Cr2Mo)	0.12	0.30	0.45	—	2.25	1.0	—	—	—	—	—	—
HCM 2S(T23/P23)[27]	0.06	0.20	0.45	—	2.25	0.1	1.6	0.25	0.05	0.006	—	—
T24[28]	0.08	0.20	0.53	—	2.44	0.95	—	0.26	—	0.004	0.007	0.053Ti
Grade A[29,30]	0.10	0.27	0.35	≤0.25	3.0	0.75	1.5	0.25	—	<0.001	—	—
Grade B[29,30]	0.10	0.27	0.35	≤0.25	3.0	0.75	1.5	0.25	—	<0.001	—	0.1Ta

日本在 20 世纪 80 年代研制的 HCM 2S(2.25Cr-1.6WVNb，T23/P23)钢利用 W 的固溶强化和 V、Nb 的弥散强化提高了高温蠕变强度和持久强度,比较低的碳含量提高了可焊性,添加微量的硼主要用于提高钢的淬透性。该钢在 580℃ 下长期工作具有良好的持久强度和稳定的组织结构。在我国 GB/T 5310—2017 中列入的 07Cr2MoW2VNbB 钢的成分与该钢相同。图 10.33 为 HCM 2S(T23/P23)钢的过冷奥氏体连续转变曲线[31]。

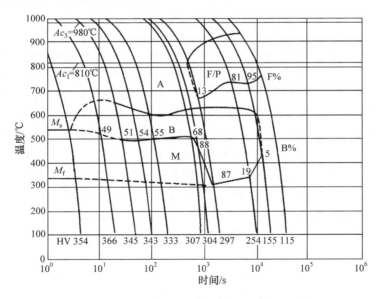

图 10.33 HCM 2S(T23/P23)钢的过冷奥氏体连续转变曲线[31]

钢的化学成分：0.07C%、0.28%Si、0.54%Mn、2.04%Cr、0.08%Mo、1.65%W、0.22V、
0.002%B、0.026Nb、0.011%N，奥氏体化：1000℃，15min，晶粒度：6～7 级

HCM 2S(07Cr2MoW2VNbB)钢的推荐的热处理制度见表 10.13。该钢在正火＋回火状态下使用,正火温度为 1040～1080℃,使大多数沉淀物溶解,可在较宽

的冷却速率范围内获得贝氏体组织。该钢回火温度为 750～780℃,使 $M_{23}C_6$ 型和 MX 型碳化物沉淀,改善了钢的持久强度和蠕变性能。该钢微观组织为回火贝氏体,在晶界和晶内分布着第二相;允许存在索氏体和回火马氏体,不允许存在自由铁素体;若冷却过快,会得到单一的马氏体组织。

HCM 2S 钢有较好的可焊性,在焊接过程不用预热也不会出现冷裂纹,但工程实际中发现,该钢有一定的冷裂纹倾向,在拘束应力较大的条件下,不预热易出现冷裂纹,焊后不热处理,接头的强度和塑性可满足相关标准,但热影响区硬度偏高,冲击韧度低,经 710～730℃ 回火,焊缝和热影响区的冲击韧度明显提高。因此,该钢目前工程上往往还是进行预热和焊后热处理[32]。2005 年国内一些新建机组锅炉再热器、过热器及水冷壁已使用该钢[31～34]。

表 10.16 是 HCM 2S 钢与 T22/P22 钢的主要性能参数比较。可以看出,在 550℃ 以上的蠕变区域,HCM 2S 钢的许用应力是 T22/P22 钢的两倍,而且在 550℃ 左右的许用应力几乎和改进型 9Cr-1Mo 钢相同。

表 10.16　HCM 2S 钢和 T22/P22 钢主要性能参数比较[27]

钢号	名义成分	金相组织	σ_b/MPa	σ_s/MPa	δ/%	许用应力(ASME)/MPa		
						550℃	600℃	625℃
T22/P22	2.25Cr-1Mo	珠光体+铁素体	480	275	30	47	24	15
HCM 2S	2.25Cr-1.6W-VNb	回火贝氏体	510	402	20	85	52	36

HCM 2S 钢具有和 T22/P22 钢相同的抗蒸汽氧化和热腐蚀的能力,因此 HCM 2S 钢可代替 T22/P22 钢用于制造过热器、再热器和水冷壁管。HCM 2S 钢更重要的性能优势是其优异的焊接工艺性能和热处理的不敏感性。该钢的焊接工艺性能也优于 102 钢,焊接接头的力学性能和冲击值(-40～20℃)对焊后不敏感。而 102 钢焊接接头则较为敏感,因此 102 钢不能用于生产大口径厚壁管[27]。

T24 钢是德国开发的一种 T22 钢的改型钢种,由于加入了钒、钛和硼,增加了钢的蠕变抗力;由于降低了碳含量,改善了钢的焊接性能,焊接时不需预热和焊后热处理。T24 钢的正火温度为(1000±10)℃,在管壁厚度超过 10mm 时应采用水冷以得到较高的力学性能,回火温度为(750±15)℃[26,32]。T22、T23、T24 和 T91 钢的力学性能如表 10.17 所示[35]。

表 10.17　T22、T23、T24 和 T91 钢的力学性能(ASTM A213)[35]

牌号	屈服强度 R_e/MPa	抗拉强度 R_m/MPa	A_5/%	硬度 HB
T22	205	≥415	≥30	≤163
T23	400	≥510	≥20	≤220
T24	450	≥585	≥17	≤250
T91	415	≥585	≥20	≤250

　　T23 和 T24 钢的组织稳定。T24 钢在 550℃工作 50000h 后,其力学性能未见发生变化,与 T23 钢管相比,T24 钢管在 500～550℃应用区间内的强度、抗压及耐高温等方面性能更佳,可广泛应用于制造超超临界电站锅炉的过热器、再热器和水冷壁。我国已可生产用于超超临界锅炉的 T24 高压锅炉管。

　　美国近期开发了 3Cr-3W(Mo)V 的低 Cr 含量的贝氏体型抗蠕变钢[29,30],其蠕变强度优于 T22 钢和 T23 钢。图 10.34 给出几种钢的 10^5h 蠕变强度随温度的变化趋势,包括 T22、T23、T24 和无 Ta 的 Grade A(3Cr-1.5W-0.75Mo-0.25V)、含 0.1％Ta 的 Grade B(3Cr-1.5W-0.75Mo-0.25V-0.1Ta)钢,并与马氏体型抗蠕变钢 T91 进行对比。在整个试验温度范围内,含 0.1％Ta 的 Grade B 钢的蠕变强度高于 T23 和 T24 钢,并且在 650℃以下高于 T91 钢的蠕变强度。Grade B 钢的 Cr 含量为 3％,在更高的温度下(如超过 615℃),其抗氧化能力比 Cr 含量为 9％的 T91 钢差,其蠕变强度比 T91 钢低。在 600℃以下,无 Ta 的 Grade A 钢的蠕变强度比 T23 和 T91 钢高。Grade A 和 Grade B 两种钢的正火温度为 1100℃,回火温度为 730℃。

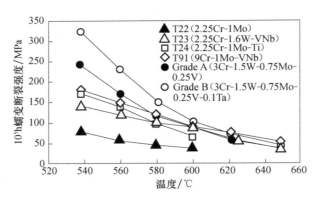

图 10.34　几种钢 10^5h 蠕变断裂强度与温度的关系曲线[29]

2) 9～12Cr 马氏体型抗蠕变钢

　　9Cr-1Mo 钢在 20 世纪 30 年代已获得应用,并列入一些国家有关标准中。该钢在作为优于 2.25Cr-1Mo 钢的材料使用时,发现其高温强度低,同时焊接性有问题[26]。之后许多国家致力于该钢的改进,使其在 600℃及更高温度下可用于制作锅炉过热器和再热器的管子,避免使用价格昂贵的奥氏体钢。

　　1964 年法国开始使用 EM12 钢制作温度为 600℃的过热器和再热器。美国于 1980 年开始将改进的 9Cr-1Mo 钢用于电力机组的过热器上(593℃),代替原用 TP321 不锈钢。1984 年美国材料与试验协会(ASTM)将改进的 9Cr-1Mo(T91) 钢纳入标准,同时,美国机械工程师协会(ASME)也批准了 T91/P91 钢的应用。1986 年日本开始选用 T91 钢作为 600MW 电力机组的过热器材料。目前 T91/

P91 钢已列入许多国家的标准,是使用量最大的电站锅炉钢管用钢[36]。我国于 1995 年已将该钢纳入国家标准,在 GB 5310—2008 中的牌号为 10Cr9Mo1VNbN (表 10.11(a))。

　　超超临界发电设备的锅炉和汽轮机零部件将在超过 600℃ 条件下服役,快中子增殖反应堆和核聚变反应堆中的一些关键结构件的使用温度达到 650℃。为了满足上述苛刻服役条件,一些研究工作者在 9~12Cr 型马氏体钢的基础上发展了一系列高级别钢种。表 10.18 为一些电站锅炉用 9~12Cr 型耐热钢管的化学成分。

　　T91/P91 钢与奥氏体不锈钢 TP304H 比较,T91/P91 钢的弹性模数大、线膨胀系数小、热传导系数大,使用时可减少温度梯度产生的瞬时应力。该钢的力学性能见表 10.14(10Cr9Mo1VNbN)和表 10.19。该钢的冲击功和韧脆转变温度明显优于同类的 EM12 和 X20 钢[37]。

表 10.18　一些电站锅炉用 9~12Cr 型耐热钢管的化学成分　(单位:%)

牌　号	C	Si	Mn	Ni	Cr	Mo	W	V	Nb	B	N	其他
9Cr1-Mo(T9)[26]	0.10	0.50	0.40	—	9.0	1.0	—	—	—		0.02	—
改进 9Cr1-Mo(T91/P91)[26,27]	0.10	0.35	0.45	<0.2	9.0	1.0	—	0.21	0.08		0.05	—
EM12[27]	0.10				9.0	2.0		0.30	0.40			
X20CrMoV12.1(X20)[27]	0.20	0.50	1.00	0.5	12.0	1.0		0.30				
TB9[26]	0.08	0.05	0.50	0.1		0.5	1.8		0.05			
TB12[26]	0.08	0.05	0.50	0.1	12.0	0.5	1.8		0.05	0.003	0.05	
NF616(T92/P92)[27]	0.07	0.06	0.45	—		0.5	1.8		0.05	0.004	0.06	
HCM 12A(P122/T122)[26]	0.10	0.05	0.64	0.32	12.0	0.4	2.0	0.21	0.05		0.06	0.8Cu
TAF(锻造材,参考)[26]	0.18				10.5	1.5		0.15	0.03			
TAF650[29]	0.1	0.07	0.55	0.55	10.84	0.14	2.63	0.19	0.06	0.019	0.016	2.86Co

表 10.19　T91/P91 钢高温短时拉伸值及持久强度值[36]　(单位:MPa)

参数值	温度/℃					
	540	560	580	600	620	650
σ_s	276	260	240	215	—	—
σ_b	340	315	285	255	—	—
$\sigma_b(10^5 h)$	179	145	115	90	68	44

　　T91/P91 钢的蠕变和持久强度比较高,其许用应力也比较高。表 10.19 给出 T91/P91 钢在不同温度下的高温短时拉伸值及持久强度值。

　　表 10.20 给出了几种电站锅炉用耐热钢管在规定温度下的基本许用应力。

表 10.20　几种国外电站锅炉用耐热钢管在规定温度下的基本许用应力

（单位：MPa）

牌号	温度/℃												
	400	430	450	480	500	530	550	580	600	630	650	680	700
T22	123	122	116	95	81	61	48	32	—	—	—	—	—
T23	—	—	—	—	—	105	89	67	53	—	—	—	—
T91	188	182	177	168	161	124	105	92	74	42	30	—	—
TP304H	99	97	95	93	92	90	88	75	64	50	42	32	—
TP347H	118	117	116	115	115	113	112	104	91	67	54	39	32

注：基本许用应力的计算方法见 GB/T 9222—2008《水管锅炉受压元件强度计算》。

　　T91/P91 钢的热加工温度范围是 1100～950℃，热加工后可在空气中冷却。钢管冷弯时，外层纤维伸长率达到 5%～15% 时，弯后应在 (750 ± 20)℃进行消除应力处理。T91/P91 钢的连续冷却转变曲线见图 10.35。T91/P91 钢的最终热处理工艺为：正火温度 1040～1060℃，回火温度 760～790℃，金相组织为回火马氏体，并分布有大量的 $M_{23}C_6$ 型和细小 MX 型碳化物。

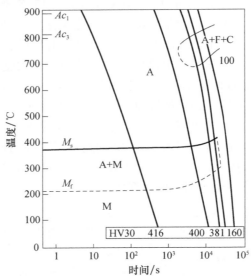

图 10.35　T91/P91 钢的连续冷却转变曲线[36]

化学成分：0.102%C、0.31%Si、0.44%Mn、0.23%Ni、8.63%Cr、0.95%Mo、

0.03%N、0.214%V、0.090%Nb，奥氏体化：1080℃×30min

　　为了使 9～12Cr 型耐热钢能进一步提高使用温度，在开展了大量基础性研究工作的基础上，日本和欧洲国家合作，开发了一些铁素体热强钢。

一些研究工作表明,在 9Cr-Mo-W-VNb 钢中钨含量比钼含量高时,蠕变断裂强度显著提高,在 650℃下的强度比 18-8Mo、18-8Nb 钢都高。1986 年日本开发出含 0.5%Mo、1.8%W 的 TB9、TB12 等钢(表 10.18)。日本与欧洲国家合作开发出 T92/P92(9Cr-0.5Mo-1.8W-VNb)和 P122(11Cr-0.4Mo-2W-CuVNb)等性能优越的热强钢[29]。

T92/P92 钢是在 9Cr1Mo 钢基础上,添加 1.5%~2.0%W 以降低钢中 Mo 含量,采用 V、Nb 微合金化,并控制 N 和 B 含量的铁素体钢(或马氏体钢)。由于这些元素的添加,该钢可析出一系列强化相,如 $M_{23}C_6$、MX 型碳化物/氮化物,从而提高了材料的高温蠕变强度。W 和 Mo 的复合添加,使得该钢在早期高温蠕变过程中析出一种 Laves 强化相$(Fe,Cr)_2(Mo,W)$。在持久强度和韧性这一点上,δ 铁素体是有害的,该钢几乎不含 δ 铁素体。另外,该钢降低了硅含量以提高韧性。该钢具有高的高温强度,一直到 650℃的过程中许用应力比 18-8 系不锈钢高,使得在设计过程中可尽量减少壁厚,有助于提高材料的热疲劳性能[38]。GB 5310—2008 中,该钢牌号为 10Cr9MoW2VNbBN。该钢的正火温度不小于 1040℃,回火温度不小于 730℃,热处理后其常温组织是回火马氏体。

T92 钢经 1060℃×20min 正火＋770℃×90min 回火,然后在 650℃长期时效,其组织上发生如下变化:位错密度下降、亚晶粒数量增加和析出相的演变;$M_{23}C_6$ 型碳化物的迅速粗化长大以及 Laves 相的析出与粗化,主要出现在 3000h 附近,在 3000~10000h 时效过程中,$M_{23}C_6$ 型碳化物的长大速率并不明显,形态较稳定,这与 Laves 相从基体析出并迅速粗化有关,MX 相的析出与长大程度不明显。经 10000h 时效后,T92 钢仍保持稳定的马氏体板条形态,其强度略有下降,冲击韧度下降较多,而塑性变化不大[38]。图 10.36 为四种 9~12Cr 型热强钢的 650℃持久强度试验和比较,可以看出,T92 钢显示了更高的持久强度。T92/P92 钢在 600℃的许用应力值比 T91/P91 钢提高约 35%,可用于 620℃以下的过热器、再热器、联箱和主蒸汽管道等锅炉厚壁部件。

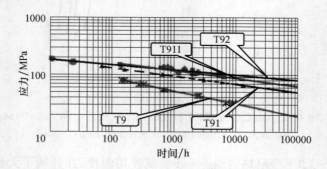

图 10.36　四种 9~12Cr 型热强钢的 650℃持久强度[39]

HCM 12A(T122/P122)钢是日本在 1991 年开发的。为防止含 12%Cr 的热强钢在焊接时的焊接部位因产生带状铁素体而使韧性降低,该钢加入了 1%Cu。实验结果表明,含 1%Cu 可防止 δ 铁素体的生成而且韧性提高,含 2%Cu 时,长时间蠕变强度也不下降。GB 5310—2008 中,该钢牌号为 10Cr11MoW2VNbCuBN。

T911/P911 是由欧洲煤炭钢铁协会研发的 9%Cr-1%Mo-1%W 钢。该钢通过钼含量和钨含量的优化选择及添加微量的硼来提高钢的蠕变强度。该钢的热处理工艺与热处理后的组织与 T92 钢相同。GB 5310—2008 中,该钢牌号为 11Cr9Mo1W1VNbBN。

T911、T92、T122 都是钨强化的热强钢,在金属温度 650℃ 及以下温度,这三种钢的许用应力均高于 TP304H 奥氏体钢,而 T92 和 T122 钢的许用应力接近或高于 TP347H 奥氏体钢。比起 T91 钢,这些钢更适合于在超临界或超超临界机组的过热器和再热器的设计上替代奥氏体钢。

3) 长时间条件下的蠕变强度损失和退化行为预测

为了能对在高温长期工作的零件的蠕变断裂时间进行预测,科技工作者已发展了一些蠕变断裂寿命预测方法,如拉森-米勒(参数外推)法(式(10.12))。

近年开发出的一些铁素体系热强钢的蠕变强度优于现有的 9~12Cr 型钢。同时,许多合金设计新概念正在形成,以便能应用于发展可在 650℃ 条件服役的高级别钢种。其中,对一些关键性能演化的内在机理研究备受关注。例如,9~12Cr 型钢在服役温度超过 550℃ 后,其蠕变强度将逐渐降低(即出现蠕变强度损失),强度降低幅值随时间变化曲线呈倒 S 形状。

人们正在努力回答如下问题:如何正确预测强度降低幅值随时间变化曲线上的起始点? 如何从显微组织失稳的机理上进行合理解释? 随着这些问题的解决,人们可以准确预测热强钢长周期蠕变强度值的演变,并且建立防止蠕变强度损失的合金设计新概念。

9~12Cr 型钢的蠕变强度损失已经被广泛研究。蠕变强度损失的产生机理与钢在高温条件下显微组织的退化密切相关。显微组织的退化包括如下过程[28,40,41]:①尺寸细小的 M_2X、MX 碳氮化合物的溶解和新相的析出;②在原奥氏体晶界附近,显微组织的优先回复;③蠕变塑性的损失;④额外位错的消失。

Z 相、M_6X 碳氮化合物和 Fe_2(W,Mo)(Laves 相)的析出消耗了钢中起着强化作用的细小 M_2X、MX 碳氮化合物,因而是蠕变强度损失的主要原因。Z 相是一种复杂的氮化物,具有 Cr(Nb、V)N 的化学式和和正方点阵。Z 相一般只在相对较高的温度下才会析出。Z 相通常在钢的晶界上快速形成,也会在晶内析出。在晶内析出时,Z 相一般为尺寸很小的弥散颗粒且与位错相连,有利于提高钢的蠕变抗力。但 Z 相富含 Cr 等元素,如大量析出,会对钢的耐蚀性能产生不利影响。图 10.37 给出了几种马氏体钢在 650℃ 条件下的应力-蠕变时间关系曲线,它们是

TAF 650 钢、TAF 钢和 T91 钢。

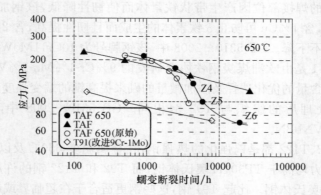

图 10.37　几种马氏体钢在 650℃条件下的应力-蠕变断裂时间关系曲线[29]

　　TAF 650 钢从日本在 1980 年左右使用的 TAF 钢衍变而来,部分 Mo 以 W 代替,另外加入 Co 和 Ni。这种钢在断裂时间较短时,具有高的蠕变断裂强度。图10.37 中 TAF 650 钢试样的原始状态为:加热温度 1100℃,1h,油冷＋750℃,2h,空冷,试验温度为 650℃,Z4、Z5、Z6 为不同试样。试样 Z4 试验时的应力为135MPa,断裂时间为 4379h,试样 Z5 的加载应力为 100MPa,断裂时间为 5888h。

　　试验分析表明,TAF 650 钢的原始组织是不均匀的。有些区域的马氏体板条内有明显的亚晶组织,有些区域的马氏体板条内完全没有亚晶,但存在起强化作用的少量第二相。在蠕变过程中有明显的 Laves 相 Fe_2W 的析出,实际上在原始组织的马氏体板条晶界上已存在片状的 Laves 相,常在 $M_{23}C_6$ 相的附近生成,甚至生成 $M_{23}C_6$ 相和 Laves 相的复合物。有的 Laves 相的尺寸达到 $1\mu m$。原始组织中的位错密度较低,在蠕变过程中减至原来的十分之一,这是由于组织中没有足够的细小粒子和 Laves 相的析出以阻止位错的运动。由于蠕变过程中 Laves 相的不断析出,引起固溶强化元素 W 在基体中的贫化,导致 TAF 650 钢蠕变强度的损失,蠕变试验后固溶钨量从 2.6％降至 0.9％[41]。

　　TAF 650 钢强度降低幅值随时间变化曲线呈倒 S 形状的原因可归结为 Laves 相 Fe_2W 析出导致固溶体中 W 的缺失和 Z 相析出的协同作用[29]。

　　T91 钢的蠕变强度损失是由于在原奥氏体晶界附近,显微组织出现了优先回复,如图 10.38(b)所示。优先回复使加速蠕变的起始点提前,进而使钢产生早期蠕变断裂。同时,MX 碳氮化合物的溶解和 Z 相的析出强化了优先回复。

　　Kimura 等发现,许多钢(包括 T91)的拐点应力与相同温度条件下的屈服强度 $\sigma_{0.2}$ 的一半大致相等。当施加的应力低于屈服强度($\sigma_{0.2}$)的一半时,T91 钢的 10^5h 的蠕变强度可以用拉森-米勒公式估计[42]。

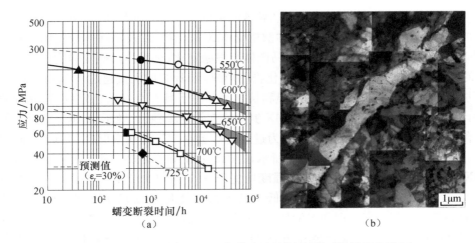

图 10.38　T91(改进 9Cr-1Mo)钢的应力-蠕变断裂时间关系曲线(a)，
以及在 600℃、100MPa 条件下蠕变试验 34141h 后的 TEM 微观组织照片(b)[29]

4) 高级马氏体型抗蠕变钢

几种 9～12Cr 型马氏体热强钢的蠕变性能曲线如图 10.39 所示。其中，在 9Cr-3W-3Co-0.2V-0.05Nb 钢的基础上添加不同含量的 C、N、B，形成了 9Cr-3W-3Co-0.2V-0.05Nb-0.05N-0.002C 钢（代号 0.002C）[43] 和 9Cr-3W-3Co-0.2V-0.05Nb-0.08C-0.0139B 钢（代号 0.0139B）[44]，这两种试验钢由日本国立材料研究所研制。NF12（12Cr-2.6W-2.5Co-0.5Ni-0.2V-0.05Ni）钢和 SAVE12（12Cr-3W-3Co-0.2V-0.05Nb-0.1Ta-0.1Nd-0.05N）钢是由日本钢铁公司研发的试验钢，分别是 P92 钢和 P122 钢的升级版本。氧化物分散强化 ODS-9Cr（0.13C-9Cr-2W-0.2Ti-0.35Y$_2$O$_3$）钢具有马氏体基体组织，它主要用于快中子增殖反应堆的覆层材料。

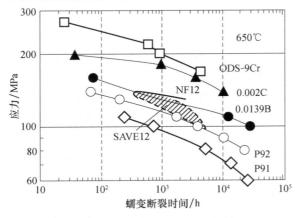

图 10.39　几种钢在 650℃条件下的应力-蠕变断裂时间关系曲线[29]

　　Abe 等提出了设计 9Cr 马氏体型热强钢的新概念,即在 9Cr-3W-3Co-0.2V-0.05Nb 的基础上,通过添加 B 和弥散析出 MX 氮化物,以及消除不稳定的 $M_{23}C_6$ 型碳化物,使在原奥氏体晶界附近马氏体组织稳定化,进而提高蠕变强度。为了使 B 的作用最大化及避免大尺寸硼氮化物的形成,当 B 的加入量超过 100ppm 时,不再加入 N。由于 MX 氮化物在高温和长时间条件下具有良好的稳定性,新钢种的设计中利用了这一特性。为了使 MX 氮化物在钢中单独、弥散析出,9Cr 型钢中的 C 含量必须减小至 50ppm 以下,因为过量的 C 会在 9Cr 型钢中形成 $M_{23}C_6$ 型碳化物,这一点十分重要。如图 10.39 所示,0.0139B 钢和 0.002C 钢分别采用了 B 和 MX 氮化物弥散强化,它们的蠕变强度均优于 T91 钢和 P92 钢。在试验时间超过 1000h 后,0.002C 钢的蠕变强度稍低于氧化物弥散强化 ODS-9Cr 钢,而 0.0139B 钢的蠕变强度与 NF12 钢和 SAVE12 钢的蠕变强度几乎相同。氧化物弥散强化颗粒是通过复杂的机械合金化方法制备的,因此大规模生产氧化物弥散强化 ODS-9Cr 钢在经济成本上不太可行。采用拉森-米勒(参数外推)法,对 0.0139B 钢和 0.002C 钢在 650℃、10^5h 条件下蠕变强度进行了估算,分别为 80MPa 和 100MPa。研究发现,通过添加 B 提高钢的蠕变强度的原因与 B 富集于原奥氏体晶界附近,进而增强了 $M_{23}C_6$ 型碳化物稳定性有关。欧洲 COST-522 计划研究结果发现 B 的类似作用。对于含 B 和 Co 的 11Cr(0.17C-11Cr-1.5Mo-3Co-0.2Ni-0.2V-0.07Nb-0.01B)钢,即 FB8 钢,其在 10^5h 条件下,试验温度为 600℃和 620℃时,蠕变强度分别为 120MPa 和 90MPa。FB8 钢是性能良好的汽轮机用钢。单独采用 MX 氮化物弥散析出强化的 0.002C 钢,在 650℃条件下仍具有优异的蠕变强度性能。

　　早期研究的氧化物弥散强化(ODS)钢主要是具有铁素体基体的氧化物弥散强化钢。阻碍氧化物弥散强化铁素体钢实际应用的问题是其具有各向异性,例如,用其生产的管件的周向和轴向蠕变强度存在较大的差异。研究人员为改善各向异性问题做了大量工作,一个可能的方法是利用马氏体相变获得等轴晶结构,由此产生了氧化物弥散强化马氏体钢 ODS-9Cr,它的轴向蠕变强度比氧化物弥散强化铁素体钢低,但没有各向异性。透射电子显微镜观察发现,在回火马氏体基体上弥散分布着平均尺寸为 3nm 的细小氧化物颗粒,颗粒的平均间距为 40nm,回火马氏体板条宽度小于 1μm。ODS-9Cr 钢有希望应用于聚变反应堆,制作快速衰减辐射的构件[45]。

　　如图 10.40 所示,含 0.002%C 的钢最小蠕变速率远小于含 0.078%C 的钢(如 T91 和 P92 钢),在 650℃、140MPa 的试验条件下,前者的最小蠕变速率仅为后者的十分之一。因而,含 0.002%C 的钢具有更长的蠕变寿命。已有的理论告诉我们,瞬态蠕变是由钢中额外位错的运动和湮灭引起的,并且亚晶界的迁移引起亚晶粒的粗化,这些过程与加速蠕变开始出现的时间密切相关。前述的两种钢在蠕变过渡范围,其蠕变速率的相互差别仅为三分之一。由于细小 MX 氮化物的弥散析出,对位错运动产生了强烈的钉扎作用,降低了蠕变速率,提高了马氏体基体的稳定性,从而使其蠕变过渡阶段更长。在 9Cr-3W 钢的基础上加入少量 B(即0.0139B 钢),虽然对蠕变过渡阶段的蠕变速率少有影响,但显著延长了蠕变过渡阶段,进而使钢的最小蠕变速率减小。因此,稳定马氏体组织,特别是稳定原奥氏体晶界附近的组织,是减小最小蠕变速率进而提高 650℃蠕变强度的关键[29]。

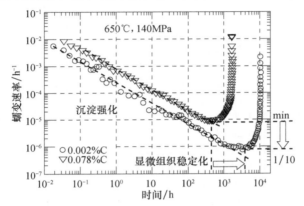

图 10.40   两种碳含量马氏体钢在 650℃、140MPa 条件下的蠕
变速率-时间关系曲线比较[28]

10.2.1.3 奥氏体不锈耐热钢

593℃/593℃、593℃/649℃蒸汽温度下的锅炉过热器、再热器的最高金属壁温为 650℃/670℃和 650℃/725℃左右,因此工作在 593℃/593℃、593℃/649℃蒸汽温度下的锅炉过热器、再热器的高温段材料只能由奥氏体钢来承担。

我国高压锅炉用无缝钢管用钢标准 GB/T 5310—2017 中列入了 6 个奥氏体不锈耐热钢(其牌号和化学成分见表 10.11(b))。表 10.21 为这些钢号与国外其他相近牌号的对照表。

表 10.21   GB/T 5310—2017 列入的奥氏体不锈耐热钢牌号与其他标准相近的牌号对照表

GB/T 5310—2017 中的牌号	与其他标准相近的牌号			
	ISO	EN	ASME/ASTM	JIS
07Cr19Ni10	X7CrNi 18-9	X6CrNi 18-10	TP304H	SUS 304H TB
10Cr18Ni9NbCu3BN	—	—	(S30432)	—
07Cr25Ni21NbN	—	—	TP310HNbN	—
07Cr19Ni11Ti	X7CrNiTi 18-10	X6CrNiTi 18-10	TP321H	SUS 321H TB
07Cr18Ni11Nb	X7CrNiNb 18-10	X7CrNiNb 18-10	TP347H	SUS 347H TB
08Cr18Ni11NbFG	—	—	TP347HFG	—

　　除表 10.21 所列牌号外,表 10.22 列出一些国外使用的锅炉钢管用奥氏体不锈耐热钢牌号及其化学成分[27]。这些钢可分为 18Cr-8Ni 型、15Cr-10Ni 型和 20-25Cr 型。

表 10.22　一些国外使用的锅炉钢管用奥氏体不锈耐热钢牌号及其化学成分[27,34]

(单位:%)

牌号	C	Si	Mn	Cr	Ni	Mo	W	V	Nb	Ti	B	N	Cu
Super 304H	0.10	0.30	0.80	18.0	9.0	—	—		0.40	—	0.006	0.1	3.0
TempaloyA-1	0.12	0.60	1.60	18.0	10.0	—	—		0.10	0.08			—
TP316H	0.07	0.60	1.60	17.0	12.5	2.5	—						
17-14CuMo	0.12	0.50	0.70	16.0	14.0	2.0			0.4	0.3	0.006	—	3.0
Esshete1250	0.12	0.50	6.00	15.0	10.0	1.0		0.20	1.0		0.006		
SUS310STB	0.08	0.60	1.60	25.0	20.0								
NF709	0.08	0.50	1.00	20.0	25.0	1.5			0.25	0.1	0.006	0.12	
HR3C	0.06	0.40	1.20	25.0	20.0	—			0.45			0.2	
NF707	0.08	0.50	1.00	22.0	35.0	1.5			0.20	0.1	0.006		
Mod 800H	0.08	0.40	0.80	22.0	34.0	1.25			0.40				
TempaloyA-3	0.05	0.40	1.50	22.0	15.0				0.70		0.20		
Sanicro 25	0.07	0.20	0.30	22.5	25	—	3.0	1.5Co	0.45		0.005	0.23	2.8

注:Super 304H 的化学成分来源于文献[34]。

　　用于 593℃/593℃ 蒸汽温度的材料可选用 18Cr-8Ni 奥氏体不锈钢,如 TP347H、TP347HFG、TempaloyA-1、17-14CrMo、Super 304H;或在高温段采用部分 20-25Cr 奥氏体不锈钢,如 HR3C、NF707、TempaloyA-3 等。用于 593℃/649℃ 的材料只能是 20-25Cr 奥氏体不锈钢。

　　GB/T 5310—2017 中列入了 7 个奥氏体不锈耐热钢钢管的热处理制度及其室温力学性能,见表 10.13 和表 10.14。表 10.23 为这些钢钢管在不同温度下 10^5 h 的持久强度推荐数据。

表 10.23　GB/T 5310—2017 列入的奥氏体不锈耐热钢钢管 10^5 h 持久强度推荐数据

GB/T 5310—2017 中的牌号	10^5 h 持久强度推荐数据/MPa(不小于)										
	650℃	660℃	670℃	680℃	690℃	700℃	710℃	720℃	730℃	740℃	750℃
07Cr19Ni10	63	57	52	47	44	40	37	34	31	28	26
10Cr18Ni9NbCu3BN	117	107	97	87	79	71	64	57	50	45	39
07Cr25Ni21	41	37	24	30	27	24	22	20	18	16	15
07Cr25Ni21NbN	103	94	85	76	69	62	56	51	46	42	37
07Cr19Ni11Ti	55	50	46	41	38	35	32	29	26	24	22
07Cr18Ni11Nb	82	74	66	60	54	48	43	38	34	31	28
08Cr18Ni11NbFG	99	90	81	73	66	59	53	48	43	37	33

07Cr19Ni10(TP304H)钢具有良好的弯管和焊接工艺性能、高的持久强度、良好的耐腐蚀性能和组织稳定性。当冷加工工序变形量很大时,建议进行中间固溶处理。对锅炉钢管,冷成形后应进行(1066±28)℃,至少保温 30min 的固溶处理。该钢在固溶状态下使用。该钢的最高使用温度可达 650℃,抗氧化温度最高可达 850℃。该钢用于制作大型机组锅炉过热器、再热器、蒸汽管道等。用于锅炉管子允许的抗氧化温度为 705℃。

10Cr18Ni9NbCu3BN(Super 304H)钢是在 07Cr19Ni10(TP304H)钢的基础上,通过降低锰含量上限,加入约 3％铜、约 0.45％铌、一定量的氮和微量硼而研制成的。该钢在服役时产生细小弥散、沉淀于奥氏体内的富铜相,该富铜相与 Nb(C,N)、NbCrN 和 $M_{23}C_6$ 等析出物一起产生强化作用。硼作为最大的间隙原子,占据了晶界,阻止了碳向晶界的扩散,抑制了 $Cr_{23}C_6$ 在晶界上的析出,改善了钢的晶间腐蚀性。该钢已被列入 ASTM A213M 标准,代号为 S30432。我国已将该钢列入 GB/T 5310—2017。

为了确保制成的钢管具有优异的综合性能,国内生产厂普遍采用"高温软化处理＋大变形冷加工＋固溶处理＋内壁喷丸"的特殊制管工艺[46]。

通常奥氏体型耐热不锈钢固溶温度越高,晶粒随固溶温度的升高而长大时,其高温持久性能越好,但晶粒的长大导致其抗蒸汽氧化性能变差。细小均匀的晶粒提供了较多的快速扩散通道,有利于选择性氧化,形成生长速率慢的富 Cr 氧化层内层和愈合层,有利于抗蒸汽氧化性能[47]。解决钢管既要具备较高的持久强度又要有良好的抗蒸汽氧化性能这一对矛盾的办法就是,在最终成形前进行一次高温软化处理。

高温软化处理后,晶粒非常粗大,一般可达 3 级甚至更粗,粗大的晶粒经过大变形冷加工,可以被彻底"打碎",形成密集的晶界,在晶内产生大量的位错滑移线,聚集了大量的变形能。通过成品最终固溶处理,使基体重新形核,达到细化晶粒的目的,使成品钢管晶粒度细于 7 级,同时使析出的铌和铬的碳氮化合物更加弥散,有利于提高钢的持久强度。最终固溶处理的温度和时间决定了产品的性能[46]。

高温软化处理的温度要高出最终固溶温度 70℃以上(高于 1230℃),使钢中的 Nb(C,N)能充分溶于奥氏体中,使之在 650～700℃服役过程中能大量析出纳米级的 MX 相,提高钢的高温持久强度。在最终冷轧工艺中采用大变形量后,在 1130～1150℃进行最终固溶处理是适宜的[48]。

为了进一步提高钢管内表面的抗蒸汽氧化性能,部分超临界机组或超超临界机组要求钢管内壁进行喷丸处理。喷丸时高速粒子的冲击作用使内壁表层的晶粒变形,造成位错堆积和亚晶界等缺陷增加,为铬原子的短程扩散提供了途径,使其在内壁表面快速形成致密牢固的 Cr_2O_3 保护层,阻止钢管内表面的进一步氧化。为防止铁素体污染,喷丸时宜采用奥氏体不锈钢钢珠[47]。

由于 10Cr18Ni9NbCu3BN 钢具有比较高的强度和良好的抗氧化性能,得到了国际上的普遍认可,并在超超临界机组中得到广泛应用。国产的钢已完全能满足技术条件的要求[48]。

07Cr25Ni21NbN 是 20 世纪 80 年代日本住友金属在 TP310(2Cr25Ni20)奥氏体不锈钢基础上,研发的具有良好热强性和抗腐蚀性的钢管,牌号为 HR3C,以后纳入美国标准 ASME SA-213,牌号为 TP310HCbN,我国 2008 年将其纳入 GB 5310—2008[49]。

由于传统的 18-8 型奥氏体耐热钢抗蒸汽氧化性能和抗烟气腐蚀性能较低,而锅炉过热器和再热器的末级部件要求有良好的抗蒸汽和抗烟气氧化性能,因此开发出 25-20 型奥氏体耐热钢。这类钢中 Cr 含量达 25%,在长期服役过程中 Cr 又会向表面扩散,与氧结合形成致密氧化层,起到良好的抗氧化作用。但随 Cr 含量的提高,脆性 σ 相析出倾向更加明显,高的 Ni 含量可以稳定奥氏体组织,并抑制 σ 相的析出倾向。因此,25-20 型奥氏体耐热钢能适应蒸汽参数为 600℃超超临界压力锅炉过热器的恶劣工况条件。Cr 和 Ni 含量的提高不会改善蠕变断裂强度,因此 07Cr25Ni21NbN 钢通过限制碳含量和添加适量的 Nb 和 N 元素,利用析出弥散分布细小的 NbCrN 相、富 Nb 的碳氮化合物及 $M_{23}C_6$ 型碳化物进行强化。

经固溶处理后,07Cr25Ni21NbN 钢的显微组织为奥氏体,晶粒度为 5～7 级,在基体中的一次铌化物颗粒很少,几乎全部固溶到基体中。经 650℃长期时效后,抗拉强度有所增加,伸长率呈下降趋势,经 1000h 时效后冲击功降低较为明显,随后至 10000h 保持稳定。

研究人员曾对 1093℃固溶处理的 HR3C 钢经 750℃长期时效(500～3000h)后的析出相进行了研究。研究结果表明,固溶态试样中存在形貌为方形或圆形的颗粒状 NbCrN 氮化物(Z 相),具有四方结构,尺寸为 0.2～0.5μm,在晶界没有明显的第二相存在。在 750℃时效 500h 后出现尺寸微细触须状 NbCrN 相,长度 200nm～1μm,宽度仅为 20nm 左右,且不随时效时间的增加而粗化,有高的稳定性。时效 2000h 后,少数晶界除了析出通常的 $M_{23}C_6$ 型碳化物外,还在其邻近存在细微的 NbCrN 相,而且 NbCrN 相与基体 γ 相存在一定的位向关系。微细弥散分布的 Z 相能在一定程度上提高 HR3C 钢的蠕变性能。$M_{23}C_6$ 相几乎在时效后所有的晶界上均有析出,并且生长到一定的尺寸,$M_{23}C_6$ 相与基体 γ 相亦存在一定的位向关系。沿晶界 $M_{23}C_6$ 相的析出增加钢的脆性,并引起晶间腐蚀。时效后在晶内会析出少量的 Nb(C,N)化合物。750℃×2000h 时效后晶内还发现有 $Cr_3Ni_2SiC(M_6C)$ 的析出,对其析出机理尚需进一步研究。HR3C 钢在 700～800℃长期时效后均出现 σ 相[50]。研究人员进行了 650℃、700℃、750℃持久强度试验,外推 10^5h 的持久强度分别为 106.4MPa、62.5MPa 和 33.6MPa,达到 GB/T 5310—2017 的要求[49]。

在模拟电厂实际运行条件(压力 25MPa、温度 650℃)的超临界水试验中,运行 1000h 后的实测结果:07Cr25Ni21NbN(HR3C)钢表现出优良的抗蒸汽氧化腐蚀性能,氧化增重为 Super304H 钢的 1/5。07Cr25Ni21NbN 钢用于锅炉受热面管时,烟气侧管子外壁温度不超过 730℃。

07Cr19Ni11Ti(TP321H)钢含有较多的镍,其奥氏体组织较为稳定,并具有较好的热强性和持久断裂塑性。该钢用于耐腐蚀部件和高温焊接构件,如大型锅炉过热器、再热器、蒸汽管道。用于锅炉管子允许的抗氧化温度为 705℃。

该钢一般在固溶状态使用。有些工厂规定冷拔锅炉钢管的固溶处理温度为(1177±14)℃,保温 15～30min;全部焊接和成形工序完成后应进行(1121±28)℃,至少保温 15min 的固溶处理。钢的稳定化处理温度为 850～900℃。

07Cr18Ni11Nb(TP347H)钢是使用铌稳定的铬镍奥氏体热强钢,具有比较高的热强性和抗晶间腐蚀性能。该钢还具有良好的弯管和焊接性能,好的组织稳定性。该钢用于制作大型机组锅炉过热器、再热器、蒸汽管道等,最高使用温度 650℃,允许用于锅炉管子的抗氧化温度为 705℃。该钢的冷变形能力非常好,可以进行冷轧、冷拔、弯曲、卷边和深冲等冷成形工艺。由于钢的冷作硬化能力很强,当冷加工变形量大时,建议插入中间固溶处理。对锅炉钢管,冷成形后应进行(1177±28)℃,至少保温 30min 的固溶处理。该钢一般在固溶状态使用。对于热轧管,固溶温度不低于 1050℃;对于冷拔管,固溶温度不低于 1095℃。全部焊接和成形工序完成后应进行(1177±28)℃,至少保温 30min 的固溶处理。该钢的稳定化处理温度为 850～900℃。

08Cr18Ni11NbFG(TP347FG)与 07Cr18Ni11Nb(TP347H)钢是同成分的奥氏体热强钢。20 世纪 80 年代日本住友金属通过改进 TP347 钢的热处理和热加工工艺,使得晶粒细化到 8 级以上而开发出 TP347FG 钢。该钢具有良好的抗蒸汽氧化性能,在 600～750℃的使用范围内,其许用应力比 TP347H 钢高 20％以上,并拥有更高的蠕变持久强度。在该钢的生产过程中,一方面要得到细的晶粒,同时也要保持晶粒的均匀性。该钢被广泛应用于超临界和超超临界机组锅炉高温受热面部件,如过热器和再热器等[51]。

07Cr17Ni12Mo2(TP316H)是各国通用的奥氏体耐热不锈钢,其高温持久强度见表 10.24。该钢含有 2％～3％Mo,对各种无机酸、有机酸、碱和盐类的耐腐蚀性和耐点蚀性显著提高。该钢在高温下具有良好的蠕变强度,还具有良好的冷变形和焊接性能。该钢用于大型锅炉过热器、再热器、蒸汽管道,石油化工的热交换器部件,高温耐蚀性螺栓、耐点蚀零件等。该钢在固溶状态下使用,固溶处理温度为 1010～1150℃。锅炉钢管要求焊接后进行(1093±28)℃,至少保温 15min 的固溶处理[52]。

表 10.24　TP316H 钢的持久强度极限[52]

试验温度/℃	持久强度极限/MPa		
	σ_{1000}	σ_{10000}	σ_{100000}(外推值)
600	241	192	149
650	161	115	82
700	104	73	51
800	48	30	20

NF709(20Cr-25NiMoNbTiN)钢是新日铁公司在 20 世纪 80 年代中期研制的,目标是在 700℃下 10^5 h 的持久强度达 88MPa 以上,时效后的冲击吸收功在 40J 以上,对燃煤烟气具有高的抗腐蚀能力。NF709 钢是在低碳、低磷、低硫的 20Cr-25Ni 钢基础上添加 1.5％Mo、0.25％Nb、0.1％Ti 及微量的 B、N。添加 Mo 可增强钢的抗点蚀能力,强碳化物形成元素 Nb、Ti 可形成碳氮化物产生沉淀强化,并避免 $Cr_{23}C_6$ 在晶界上析出引起晶间腐蚀。微量 B 可以强化晶界,抑制晶界裂纹的生成。在 NF709 钢的基础上,新日铁进一步研发了低碳高铬的 NF709R (0.03C-22Cr-25Ni-MoNbTiN),具有更高的耐蚀性。

NF709 和 NF709R 钢的供货状态为固溶处理,NF709R 钢的最低固溶处理温度为 1150℃,经固溶处理后的金相组织为奥氏体+少量细小弥散的第二相。

在超超临界锅炉奥氏体耐热钢管应用温度范围 625～730℃,NF709 钢和 NF709R 钢的许用应力高于 Super 304H 钢和 HR3C 钢。

Sanicro 25 是瑞典 Sandivick 公司研发的新型 Cr-Ni 奥氏体耐热钢,是在低碳、低磷、低硫的 20Cr-25Ni 钢基础上添加了 3％W、1.50％Co、2.8％Cu 及微量的 Nb、B、N。W、Co 起固溶强化作用,适量的 Cu 使钢在热处理过程和服役条件下产生微细弥散的富铜的 ε 相,起沉淀强化作用,并可提高抗腐蚀性和抗蒸汽氧化性能。

Sanicro 25 钢的供货状态为固溶处理,固溶温度为 1180～1250℃,水冷或快速冷却,经固溶处理后的金相组织为奥氏体+少量细小弥散的第二相,晶粒度为 7 级或更粗。Sanicro 25 钢在 650～700℃间的持久强度比 HR3C 钢高出 45％以上,也远高于 NF709 钢。Sanicro 25 钢的抗蒸汽氧化性能与 Super 304H 钢相当,但远优于 HR3C、NF709 和 TP347 钢。Sanicro 25 钢的抗腐蚀性能明显优于 NF709 钢。

10.2.1.4　高温合金

环保与节能要求提高火电机组锅炉蒸汽参数(温度和压力),以有效提高超超临界火电机组的热效率和降低排放。当蒸汽温度提高到 700℃以上,机组的许多部件将只能采用高温合金。目前国际上 700℃超超临界燃煤发电机组研发计划主要有三个:欧洲 AD700 的 17 年计划(1998～2014 年);日本的 A-USC 的 9 年计划(2008～2016 年);美国的 A-USC 的 15 年计划(2001～2015 年)。

在 AD700 项目中的一个创新点是锅炉和汽轮机高温部件采用镍基合金,因其在高温下具有良好的持久强度,如 $700℃/10^5 h$ 的持久强度在 100MPa 左右,还具有蒸汽侧氧化和烟气侧腐蚀抗力。Inconel 617 镍基合金及其改进型合金组织稳定,性能优良,可作为新一代超超临界机组的候选材料[53]。

Inconel 740* 是美国 SMC(Special Metals Corporation)公司为 AD700 项目开发的一种新型镍基合金,其化学成分见表 10.25,2001 年申请了美国专利。Inconel 740 是在 Nimonic 263 合金基础上,增加 Cr 和降低 Mo 以增加抗氧化腐蚀性,添加 Nb 增强 γ' 相的析出强化。Inconel 740 合金在 1150℃下固溶处理 30min,水淬,800℃时效 16h,空冷。Inconel 740 合金热处理后的组织为在 γ 基体上分布的 γ'、MC、$M_{23}C_6$ 和 G 相。主要强化相 γ' 的尺寸约十几个纳米,均匀分布于基体上,其含量约为 10%～15%。MC 型碳化物随机分布在晶内,晶界处碳化物为 $M_{23}C_6$,晶界还有少量 G 相 $(Nb,Ti)_6(Ni Co)_{16}Si_7$。

Inconel 740 合金在 725℃下长期时效稳定性高,其性能可满足作为 700℃超超临界电站锅炉过热管器材使用的基本要求,但在 750℃时效时,组织的不稳定性较明显,主要为 γ' 相急剧长大,γ' 相向 η 相转变和晶界形成大块 G 相,从而使合金软化和脆化。

北京科技大学与上海发电成套研究院 2000 年开始与 SMC 公司合作,提出了改进 Inconel 740 合金组织稳定性的研究,通过热力学计算对合金成分进行了优化调整,以保证强化相 γ' 有足够含量,延缓 γ' 相的长大速率以增加稳定性,抑制 γ' 相向 η 相转变的趋势和晶界上 G 相的形成。他们提出了增加 Al 含量,适当降低 Nb 含量,降低 Ti 和 Si 的含量,增加微量 B,研发了新的改型合金 Inconel 740H,其化学成分见表 10.25。改型合金 Inconel 740H 于 2009 年申请了美国发明专利。

在标准态热处理后,Inconel 740H 的持久性能与 Inconel 740 无明显差异,但其高温组织稳定性得到明显改善,因此,其长时持久性能会优于 Inconel 740[54]。

为适应高参数舰船主锅炉过热器能长期使用的要求,我国于 20 世纪 70 年代研制成功一种新型铁基高温合金 GH2984,并生产用于主锅炉过热器管材,该钢在 650～750℃ 的持久强度非常良好。目前欧美联合开发和发展的蒸汽参数为 35MPa,700℃/720℃/720℃的超超临界机组的热效率可达 50%以上,使用了可用于 700℃的 Inconel 740 镍基管材合金。GH2984 合金的主要性能与美国的 Inconel 740 合金处于同一水平,而价格要便宜得多,因此 GH2984 合金可作为我国发展超超临界机组选材储备[2,55,56]。

高温合金是应用于第四代核反应堆内部构件和热交换器的关键材料,而 617 (即 Inconel 617,以下同)合金与 230(即 Haynes 230,以下同)合金是制造第四代核反应堆构件的候选材料[57]。这些构件要在 760～950℃环境温度中服役。第四代

---

　* Inconel 系列合金在有的文献中简写为"In",如 In100、In718 等。

核反应堆(或称特高温度反应堆,the very high temperature reactor,VHTR)是一种高温气冷堆,其主要目标是能在950℃高温和7MPa压力条件下服役60年。第四代核电技术概念是1999年6月美国能源部首先提出的,并得到一些国家的支持。人们通常将20世纪50~60年代建造的验证性核电站称为第一代;70~80年代标准化、系列化、批量建设的核电站称为第二代;第三代是指20世纪90年代开发研究成熟的先进轻水堆;第四代核电技术是指正在开发的核电技术,其主要特征是防止核扩散,具有更好的经济性,安全性高和废物产生量少。特高温度反应堆(VHTR)产生的热量的90%用于发电,10%用于制氢气。

617合金与230合金主要用来制造热交换器和其他反应堆构件。制造VHTR构件的合金材料必须面对三方面的挑战,即高温环境、氢气作用和长时间核辐射对显微组织稳定性、力学性能、服役寿命影响。其他类型第四代核反应堆对合金材料性能有相同的要求。为了设计或选择合适的材料,必须积累相应材料性能的大量数据,发展描述各种力学行为的模型,进一步深入理解强化机理,建立准确评价和预测材料冶金质量和稳定性的方法。为此,有关国家还制定了相应标准,例如,美国机械工程师协会有关锅炉和压力容器标准(ASME B&PV Code)。

第四代核反应堆是十余个国际合作组织共同努力的结果,所用材料的设计和选择是重要的研发和决策过程,有多个国家和国际机构介入。重要的任务之一就是定期对候选材料按规定流程进行评价和筛选。

国内外高参数超超临界过热器管材用高温合金的化学成分见表10.25。这些合金具有良好的蠕变性能和抗氧化腐蚀性能。

GH2984是一种无钴的铁基高温合金。在研制过程中发现Al+Ti含量较高时虽可使时效析出的γ'-Ni$_3$(Al,Ti)相较多,强度增加,但使变形温度变窄。B虽可强化晶界,提高持久、蠕变强度,但降低变形温度范围内的上限温度,使加工性能恶化。因此钢中不加入B,并降低Al+Ti含量,这对热加工有利,因为高温合金穿管时变形阻力大,变形温度范围窄。该钢加入适量的Mo,并用Nb代替W,可同样固溶强化,又由于Nb进入γ'相,使其强化作用增强,补偿了由于Al+Ti含量的降低而减弱的γ'相的沉淀硬化效果。GH2984合金的标准热处理工艺为1100℃×1h,空冷+760℃×8h,50℃/h冷至650℃后16h空冷[2]。

GH2984合金的室温至高温的力学性能以及650~750℃持久强度良好。从表10.26可见,GH2984合金的室温及700℃拉伸强度明显高于常用高性能管材合金Inconel 625和Nimonic 263,但稍低于Inconel 740,而伸长率和断面收缩率保持在很高水平,完全符合设计要求。舰船用锅炉要求寿命长,3×10^4h是最低要求。设计部门提出700℃/3×10^4h下持久强度不应低于110MPa。从表10.26和图10.41可以看出,GH2984合金持久强度高于Nimonic 263,与Inconel 625相近,而与2002年美国正式公布的Inconel 740[56]处于同一水平,其10×10^4h的持久强度达到了超超临界电站的最低要求。

表 10.25　国内外超超临界过热器管材用高温合金的化学成分[2,57]　　　　　　　　　　　　　（单位：%）

牌号	C	Cr	Co	Mo	Nb	Ti	Al	Fe	Si	Mn	Ni	Cu	B	W	S,P
GH2984	0.04~0.08	18~20	—	1.8~2.2	0.9~1.2	0.9~1.2	0.2~0.5	32~34	≤0.5	≤0.5	其余	—	—	—	—
Inconel 740	0.03	25	20	0.5	2.0	1.8	0.9	0.7	0.5	0.30	其余	—	—	—	—
Inconel 740H	0.03	25	20	0.5	1.5	1.35	1.35	0.7	0.10	0.30	其余	—	0.001	—	—
Inconel 617	0.05~0.15	20~24	10~15	8~10	—	≤0.6	0.8~1.5	≤3.0	≤1.0	≤1.0	44.5	≤0.5	≤0.006	—	0.015S
Nimonic 263	0.04~0.08	19~21	19~21	5.6~6.1	—	1.9~2.4	≤0.60	≤0.70	≤0.4	≤0.6	其余	—	—	—	—
Haynes 230	0.05~0.15	20~24	≤5.0	1.0~3.0	—	—	0.2~0.5	≤3.0	0.25~0.75	0.3~1.0	其余	—	≤0.015	13~15	≤0.015S ≤0.030P
Inconel 625	≤0.10	20~23	≤1.0	8.0~10.0	3.15~4.15	≤0.40	≤0.40	≤5.0	≤0.5	≤0.5	其余	—	—	—	—

注：Haynes 230 合金中含有 0.005%~0.05%La。

表 10.26　几种过热器管材用高温合金的力学性能[55]

牌 号	室温				700℃				700℃持久强度极限	
	σ_b/MPa	$\sigma_{0.2}$/MPa	δ/%	ψ/%	σ_b/MPa	$\sigma_{0.2}$/MPa	δ/%	ψ/%	3×10^4 h	10×10^4 h
GH2984	1107	686	26.6	46.6	745	539	34.4	52.3	149	130
Inconel 740	1150	705	30.0	39.0	905	650	37.0	44.5	149	130
Inconel 625	960	515	48.0	—	651	398	40.0	—	162	—
Nimonic 263	960	580	43.0	46.0	740	490	26.0	34.0	120	100

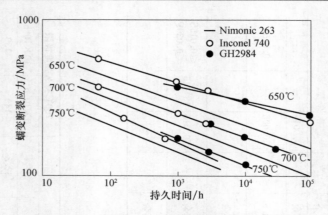

图 10.41　三种合金在不同温度下的持久性能[55]

作为舰船用和超临界锅炉用过热器管材,要承受高温氧化和燃气或蒸汽环境腐蚀作用,前者还要经受海水腐蚀作用。GH2984 合金特点之一是具有良好的耐腐蚀性,由于钢中的铬含量较高(18％～20％),还含有少量的 Al,所以抗氧化性良好。试验表明,GH 2984 合金在不同的热处理条件或焊接后均没有发生晶间腐蚀,在含有 $FeCl_3$ 强氧化剂的海水中,点蚀的腐蚀率也很低,具有良好的抗热腐蚀性能[55]。

GH2984 合金具有较为稳定的显微组织。GH2984 合金经标准热处理后,奥氏体基体的晶粒度为 4～6 级,晶界析出相较少,γ' 相呈球形,弥散均匀分布于 γ 基体,γ' 相直径约 23nm,含量为 5.74％,是主要的强化相。此外,还有少量的 MC 相,包括 NbN、Ti(N,C),是在凝固结晶过程析出的,分布于晶内和晶界,尺寸为 1～10μm,在合金中的含量为 0.52％[55]。

经 700℃不同时间长期时效后,γ' 相颗粒半径随时间 $t^{1/3}$ 呈直线增加,γ' 相的含量亦缓慢增加,可以补偿 γ' 相长大对合金强度的影响。MC 相的含量则略有增加。在晶界上析出一些 $M_{23}C_6$ 和 σ 相,前者可以阻止晶界滑移有利于持久强度的提高,σ 相析出数量少,呈小块状或颗粒状,对钢的力学性能不会有明显的影响[55]。

617 合金与 230 合金的化学成分见表 10.25[57]。对于 617 合金而言,高的 Ni、Cr 含量保证其具有高的抗还原和抗氧化的能力。在合金中加入 Al,目的在于使其与 Cr 共同作用以增强合金的抗氧化能力,同时,Al 的加入在一定的温度范围可以形成 γ' 相,它可以在由 Co 和 Mo 产生的固溶强化基础上叠加沉淀强化作用。Co 在化学元素周期表中紧邻于 Ni,两者原子半径差异较小,因此产生的固溶强化作用较弱。617 合金要在核辐射环境中使用,因此 Co 含量不高,这是因为 Co60 同位素是一种高能伽马射线发射源。在合金中,$M_{23}C_6$、M_6C、Ti(C,N)和其他沉淀相也能产生强化作用。$M_{23}C_6$ 和 M_6C 在富含 Cr 的合金中均存在。在 617 合金中，它们的沉淀析出和存在的温度区间范围的认识还存有争议。

230 合金相对 617 合金而言是一种新合金材料，与 617 合金有相同的应用领域，是其强有力的竞争者。230 合金有其他代号，如 UNS N06230，以及欧洲代号 W. Nr. 2.4733。230 合金的高 Ni、Cr 含量赋予其在各种环境中具有优异的高温腐蚀抗力。加入微量稀土元素镧(La)可以进一步增强氧化抗力。与 617 合金相比，230 合金含有较多的 W，元素 W、Mo 与合金中 C 的结合能大幅度提高合金的强度。在 Ni 基高温合金中，作为痕量元素加入的 B 能改善其热加工性能和蠕变性能。在 230 合金中加入了含量相对较高的 B，目的在于获得优化的塑性与蠕变抗力组合。通常，B 可作为电子施主影响晶界能，进而改善塑性。同时，B 能偏聚于晶界，可减缓晶界上的扩散过程，进而延缓了蠕变过程。另一方面，B 对热中子具有较大的捕获截面，因此 B 的加入量应谨慎控制。在核辐射条件下，B 有可能改变其他的特性，并引起材料性能的退化，例如，产生与 He 相关的晶界脆性和辐射辅助应力腐蚀开裂(irradiation assisted stress corrosion cracking，IASCC)，与 Li 相关的脆性等。

按照美国机械工程师协会有关锅炉和压力容器标准(ASME B&PV Code)，对 617 合金与 230 合金性能相关评价工作介绍如下：

(1) 安全(允许)应力强度值。617 合金与 230 合金必须在不同的温度条件下经过系列的力学性能测试(测试温度的上限要达到 1000℃)，按照规定程序对数据进行处理与分析，获得两个重要的参数：与时间相关的应力强度值 S_t 和与时间无关的应力强度值 S_m。为了获得 617 合金与 230 合金的这种应力强度值-温度-时间三者的关系曲线，必须在 425~1000℃进行系列的高温短时拉伸和高温蠕变试验，由此可获得安全(允许)应力强度值 S_{mt}。它取决于给定温度条件下的 S_t 和 S_m 两个数值中的较小者。试验数据必须按照图 10.42 所示方式，提供应力强度值-温度-时间三者的关系图。

(2) 最小应力-蠕变关系。为了防止蠕变，必须提供 617 合金与 230 合金的最小应力-蠕变数据，并且给出它们随时间和温度的变化数据。第四代核反应堆的设计寿命是 60 年，因此，材料性能的评价时间要求达到 6×10^5 h，试验温度范围为 425~1000℃(温度间隔为 25℃)。当然，试验时间为 6×10^5 h 是不可能的。这时只有采用试验和模型化相结合的办法。但是，在高温和长时间条件下，材料性能往往会出现一些戏剧性变化，因而模型化的作用不仅仅是对数据进行拟合和外推，而是应该通过深入的研究，了解材料的时效行为和蠕变性能退化机理和速率，在此基础上建立相关模型，确定合适的试验时间。此外，模型化外推的方法仍然存在风险，因此用这些合金制造的构件应该设计成可替换的结构，以便限制它们的服役时间。617 合金与 230 合金的应力-最短蠕变断裂时间关系曲线模板如图 10.43

所示。

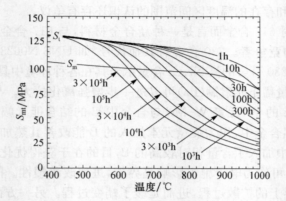

图 10.42　617 合金与 230 合金的安全(允许)应力强度值 S_{mt} 随温度变化的关系曲线模板[57]
美国机械工程师协会有关锅炉和压力容器标准

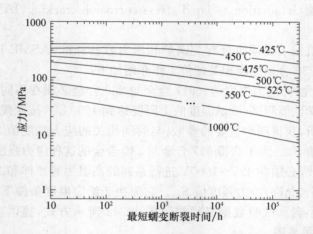

图 10.43　617 合金与 230 合金的应力-最短蠕变断裂时间关系曲线模板[57]
美国机械工程师协会有关锅炉和压力容器标准

　　按照美国机械工程师协会有关锅炉和压力容器标准(ASME B&PV Code),还有多项系统的评价指标需要获得,例如,冷成形极限(cold forming limits)、拉伸性能(tensile properties)、时效引起的拉伸性能减小因子(tensile reduction factors for aging)、焊接件的应力-蠕变因子(stress-rupture factors for weldment)、应变疲劳曲线(strain range fatigue curves)、蠕变-疲劳损伤极限数据(creep-fatigue damage envelope)等。

对美国特殊金属公司生产的 617 合金进行了 760℃时效温度下经 300h、1000h、3000h 的时效试验,原始合金为固溶状态[53]。固溶态合金基体组织为单相奥氏体,晶粒尺寸为 60~300μm,晶界析出物稀少,在晶内和沿孪晶界有弥散分布的 $M_{23}C_6$ 型碳化物和少量的 Ti(C,N) 颗粒。

617 合金在 760℃时效过程中,Ti(C,N) 基本稳定,时效 300h 后,晶界和晶内析出物明显增多,析出相有 $M_{23}C_6$ 型碳化物和 γ'-Ni_3(Al,Ti) 相。γ' 相分布于晶内,$M_{23}C_6$ 型碳化物分布于晶内和晶界,整个时效过程中,晶内 γ' 相和 $M_{23}C_6$ 相稳定性好。γ' 相颗粒与基体存在半共格关系,尺寸为 30nm,晶内 $M_{23}C_6$ 相颗粒长度为 80~200nm。晶界 $M_{23}C_6$ 相呈链状分布,长度为 150~200nm。合金时效 300h 后,其硬度和强度也明显增大,时效 1000h 后达到最大值,这是晶界、晶内协调强化的结果。此时晶内 γ' 相颗粒大小约为 35nm,$M_{23}C_6$ 型碳化物长度为 100~120nm,而晶界 $M_{23}C_6$ 型碳化物长度为 80~250nm。时效 3000h 后,晶内 γ' 相颗粒尺寸约为 35nm,晶内 $M_{23}C_6$ 型碳化物颗粒尺寸约为 140nm,晶界 $M_{23}C_6$ 型碳化物颗粒长度为 0.5~1μm,出现聚集长大,弱化了晶界强化和 Mo 的固溶强化作用,从而降低了强度和硬度。时效后室温吸收功和断后伸长率明显降低是由于晶界 $M_{23}C_6$ 型碳化物弱化了界面结合强度。

我国 GH230 合金的成分接近 Haynes 230 合金,是以 W、Mo 为主要强化元素的新型固溶强化型高温合金,拟用于工业燃气轮机的燃烧室、过渡导管、热交换器等热端零部件,对室温力学性能和高温力学性能,尤其是服役温度下的持久强度有很高的要求。钢中加入少量稀土元素 La 的主要目的是改善其抗氧化性能。试验表明,添加适量的 La 有利于提高合金表面氧化膜的剥落抗力,添加量应控制在 0.040%~0.060%;但当合金中 La 含量达到 0.087% 时,会析出富 La 相,反而降低其氧化抗力[58]。GH230 合金不加入 La 时,经 1220℃固溶后空冷,其组织为 γ 基体和一次碳化物 M_6C 以及固溶处理后冷却过程中沿晶界析出的痕量 $M_{23}C_6$ 型碳化物,不含其他相。合金中 La 加入量对其一次碳化物 M_6C 含量、尺寸及合金晶粒尺寸没有明显的影响,但合金中 La 含量达到 0.048% 后,将出现棒状或条状的富 La 相,该相主要元素为 Ni、La,不含 W、Mo,同时偏聚于晶界的 La 还改变晶界二次碳化物 $M_{23}C_6$ 的形态,从而影响钢的室温力学性能和持久寿命[59]。

10.2.2　电站机组叶轮、紧固件用钢

电站机组中的汽轮机和燃气轮机的转子、叶轮、许多紧固件等都是不需要焊接和冷弯的零件,大都由锻件或棒料加工成形。这些零件的工作温度比过热蒸汽管道要低,但是所受载荷较大。大型汽轮机转子用钢有已在第三分册 6.9.2.2 节作过介绍。

10.2.2.1　叶轮用钢

套装转子的叶轮分别加工后热套在阶梯形主轴上,与主轴之间采用过盈配合,以防止叶轮等因离心力及温差作用引起松动,并用键传递力矩。叶轮是汽轮机转子上的关键大锻件之一,如 200MW 汽轮机末级叶轮锻件毛坯直径约 1.4m,重约 4t。叶轮外缘周向槽或径向槽中装嵌若干叶片,一起随同转子高速旋转。受叶片及叶轮高速转动离心力及振动应力的综合作用,叶轮在工作状态下承受巨大的切向与径向应力。叶轮叶根槽及键槽的尖角处,还受到应力集中与湿蒸汽环境腐蚀的双重作用。因此,叶轮要求有高的强度,良好的塑性、韧性和低的韧脆转变温度。叶轮失效主要出现在末几级叶轮,特别是末级叶轮叶根槽根部或槽键根部出现应力腐蚀裂纹,叶轮键槽裂纹达到一定深度后,将导致整个叶轮的飞裂。

为了杜绝大型机组叶轮的飞裂事故,也由于大锻件冶炼和制造技术的进步,对于 200MW 以上的大型汽轮机,目前国内外均采用叶轮与转子锻为一体的大直径整锻转子锻件,通过机械加工从转子上生产本体叶轮,不再另外进行叶轮的热套,仅 200MW 及以下的小型汽轮机上仍采用热套叶轮。

根据现行机械行业标准 JB/T 1266—2014《25MW～200MW 汽轮机轮盘及叶轮　技术条件》(代替 JB/T 1266—2002)及 JB/T 7028—2004《25MW 以下汽轮机轮盘及叶轮锻件　技术条件》(代替 JB/T 7028—93),叶轮主要钢种的化学成分见表 10.27。

表 10.27　叶轮用主要钢种的化学成分(JB/T 1266—2014)　　(单位:%)

牌号	C	Mn	Si	Cr	Ni	Mo	V	Cu
34CrMo1	0.30~0.38	0.40~0.70	0.17~0.37	0.70~1.20	≤0.40	0.40~0.55	—	≤0.20
35CrMoV	0.30~0.40	0.40~0.70	0.17~0.37	1.00~1.30	≤0.30	0.20~0.30	0.10~0.20	≤0.20
34CrNi3Mo	0.30~0.40	0.50~0.80	0.17~0.37	0.70~1.10	2.75~3.25	0.25~0.45		≤0.20
30Cr2Ni4MoV	≤0.35	0.20~0.40	0.17~0.37	1.50~2.00	3.25~3.75	0.30~0.60	0.07~0.15	≤0.20

注:采用真空碳脱氧时,硅含量应不大于0.10%。各钢的P、S含量均不大于0.020%。

一般叶轮采用 34CrMo1、35CrMoV、34CrNi3Mo 等钢制造,这些叶轮常用电炉加钢包炉精炼,在大气下浇铸钢锭。要求较高的叶轮或特大型叶轮采用 30Cr2-Ni4MoV 钢制造,用电炉加钢包炉精炼,并采用真空浇铸钢锭,以求减少钢中气体含量。叶轮用钢的力学性能要求见表 10.28。

表 10.28　叶轮用钢锻件的力学性能要求（JB/T 1266—2014）

项目	锻件强度级					
	490	540	590	690	730	760
$R_{p0.2}/MPa$	≥490	≥540	≥590	690~820	730~860	760~890
R_m/MPa	≥640	≥690	≥720	≥800	≥850	≥870
$A_{50mm}(d_0=12.5mm)/\%$	≥17	≥16	≥16	≥14	≥13(≥17)	≥17
$Z/\%$	≥40	≥40	≥40	≥35	≥34(≥45)	≥45
$KU_2(KV_8)/J$	≥39	≥39	≥39	≥39	≥39[KV_8≥61]	[KV_8≥61]
$FATT_{50}/℃$	≤40	≤40	≤40	≤20	≤20(≤-30)	≤-30
推荐用钢	35CrMoV 34CrMo1	34CrMo1 35CrMoV		34CrNi3Mo	34CrNi3Mo 30Cr2Ni4MoV	30Cr2-Ni4MoV

注：30Cr2Ni4MoV、34CrNi3Mo 锻件的 $FATT_{50}$ 为保证值,其余为参考值。30Cr2Ni4MoV 锻件按 730 强度级别订货时,其力学性能按括号内指标验收。30Cr2Ni4MoV 锻件的冲击功 KV_8 采用夏比 V 形缺口试样,按 ASTM A370 的规定进行。锻件的平均晶粒度应不小于 4 级。

　　采用的锻造方法应尽可能使整个锻件得到均匀的组织,锻造比要求大于 3。大型叶轮通常采用水压机自由锻造,钢锭材料的利用率仅 13%～15%。直径在 1300mm 以下、质量小于 2t 的中小叶轮可采用模锻生产,钢材利用率可提高到 36%。34CrMo1、35CrMoV 等叶轮用钢对白点较敏感,在锻造开坯后必须在 640～660℃进行除氢防止白点的热处理。34CrNi3Mo 钢叶轮毛坯应采用图 6.95(c) 所示的锻后热处理工艺[60]。

　　性能要求高的 34CrMo1、35CrMoV、34CrNi3Mo 等钢的叶轮,调质前应将叶轮粗加工,预先加热至 900～910℃,然后空冷,进行正火处理,以改善锻件内部组织。

　　叶轮调质处理的冷却方式有油冷、水油冷和水冷等方式,应根据叶轮用钢的材质、尺寸和性能要来决定。锻件的残余应力不应大于表 10.28 规定的 $R_{p0.2}$ 要求值下限的 8%。

10.2.2.2　汽轮机紧固件用钢

　　汽轮机紧固件包括用于气缸、阀门、蒸汽连通管、转子联轴器、叶片等零部件上起紧固作用的螺栓、螺母、螺钉、铆钉等。其中最重要的是高、中压气缸法兰连接用大型螺栓与螺母。国产 300MW 汽轮机高压外缸大型双头螺栓的尺寸为 $\phi120mm×1500mm$,而 600MW 及以上机组高压外缸双头螺栓的尺寸为 $\phi160mm×1800mm$。

　　对紧固件用钢,除要求有足够高的高温持久强度和蠕变性能外,更重要的是要具有高的抗松弛性能,因为它们是在应力松弛条件下承受拉伸应力,有时还承受弯曲应力。因此,紧固件用钢应有高的抗松弛性能、足够的高温持久强度、低的缺口敏感性、小的蠕变脆化倾向和良好的抗高温氧化性能。一般螺栓的设计寿命为 20000h,螺母用材质可比螺栓寿命低一些,但使用不同牌号的钢种时,因其膨胀和收缩不同,应注意避免咬死[22]。

螺栓除了要求钢材具有高的持久强度(一般为 $\sigma_{10000}^{T}=180\sim200MPa$)及抗氧化性能外,还要求高的室温及工作温度下的屈服强度,尤其是 $\sigma_{0.2}^{T}$(一般要求大于 400MPa),并要求高的松弛稳定性。

在工作温度不超过 400~420℃时,可以使用 35、40、40Cr、40CrV 等结构钢。如果工作温度为 350℃以上时,就要考虑其蠕变极限和持久强度等。当工作温度超过 400~420℃时,常使用 Cr-Mo 和 Cr-Mo-V 钢,其中 Cr-Mo-V 钢具有更高的热强性。这些钢可按其工作温度范围进行选择。Cr-Mo 和 Cr-Mo-V 钢的化学成分沿用 GB/T 3077—2015《合金结构钢》。当工作温度高于 550℃时必须采用高铬 (12%Cr)热强钢,该类钢在 570℃时使用,具有良好的抗松弛性能,持久强度高,对缺口不敏感。奥氏体钢由于屈服强度低,不宜用做紧固件。当温度更高时宜选用高温合金制作紧固件。对于所采用的复杂成分的合金热强钢、不锈钢及高温合金,我国一般由各汽轮机厂制定工厂标准。表 10.29 为汽轮机中高温紧固件用钢的主要成分、性能和适用温度。

表 10.29　汽轮机中高温紧固件用钢的主要成分、性能和适用温度[52,60]

牌　号	主要化学成分/%									工作温度/℃	持久强度 σ_{100000}/MPa
	C	Cr	Mo	W	V	Nb	Ti	B	Ni		
35CrMo	0.32~0.40	0.80~1.10	0.15~0.25	—	—	—	—	—	—	≤480	475℃:167
25Cr2MoV	0.22~0.29	1.50~1.80	0.25~0.35	—	0.15~0.30	—	—	—	—	≤510	500℃:196
25Cr2Mo1V	0.22~0.29	2.10~2.50	0.90~1.10	—	0.30~0.50	—	—	—	—	≤550	550℃:165
20Cr1Mo1VNbTiB	0.17~0.23	0.90~1.30	0.75~1.00	—	0.50~0.70	0.11~0.25	0.05~0.14	加入量 0.005	—	≤560	560℃:220
2Cr12WMoVNbB	0.15~0.22	11.0~13.0	0.40~0.60	0.40~0.70	0.15~0.30	0.20~0.40	—	≤0.003	≤0.60	≤565	560℃:206
R26	≤0.08	16.0~20.0	2.50~3.35	1.50~1.90	0.14~0.20	18.0~22.0 (Co)	2.50~3.00	0.001~0.01	35.0~39.0	≤650	550℃:480

注:R26 中 Al 含量不大于 0.25%、Cu 含量不大于 0.5%,余量为 Fe。

过去在蒸汽初温为 535℃的一些汽轮机中,常用 25Cr2Mo1V 及 20Cr1Mo1V 钢,前者因在电厂发生脆断(蠕变脆性)问题,后者因大截面螺栓淬透性欠佳,均基本淘汰。从 1973 年起,我国汽轮机制造业广泛采用 20Cr1Mo1VNbTiB 取代上述钢种,先后用于 200MW 及 300MW 等多种机型,经长期安全运行考核,该钢制造的大型螺栓在电厂无漏气与脆断现象发生[52]。

低合金耐热钢的蠕变脆性是指在温度、应力和时间的联合作用下所产生的脆性倾向,表现为钢的持久塑性显著降低,持久缺口敏感性增加,在高温持久断裂时呈脆性破坏。蠕变脆性在奥氏体钢和耐热合金中也会出现,这种脆性破坏会使零件在未达到预定使用期限前,不是由于超应力,而是由于钢的持久塑性储备耗尽而发生过早的突然断裂,汽轮机中的螺栓断裂是其中一例。

试验表明,当低合金 Cr-Mo-V 钢 $w_V/w_C=4$ 时具有最低的持久塑性,此时晶粒内由于析出大量的 VC 而得到较大的强化,而晶界没有获得相应平衡,以致晶内强度大于晶界强度,造成裂纹沿晶界的低持久塑性破坏。25Cr2Mo1V 螺栓钢随试验时间的延长,持久塑性急剧降低,约在 3000h 持久塑性 δ 已降到 3%,并显示出较大的持久缺口敏感性。20Cr1Mo1VNbTiB 螺栓钢具有较高的持久塑性,570℃时不显示持久缺口敏感性,其原因是由于添加了少量的 Nb 和微量 Ti+B 元素,改善了晶界强度,从而提高了钢的持久塑性[15]。

钢出现最低持久塑性值的位置与试验温度有关。低合金耐热钢的金相组织对蠕变脆性有显著影响。在低合金 Cr-Mo 和 Cr-Mo-V 钢中,贝氏体组织有高的持久强度和松弛稳定性,但是有最低的持久塑性和较大的持久缺口敏感性。这类钢在热处理时若获得几乎完全的贝氏体组织,则会出现蠕变脆性破坏现象,因此不能片面追求高的持久强度而忽视了持久塑性。在热处理时必须控制贝氏体、珠光体和铁素体组织的含量,以获得良好的综合力学性能[15]。

表 10.30 列出了一些高温螺栓钢种的热处理工艺及其力学性能要求。

表 10.30　汽轮机用高温螺栓钢的热处理工艺及力学性能要求

牌号	热处理工艺	力学性能(不小于)			
		$\sigma_{0.2}$/MPa	σ_b/MPa	δ/%	ψ/%
35CrMo[60]	调质:850~880℃油淬,560~620℃回火 正火:850~890℃空冷,560~650℃回火	588	765	14	40
25Cr2MoV[60]	调质:920~960℃油淬,640~680℃回火 正火:940~980℃空冷,560~650℃回火	686	785	15	50
20Cr1Mo1VNbTiB[60]	退火:750~800℃装炉,均热升温至 950℃保温后炉冷至 500℃出炉 调质:1020~1040℃油冷,690~730℃回火	670	725	15	60
2Cr12WMoVNbB[52]	1150℃×30min 油淬, (680~700℃)×2h 回火空冷	735	883	15	50
R26[60]	固溶处理:(1000~1050℃)×1h 油冷 时效:(800~830℃)×20h 炉冷至(710~750℃)×20h 空冷	550	1000	15	20

20Cr1Mo1VNbTiB 钢是我国自行研制的高温螺栓用钢,钢中除铬、钼起固溶强化作用的元素外,还加入细化晶粒的铌、钛等及强化晶界的硼。硼偏聚于晶界,填充了晶界结构上的空位,减缓了晶界的扩散过程,有效地阻止了晶界碳化物的聚集长大,抑制了晶界裂纹的形成和长大,强化了晶界。钢中 VC、NbC、TiC 等多种稳定的碳化物所起到的沉淀硬化作用比单一的碳化物更为有效,使组织更稳定,无时效脆化现象,无缺口敏感性。该钢有良好的综合力学性能和较好的淬透性。该钢比普通合金成分的耐热钢具有更高的持久强度、蠕变强度和抗松弛性能,特别适用于制作 560℃下大容量机组的大型紧固螺栓。

2Cr12WMoVNbB 钢是 Cr12 型钢的改良型钢种之一,适当添加 Nb 和 B 元素,可提高热强性,抗松弛性能也好。该钢相当于苏联 ЭИ993 钢。该钢适宜于制作 565℃以下的紧固件材料,亦可用于工作温度 590℃的叶片。

R26(Refractaloy-26)合金为美国钢号,属于镍铬钴铁基沉淀硬化型高温合金,具有高的持久强度和抗松弛性能。该钢用于大型汽轮机高温螺栓、汽封弹簧、叶片及其他高温零件,使用温度不超过 677℃[60,61]。

除上述钢种外,大型机组大截面中温螺栓用钢还有 40CrMoV、45Cr1MoV,高温大截面螺栓钢还有 20Cr1Mo1VTiB、GH145 等。

当高温螺栓材料做螺母使用时,其工作温度可以比螺栓工作温度高约 30℃,为了使螺栓和螺母在长期使用后不发生咬死现象,高温螺栓应配置比高温温度等级低一个档次的异种材料做螺母,如 20Cr1Mo1VNbTiB 钢通常使用 25Cr2MoV 钢制作螺母,而 25Cr2MoV 钢中压螺栓则使用 35CrMo 钢制作螺母,其他改型 Cr12 不锈钢采用 45Cr1MoV 钢制作螺母。

高温螺母工作时需多次装卸,因此螺母六角面应有高硬度,其硬化层应能耐高温,故螺母的六角面常需进行渗氮处理[60]。

10.2.3　汽轮机叶片用钢

叶片担负着将蒸汽的动能和热能转换成机械能的功能。叶片有动叶片和静叶片之分。动叶片安装在汽轮机转子的各级叶轮上,与转子一起转动。静叶片则安装在隔板上,以使蒸汽流改变方向。

叶片尺寸的长短、级数主要取决于汽轮机功率的大小。小功率汽轮机仅有一、二级叶片,其叶片长度只有几十毫米,而 300MW 大型汽轮机的高、中低压叶片则共有 28 级,其末级动叶片的长度达 1016mm[60]。

10.2.3.1　叶片的工作情况、性能要求及成分设计

汽轮机叶片安装在叶轮上,当蒸汽气体流过气道时,其动能将通过叶片传给转子,所以在工作时叶片受到气流力。不均匀的气流可以成为引起叶片振动的激振

力。叶片还要求承受高速旋转产生的巨大离心力。以汽轮机末级叶片为例,1m左右的叶片,单只叶片的质量约为10kg,旋转时,它引起的离心力高达100t左右。将叶片视做悬臂梁时,由于承受蒸汽气流的压力和反射作用,会使叶片相对于它们在转子或叶轮的固定处产生弯曲应力。叶片截面形心与弯曲中心不重合,离心力作用线不通过弯曲中心以及气流力作用线不通过弯曲中心都将引起扭转应力。最后当叶片受热不均匀存在温度差时,在叶片中会引起温度应力,这样可以将叶片所承受的应力归纳为:①离心力引起的拉伸应力;②离心力、气流力和叶片振动引起的弯曲应力;③离心力、气流力和叶片振动引起的扭转应力;④非均匀受热引起的温度应力。

高、中压段的高温叶片还要承受高温、高压的过热蒸汽作用,其工作温度均在400℃以上,亚临界机组叶片的工作温度最高可达540℃,而超临界机组的叶片工作温度可达560℃,甚至650℃。高、中压段的静叶片工作时,主要承受高温、高压蒸汽的冲击。

低压段动叶片,随叶片尺寸的增大,其高速旋转的离心力和动应力不断增加。其中的末级、次末级或次次末级叶片则工作在干湿蒸汽环境中,蒸汽中的微量氯离子等残留有害物质易沉积在叶片表面而产生腐蚀或应力腐蚀。低压静叶片工作时主要承受低压蒸汽的冲击及湿蒸汽的腐蚀。

动叶片工作时,扭转引起的切应力值甚微,可以忽略不计,对于非强制冷却的叶片温差应力也可以不考虑。长叶片以离心力引起的拉伸应力值为最大,这就要求材料应有好的高温强度(持久和蠕变),但是对于大多数叶片破坏的直接原因是振动引起的交变弯曲应力,而不是离心力引起的静载荷。叶片破坏主要是由于疲劳引起的,这样的事实告诉我们,许用应力以疲劳极限为基础,但在离心力和振动的影响下,叶片受非对称循环交变载荷。非对称循环的平均应力与应力幅度有许多不同的组合,疲劳试验又需要在高温下进行,这些都增加了试验的复杂性和费用,因此一般分别对拉应力和弯曲应力进行校核。

在前几级叶片中,蒸汽的温度及压力较高,水分较少,因此主要受化学腐蚀;而在后几级叶片中,蒸汽的温度及压力已大大降低,蒸汽中已开始凝聚出水滴,这样后几级叶片就不但要受电化学腐蚀,还要受水滴冲刷的机械磨损。

根据叶片的工作条件,制造叶片的材料应满足以下要求:①在常温及高温下都应有高的强度,同时为预防在过载情况下工作,需要足够塑性和韧性;②有高的振动衰减能力;③高度的组织稳定性,保证在高温条件下使用时力学性能不发生变化;④具有良好的耐化学、电化学及冲蚀稳定性;⑤良好的工艺性能。

叶片基本上都使用Cr13型马氏体不锈钢和改型的Cr13型马氏体不锈钢及耐热钢制造。马氏体不锈钢加工性能好,成本低,吸振能力强(1Cr13、2Cr13钢的衰减性能仅次于铸铁),并且可以加入适当的合金元素并通过锻造、热处理工艺等措施,使其强韧性满足叶片设计要求。

　　为了提高热强性,在 Cr13 型马氏体热强钢中加入强化元素 W、Mo、V 等,如 2Cr12MoV、1Cr12W1MoV 等,它们的抗氧化性和消振性能优于珠光体热强钢,广泛用于制造 600℃ 以下工作的汽轮机叶片、增压器叶片、阀门、主轴等。还有一类是含 Cr、Si 的马氏体热强钢,如 4Cr9Si2、4Cr10Si2Mo 等。加入 Cr 和 Si 能提高抗氧化性和抗燃烟气体(包括铅化物)腐蚀的性能,主要用来制造发动机排气阀门,也可制造 800℃ 以下受力较小的加热炉构件等。

　　多年来,研究者一直致力于 Cr 含量为 9%～12% 的高 Cr 马氏体热强钢的研究开发。该类钢的化学成分有两个特点:

　　(1) 调整钢中 C 含量与 Cr 含量,可以使之产生多晶相变,这样可以通过热处理来改变相组成,从而改变钢的性能;

　　(2) 添加一些合金元素,通过固溶强化、强化晶界和热处理析出碳化物,达到提高热强性的目的。

　　由于 1Cr13、2Cr13 类马氏体耐热钢的组织稳定性差,只能用于制造低于 450℃ 下工作的蒸汽轮机叶片。为了解决这一问题,发展了一些新的低碳马氏体热强钢。

　　从成分设计来讲,这类钢必须通过热处理才能获得优良的室温和高温力学性能。这类钢的热处理一般由淬火和高温回火组成。研究表明,一般 Cr13 类钢的淬火温度为 950～1050℃,油冷,此时获得的组织为马氏体,也可采用空冷(正火)。该类钢铬含量较高,与铁素体钢类似也会产生 475℃ 脆性,因此它们的回火温度一般为 680～700℃。回火后钢的组织视钢种不同,其组织也有所不同。对 1Cr13、2Cr13 钢来说讲,一般是回火索氏体,对合金化的 1Cr12 钢来讲,是回火屈氏体＋回火索氏体。

　　1Cr13 钢中有两种碳化物:$Cr_{23}C_6$ 和 Cr_7C_3。$Cr_{23}C_6$ 有沉淀硬化效应,对钢的热强性有贡献,而 Cr_7C_3 无此效应,对钢的热强性作用不大。若钢中含 Mo、W 等合金元素,则钢中不出现 Cr_7C_3,而只有单一的 $(Cr、Mo、W、Fe)_{23}C_6$ 相。钢中含 V 时,由于 Cr 含量较高(当 Cr 含量大于 3%)就可以阻止形成 VC。为了使 Mo、W 等合金元素尽可能地保留在 α-Fe 固溶体中,实现固溶强化,必须尽量避免 $Cr_{23}C_6$ 的形成。为了在钢中能形成 MC 型碳化物,除在钢中加入 V 外,还必须在钢中加入碳化物形成能力更强的元素 Nb 和 Ti,以 V-Ti 或 V-Nb-Ti 综合加入最好。它们在钢中形成 (V、Nb)C 或 (V、Ti、Nb)C 复合碳化物,比 $Cr_{23}C_6$ 更稳定,而且(V、Nb)C 或 (V、Nb、Ti)C 中钼和钨的溶解量比在 $Cr_{23}C_6$ 中为少,能使钼和钨主要存在于 α-Fe 固溶体中[22]。

　　1Cr13 和 2Cr13 马氏体耐热钢具有优良的疲劳性能,这对制造在高温下受冲击载荷的部件有很大的价值。表 10.31 列出了一些低碳高铬马氏体热强钢的疲劳性能。由表可见,在相应的热处理后,其疲劳极限差不多是其强度的一半,这对制造承受周期性载荷的部件是十分有利的。

表 10.31　一些低碳高铬马氏体热强钢的疲劳性能[22]

钢的主要成分/%		热处理规范	σ_b/MPa	σ_{-1}/MPa	σ_{-1}/σ_b
C	Cr				
0.08	17.8	980℃淬火,480℃回火	1161	510	0.45
0.08	17.8	980℃淬火,540℃回火	1147	537	0.47
0.08	17.8	980℃淬火,595℃回火	755	417	0.56
0.08	17.8	980℃淬火,705℃回火	570	310	0.54
0.11	12.71	980℃淬火,650℃回火	—	343	—
0.07	18.56	轧态	529	310	0.59

这类钢在腐蚀介质中的疲劳性能有所降低,但与其他钢种相比仍有相当好的抗疲劳性能,因此它们仍获得了广泛的应用。

10.2.3.2　叶片用马氏体热强钢

低碳高铬马氏体热强钢具有高的抗蚀性和抗氧化性,经热处理后可获得较高的硬度、强度、耐磨性及塑性,其工艺性能也能满足制造叶片的要求,更加可贵的是它有良好的减振性,因此国内外的汽轮机叶片广泛用 Cr12 型或改型 Cr12 马氏体热强钢。表 10.32 为我国汽轮机叶片用钢的化学成分。

图 9.20 为含 12%Cr 时的 Fe-Cr-C 系垂直截面图。在改型 Cr12 不锈钢中,加入的 Cr、Mo、W、V 是强碳化物形成元素,C、Mn、Ni、N 是奥氏体形成与稳定化元素。在这类钢中生成过多的 δ 铁素体会显著降低钢的强度、塑性及韧性,还会影响钢的疲劳强度和高温强度。因此在改型 Cr12 钢中应注意碳及合金元素的适当配比,严格控制金相组织中 δ 铁素体含量。在 GB/T 8732—2014《汽轮机叶片用钢》中规定对这类钢材应进行 δ 铁素体检验。2Cr13、1Cr12Mo、2Cr12MoV 的 δ 铁素体含量最严重视场不超过 5%,其他牌号的 δ 铁素体含量最严重视场不得超过 10%。δ 铁素体检验方法按 GB/T 13305—2008《不锈钢中 α-相面积含量金相测定法》进行,该标准是对 GB 6401—86《铁素体奥氏体型双相不锈钢中 α-相面积含量金相测定法》和 GB/T 13305—91《奥氏体不锈钢中 α-相面积含量金相测定法》两个标准的整合修订。GB/T 8732—2014 加严了对 δ 铁素体含量的要求。20Cr13、12Cr12Mo、21Cr12MoV 的 δ 铁素体含量最严重视场应不超过 3%,其他牌号的 δ 铁素体含量最严重视场应不超过 5%。

钢中 δ 铁素体含量=$(10E_{Cr}-100\%)$,其中 E_{Cr} 为铬当量,其计算式如下:

$$E_{Cr} = 1w_{Cr} + 2w_W + 2.2w_{Mo} + 4.5w_{Nb} + 3.2w_{Si} + 10w_V + 7.2w_{Ti} + 12w_{Al}$$
$$+ 2.8w_{Ta} - 45w_C - 30w_N - 1w_{Ni} - 0.6w_{Mn} - 1w_{Cu} - 1w_{Co} \qquad (10.14)$$

另一种铬当量 E_{Cr} 的计算式为

$$E_{Cr} = 1w_{Cr} - 40w_C - 2w_{Mn} - 4w_{Ni} + 6w_{Si} + 4w_{Mo} + 11w_V - 30w_N + 1.5w_W$$
$$\qquad (10.15)$$

表 10.32　我国汽轮机叶片用钢的化学成分（GB/T 8732—2014，GB/T 1221—2007）

（单位：%）

牌号	C	Si	Mn	P	S	Cr	Ni	Mo	W	V	Cu	Al	N	Nb+Ta
12Cr13 (1Cr13)	0.10~0.15	≤0.60	≤0.60	≤0.030	≤0.020	11.50~13.50	≤0.60	—	—	—	≤0.30	—	—	—
20Cr13 (2Cr13)	0.16~0.24	≤0.60	≤0.60	≤0.030	≤0.020	12.00~14.00	≤0.60	—	—	—	≤0.30	—	—	—
12Cr12Mo (1Cr12Mo)	0.10~0.15	≤0.50	0.30~0.60	≤0.030	≤0.020	11.50~13.00	0.30~0.60	0.30~0.60	—	—	≤0.30	—	—	—
14Cr11MoV (1Cr11MoV)	0.11~0.18	≤0.50	≤0.60	≤0.030	≤0.020	10.00~11.50	≤0.60	0.50~0.70	—	0.25~0.40	≤0.30	—	—	—
15Cr12WMoV (1Cr12W1MoV)	0.12~0.18	≤0.50	0.50~0.90	≤0.030	≤0.020	11.00~13.00	0.40~0.80	0.50~0.70	0.70~1.10	0.15~0.30	≤0.30	—	—	—
21Cr12MoV (2Cr12MoV)	0.18~0.24	0.10~0.50	0.30~0.80	≤0.030	≤0.020	11.00~12.50	0.30~0.80	0.80~1.20	—	0.25~0.35	≤0.30	—	—	—
18Cr11NiMoNbVN (2Cr11NiMoNbVN)	0.15~0.20	≤0.50	0.50~0.80	≤0.020	≤0.015	10.00~12.00	0.30~0.60	0.60~0.90	—	0.20~0.30	≤0.10	≤0.03	0.040~0.090	0.20~0.60Nb
22Cr12NiMoWV (2Cr12NiMo1W1V)	0.20~0.25	≤0.50	0.50~1.00	≤0.030	≤0.020	11.00~12.50	0.50~1.00	0.90~1.25	0.90~1.25	0.20~0.30	≤0.30	—	—	—
05Cr17Ni4Cu4Nb (0Cr17Ni4Cu4Nb)	≤0.055	≤1.00	≤0.50	≤0.030	≤0.020	15.00~16.00	3.80~4.50	—	—	—	3.00~3.70	0.050	≤0.050	0.15~0.35Nb ≤0.050Ti
14Cr12Ni2WMoV (1Cr12Ni2W1Mo1V)	0.11~0.16	0.10~0.35	0.40~0.80	≤0.025	≤0.020	10.50~12.50	2.20~2.50	1.00~1.40	1.00~1.40	0.15~0.35	≤0.10	≤0.05	—	—
14Cr12Ni3Mo2VN (1Cr12Ni3Mo2VN)	0.10~0.17	≤0.30	0.50~0.90	≤0.020	≤0.015	11.00~12.75	2.00~3.00	1.50~2.00	—	0.25~0.40	≤0.15	≤0.04	0.010~0.050	≤0.02Ti
14Cr11W2MoNiVNbN (1Cr11MoNiW2VNbN)	0.12~0.16	≤0.15	0.30~0.70	≤0.015	≤0.015	10.00~11.00	0.35~0.65	0.35~0.50	1.50~1.90	0.14~0.20	≤0.10	—	0.040~0.080	0.05~0.11

注：括号内为 GB/T 20878—2007 中的牌号表示方法。本标准与 GB/T 8732—2004 比较，取消了 3 个牌号：13Cr13Mo、18Cr12MoVNbN、13Cr11Ni2W2MoV，表中最后 3 个牌号是新增加的。本表中一部分牌号的化学成分与分号 GB/T 20878—2007 不同，主要是加严了对 S 含量的要求，修改了某些牌号的元素化学成分。

当 $E_{Cr}\leqslant 9$（目标 7）时，钢中一般不会存在 δ 铁素体[60]。

电炉冶炼的 Cr12 型马氏体耐热钢，一般含有较多的夹杂物，只能用于制造静叶片。动叶片用钢均需采用电渣重熔、真空感应熔炼或真空自耗重熔等二次精炼的方法制造，使叶片中的夹杂物含量大幅降低，合金元素的偏析得到改善。钢材横截面酸浸低倍组织的一般疏松、中心疏松和偏析均应小于或等于 2.0 级。应检查钢中非金属的夹杂物，其级别应符合标准规定。钢材应检查奥氏体晶粒度，平均晶粒度不粗于 4 级，并且不含有 1 级或更粗的晶粒。

这类钢材交货状态为退火或高温回火。经退火或高温回火的钢材的硬度应符合表 10.33 的规定。表 10.34 为叶片材料的热处理工艺和力学性能要求（GB/T 8732—2014）。

表 10.33　叶片材料的退火和高温回火工艺和硬度要求（GB/T 8732—2014）

牌号		推荐的热处理工艺		
新牌号	旧牌号	退火	高温回火	硬度 HBW
12Cr13	1Cr13	800～900℃缓冷	700～770℃快冷	≤200
20Cr13	2Cr13	800～900℃缓冷	700～770℃快冷	≤223
12Cr12Mo	1Cr12Mo	800～900℃缓冷	700～70℃快冷	≤255
14Cr11MoV	1Cr11MoV	800～900℃缓冷	700～770℃快冷	≤200
15Cr12WMoV	1Cr12WMoV	800～900℃缓冷	700～770℃快冷	≤223
21Cr12MoV	2Cr12MoV	880～930℃缓冷	750～770℃快冷	≤255
18Cr11NiMoNbVN	2Cr11NiMoNbVN	800～900℃缓冷	700～770℃快冷	≤255
22Cr12NiMoWV	2Cr12NiMoWV	860～930℃缓冷	750～770℃快冷	≤255
05Cr17Ni4Cu4Nb	0Cr17Ni4Cu4Nb	740～850℃缓冷	660～680℃快冷	≤361
14Cr12Ni2WMoV	1Cr12Ni2WMoV	860～930℃缓冷	650～750℃快冷	≤287
14Cr12Ni3Mo2VN	1Cr12Ni3Mo2VN	860～930℃缓冷	650～750℃快冷	≤287
14Cr11W2MoNiVNbN	1Cr11W2MoNiVNbN	860～930℃缓冷	650～750℃快冷	≤287

这类钢中的 12Cr13 钢的碳含量不高，其组织是半马氏体，也称半马氏体耐热钢，而 20Cr13 钢是马氏体钢。

12Cr13 钢有一定的热强性，特别是具有良好的减振性，主要用于制造汽轮机静叶片、低压叶片及其他耐腐蚀用部件。该钢具有较好的焊接性能，可用各种方法进行焊接，为防止焊接接头的冷裂纹，焊前应预热，预热到温度为 200～300℃，焊后应进行 700～750℃回火，焊接时可使用 1Cr18Ni11Nb 焊条。由于该类钢易于产生轴心裂纹，应当严格控制始锻和终锻温度，并采用较大的锻造比进行锻造，应避免过热、晶粒粗大和析出大量的 δ 铁素体，防止韧性降低。一般始锻温度为 1100～1150℃，终锻温度大于 850℃，热加工后堆冷或空冷。12Cr13 钢的抗氧化温度不超过 750℃。在 470～530℃加热 10000h 后，钢的抗拉强度与屈服强度几乎无变化，冲击韧度从 160J/cm² 降到 100～120J/cm²[22]。

表 10.34 叶片材料的热处理工艺和力学性能要求(GB/T 8732—2014)

牌号	组别	热处理制度 淬火	中间处理/固溶处理	回火/时效处理	力学性能(不小于) $R_{p0.2}$/MPa	R_m/MPa	A/%	Z/%	KV_2/J	试样硬度 HBW
12Cr13	—	980~1040℃,油		660~770℃,空	440	620	20	60	35	192~241
20Cr13	I	950~1020℃,空,油		660~720℃,油,气,水	490	665	16	50	27	212~262
20Cr13	II	980~1030℃,油		640~720℃,空	590	735	15	50	27	229~277
12 Cr12Mo	—	950~1000℃,油		650~710℃,空	550	685	18	60	78	217~255
14Cr11MoV	I	1000~1050℃,空,油		700~750℃,空	490	685	16	56	27	212~262
14Cr11MoV	II	1000~1030℃,油		660~700℃,空	590	735	15	50	27	229~277
15Cr12WMoV	I	1000~1050℃,油		680~740℃,空	590	735	15	45	27	229~277
15Cr12WMoV	II	1000~1050℃,油		660~700℃,空	635	785	15	45	27	248~293
18Cr11MoNbVN	—	≥1090℃,油		≥640℃,空	760	930	12	32	20	277~331
22Cr12NiMoWV	—	980~1040℃,油		650~750℃,空	760	930	12	32	11	277~311
21Cr12MoV	I	1020~1070℃,油		≥650℃,空	700	900~1050	13	35	20	265~310
21Cr12MoV	II	1020~1050℃,油		700~750℃,空	590~735	930	15	50	27	241~285
14Cr12Ni2WMoV	—	1000~1050℃,油		≥640℃,空,二次	735	920	13	40	48	277~331
14Cr12Ni3Mo2VN	—	990~1030℃,油		≥560℃,空,二次	860	1100	13	40	54	331~363
14Cr11W2MoNiVNbN	—	≥1100℃,油		≥620℃,空	760	930	14	32	20	277~331
05Cr17Ni4Cu4Nb	I	固溶处理 1025~1055℃,油,空冷(≥14℃/min 冷却到室温)	—	645~655℃,4h,空冷	590~800	900	16	55	—	262~302
05Cr17Ni4Cu4Nb	II		810~820℃,0.5h 空冷	565~575℃,3h,空冷	890~980	950~1020	16	55	—	293~341
05Cr17Ni4Cu4Nb	III		(≥14℃/min 冷却到室温)	600~610℃,3h,空冷	755~890	890~1030	16	55	—	277~321

注:20Cr13、14Cr11MoV 和 15Cr12WMoV 钢的力学性能按 I 组规定。经供需双方协商也可按 II 组的规定。21Cr12MoV 钢的订货组别应在合同中注明,未注明时,按 I 组执行。05Cr17Ni4Cu4Nb 钢的热处理通常需按 III 组规定。需方如要求按 I 组或 II 组处理时,应在合同中注明。

　　20Cr13 钢的热强性与抗高温腐蚀性能均高于 12Cr13 钢,也具有消振性,热处理后可用于制造承受较高应力的部件。该钢可用于制造在 400～450℃ 的低温下长期使用的汽轮机长叶片,也可用于制作高压汽轮机零件、阀门等。

　　20Cr13 钢的淬火温度为 950～1050℃,空冷或油冷。一般淬火温度不宜过高以免晶粒长大而引起脆性,采用高温回火,温度为 650～700℃。该钢在 400～600℃ 回火时有脆性,因此在热处理时应避开这个温度区间。

　　20Cr13 钢在 500℃ 长时间加热后,其性能无显著变化;在 550℃ 下保温 10000h 后,钢的强度稍有下降;在 600℃ 下长期加热时,钢的强度显著降低。

　　20Cr13 钢可用各种方式焊接,但焊前需在 300℃ 下预热,焊后需进行高于 700℃ 的回火,常用奥氏体钢焊条焊接[22]。

　　单纯 Cr 合金化的 Cr13 型钢虽然有上述各种优点,但其热强性不高。由图 10.44可知,Cr 在钼钨钒钢中最大的强化作用是在含 1%Cr 左右,继续升高 Cr 含量,由于出现了不稳定的容易聚集长大的 Cr_7C_3 而引起热强性下降,至 7%Cr 达到最低值。继续升高 Cr 含量到 13%,由于 Cr_7C_3 被有沉淀硬化效果的 $Cr_{23}C_6$ 代替而使热强性略有改善,但其水平还不及珠光体类钢,如 12Cr13 钢可在 450～475℃ 下使用,而 20Cr13 钢可在 400～450℃ 下使用[61]。

　　Cr13 型钢进一步强化使用的合金元素会在组织上产生大量 δ 铁素体,因为这些元素都是铁素体形成元素。δ 铁素体的生成会使钢的韧性下降,量多时对加工和热强度都会产生不良影响。就 Cr13 型钢来说,δ 铁素体含量可因成分和加工温度不同而异。

　　化学成分对 δ 铁素体含量的影响趋势为:当碳含量偏上限,铬含量在下限时,组织中 δ 铁素体很少,但相反的情况下组织中则可出现大量的 δ 铁素体,如图 10.45

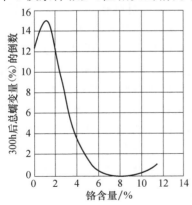

图 10.44　铬对钨钼钒钢蠕变
抗力的影响[62]

成分:0.5%Mo、0.5%W、
0.8%V,应力 123.5MPa,600℃

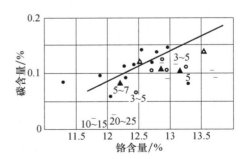

图 10.45　碳与铬对 1Cr13 钢中铁素
体含量的影响(1175℃ 淬火)[63,64]

●无铁素体;▲5%铁素体;
○5%～10%铁素体;-＞10%铁素体

所示。由图可知，C 和 Cr 含量的变动可使 δ 铁素体含量在百分之几到百分之几十范围变化。在旧标准 GB 8732—88 中规定 1Cr13 钢碳含量不大于 0.15%，没有规定下限，所以 1Cr13 钢碳含量有时很低，低的碳含量虽然对耐腐蚀有利，但对力学性能不利，生产上也常出现碳含量低而使冲击韧性不合格。GB/T 8732—2014 中规定 12Cr13 钢碳含量的下限为 0.10%，铁素体含量不超过 5%。

温度对铁素体含量的影响也很大，从 Fe-Cr-C 三元(12%Cr)状态图(图 9.20)可以看出，相当于 12Cr13 钢碳含量的钢，在高温时是处于奥氏体与铁素体的两相区，随着温度升高铁素体含量增大。应注意的是，导致铁素体大量增加的因素主要是锻造，因为热处理的淬火温度超过 1050℃的很少，而锻造温度要高得多(1100～1150℃)。曾有人试验含 0.11%C、13.2%Cr 的 12Cr13 钢，当在 1240℃加热 1h，空气冷却后的铁素体含量剧增至 50%以上，δ 相在冷却时不转变为 γ 相。我们知道，虽然在平衡条件下高温时 δ↔γ 的转变是可逆的，但生产实践表明，加热时奥氏体转变为铁素体较易进行，在冷却时铁素体转变为奥氏体则比较困难，锻造过热形成的大量铁素体即因此被保留在常温组织中，以后的热处理并不能使其在数量上减少。由此可知，当发现 12Cr13 钢中出现大量的铁素体时，如不是由钢中碳含量偏低，那就表明是过热了，这多半是由于锻造加热不当所致。

大量的铁素体使 12Cr13 钢冲击韧性降低，可以从两方面获得解释：一是它使钢的韧脆转变温度提高；二是铁素体破坏了基体金属的连续性，所以当铁素体呈网状分布时这种影响更大。

铁素体对高温塑性的影响可由图 9.81 看出。此图表示双相钢 γ+α 的高温塑性和 α(或 δ)相含量的关系，图中显示双相钢含 α 相小于 5%时塑性较好，α 相含量为 20%～25%时则加工性骤然变坏，α 相含量大于 30%时则相对难加工。高温塑性下降的原因：首先奥氏体和铁素体的硬度不同，变形阻力不同，特别是温度升高时铁素体随温度上升硬度下降较快，而奥氏体下降较慢；其次奥氏体和铁素体再结晶速率不一样，前者慢于后者，特别是加工温度低时可能产生不完全再结晶，锻造时会造成钢的开裂(这可用稍加停留使再结晶完善后再继续加工来改善)。

在一般的情况下，也就是说不含铁素体或含量在 10%～20%都对热强性没有什么影响，在铁素体含量大于 30%时会使热强性剧烈下降和组织稳定性变差。

12Cr12Mo(1Cr13Mo)钢的耐蚀性高于 12Cr13 钢，用于制作 450℃以下汽轮机叶片、压气机导向叶片，在我国 300MW、600MW 汽轮机中用做动、静叶片，还可用于高温高压蒸汽用机械部件和其他耐蚀性零件。

12Cr12Mo 钢的退火温度为 860～950℃，炉冷，淬火温度为 940～970℃，油冷，不低于 620℃回火，空冷。

要保持 Cr13 型钢的特点，同时又要提高热强性，需要进一步强化，这样强化的钢称之为改型 Cr13 钢或 Cr12 型钢。其强化方法和上述珠光体耐热钢强化基本相似,即一方面用 W、Mo 等合金元素来强化基体,另一方面加入强碳化物形成元素 V、Nb,生成稳定碳化物相,以 V-Ti、V-Nb-Ti 综合加入效果最好,此外还可加入 B 以提高淬透性和强化晶界。图 10.46 示出了用 Mo、V、Nb 强化 Cr13 钢的结果。由图可知,Cr13 钢中同时加入 Mo、V 或 Mo、V、Nb 效果最好,这是因为有 V、Nb 的存在使绝大部分 Mo 都被挤进固溶体,从而提高了热强性,同时固溶体中保持了高浓度的 Cr,能保持高的抗氧化性,欲进一步强化,还可增加 Mo、W 或 B。

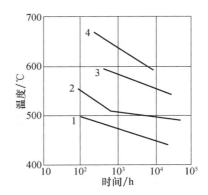

图 10.46　在 80MPa 应力下,下列钢变形 0.1% 所需时间与温度的关系[63]

1—13%Cr;2—13%Cr-0.5%Mo;

3—13%Cr-0.5%Mo-0.2%V;

4—13%Cr-0.5%Mo-0.2%V-0.4%Nb

21Cr12MoV 钢常用于制作汽轮机低压末级叶片。该钢含有少量的镍,可以避免加热时钢中出现 δ 铁素体。该钢经调质处理后具有高的强度(表 10.34)和良好的耐蚀性。

国外自 20 世纪 50 年代以来在 Cr12 马氏体叶片钢的基础上,不断开发出新的汽轮机叶片用钢。部分这类钢的化学成分见表 10.35。

表 10.35　一些国外开发的马氏体(铁素体)叶片用钢的化学成分[60,65]　（单位:%）

牌　号	C	Si	Mn	Cr	Ni	Mo	W	Co	V	Nb	N	B
H46	0.15	0.40	0.60	11.50	—	0.60	—	—	0.30	0.25	0.075	
Fv448	0.10	0.46	0.86	10.7	0.65	0.60	—		0.14	0.26	0.050	
GE(Mod.)	0.14	0.03	0.60	10.0	0.70	1.0	1.0		0.18	0.045	0.040	
AISI-422	0.23	0.40	0.60	12.5	0.70	1.0	1.0		0.25	—	—	
AL419	0.25	0.30	1.0	11.5	0.5	0.5	2.5		0.40	—	0.10	
Lapelloy	0.30	0.25	1.0	12.0	0.30	2.75			0.25	—	—	
TAF	0.16	0.50	0.80	11.50	—	1.00			0.20	0.20	0.015	0.04
TR1115(TMK2)	0.13	0.05	0.50	10.7	0.70	0.4	1.8		0.17	0.06	0.045	
TR1200(FN5)	0.11	0.05	0.50	11.0	0.50	0.15	2.6	3.0	0.20	0.08	0.025	0.015
1Cr12Ni2Mo1W1V	0.12~0.16	0.10~0.35	0.40~0.80	10.50~12.50	2.20~2.60	1.00~1.40	1.00~1.40		0.15~0.35	—	—	
12Cr-Ni-Mo-V (M152)	0.08~0.15	≤0.25	0.50~0.60	11.00~12.50	2.00~3.00	1.50~2.00			0.25~0.40		0.020~0.040	
Ti-6Al-4V(钛合金)	≤0.10	≤0.15	Fe≤0.30		O≤0.15		Ti:余量		3.5~4.5	Al:5.5~6.8		

注:H46 钢的成分与 2Cr11NiMoNbVN 钢相近,AISI-422 钢的成分与 2Cr12NiMo1W1V 钢相近。

英国在 20 世纪 50 年代开发出在 Cr-Mo 钢中加入 Nb、N 的 H46、Fv448 等钢,具有良好的持久强度。美国 50~60 年代在 H46 钢的基础上减少 Nb 含量以降低固溶处理温度和保证韧性,同时减少 Cr 含量以抑制 δ 铁素体,得到 GE(10.5Cr1MoVNbN)及 GE 调整型钢,同时还在 12CrMoV 的基础上开发含 W 的 Cr12 型钢,如 AISI-422、AL419、Lapelloy 等钢,用于汽轮机叶片。这些钢与 Cr12MoV 钢相比具有更好的性能。日本在 H46 钢基础上添加 B,开发了 TAF(10.5Cr1.5MoVNbB)钢,用于小型汽轮机转子,也用于制造叶片。

AISI-422 钢成功地用于 550℃ 条件下,而在超超临界参数条件下无法满足叶片对蠕变强度的要求。日本 20 世纪 70 年代开发了 12Cr-MoVNb 系 593℃ 级别的 TOS101 钢,欧洲也开发出了 10.5Cr-MoVNbB(COST E)等转子用钢,这些钢亦适用于叶片。

20 世纪 80 年代以后进行的新一轮开发,主要是在 Nb-N 或 Ta-N 钢中添加 W 来提高固溶强化的作用,如日本的 TOS107 钢和欧洲开发的 X12CrMoVWNbN 钢,这些钢种把允许的运行温度提高到 593℃。进一步的改进是在 X12CrMoVWNbN 钢中不加钨而添加硼,可以得到高的蠕变强度,满足 620℃ 的要求;而将 W 含量由 1% 提高到 1.8%,得到的 TR1150(TMK2)钢,也可以获得高的蠕变强度。再下一步的合金调整是将 W 含量增加到 2.7%,并添加 3% Co 和 0.01% B,产生了 TR1200(FN5)钢。该钢可望用于 650℃ 条件下,许用温度是基于断裂时间为 10^5 h 下的持久强度为 125MPa 的。

目前电站材料的发展战略是尽可能将马氏体(铁素体)耐热钢的性能提高到极限,然后直接使用镍基合金,而避免使用奥氏体钢。种种迹象表明,电站铁素体钢的性能极限在 620~650℃,对材料的主要标准是 10^5 h 蠕变断裂强度要大于 100MPa。

我国在制定 GB/T 8732—2004 及以后修订为 GB/T 8732—2014 时纳入了部分国外应用较广的牌号。

14Cr11MoV、15Cr12WMoV 均为马氏体耐热钢,含有元素 Mo、V 或 Mo、W、V,它们在一定温度下具有较好的热强性与组织稳定性,特别是具有良好的减振性及加工工艺性能。15Cr12WMoV 钢还有较好的持久塑性。

14Cr11MoV 钢用于制造在 540℃ 以下工作的汽轮机静叶片、燃气轮机叶片、增压器叶片等部件。14Cr11MoV 钢的热处理规范是 1050℃ 油淬,720~740℃ 回火(空或油冷),此时能获得最佳力学性能。

15Cr12WMoV 钢用来制造在 580℃ 以下工作的汽轮机叶片、围带、燃气轮机叶片等部件。15Cr12WMoV 钢的热处理工艺为 1000℃ 油淬,680~700℃ 回火(空或油冷),这类钢含有 $M_{23}C_6$ 型碳化物。强碳化物形成元素 Mo、W、V 溶入 $Cr_{23}C_6$ 中能显著提高其稳定性,当温度高于 650℃ 时,$M_{23}C_6$ 型碳化物才开始显著长大。

这种钢具有较高的淬透性,空淬后可获得马氏体组织,但铁素体含量一般都较高。这是钢中 C、Ni 元素含量较低之故。该钢马氏体中合金元素含量较高,因此具有很高的抗回火稳定性,在 650~750℃ 回火后,钢的组织为回火屈氏体＋回火索氏体,在 400~600℃ 有足够的稳定性,可以制造 500~580℃ 工作的高、中压叶片及蒸汽涡轮转子等。

22Cr12NiMoWV(AISI-422)钢的化学成分与 15Cr12WMoV 钢比较接近,但淬透性更高,空淬后可获得马氏体组织,铁素体在正常情况下不会超过 5%。该钢的合金元素配比比较合理,具有高的高温强度,良好的持久强度极限和持久塑性,无缺口敏感性,耐应力腐蚀。该钢不仅用于制作汽轮机高温部分叶片,还广泛用于汽轮机的紧固件、阀杆等其他零部件的制造。

18Cr11NiMoNbVN(H46)钢含适当量的 V 和 Nb,不出现 $Cr_{23}C_6$,而只有 (Nb,V)C,因此该钢具有较高的沉淀硬化效应。为了增加沉淀强化效果,还加入 0.04%~0.09% N,因此,该钢具有较高抗蠕变性能,其高温持久强度极限比 22Cr12NiMoWV 钢略高,用于制作汽轮机高、中压叶片。

汽轮机末级叶片由于形状复杂,截面尺寸变化较大,为使各部位的组织性能均匀一致,并节约材料和减少机械加工量,其毛坯一般都采用模锻制造。目前世界各国制造的大功率汽轮机末级叶片大多选用改型 Cr12 不锈钢和沉淀硬化不锈钢,即 14Cr12Ni2WMoV、14Cr12Ni3Mo2VN(12Cr-Ni-Mo-V)和 05Cr17Ni4Cu4Nb(17-4PH)钢。

在 14Cr12Ni3Mo2VN 钢中,因碳含量较低,为了提高材料强度水平,同时改善钢的塑韧性,并提高其淬透性,使叶根的内外性能一致,钢中加入了 2.0%~3.0% Ni,可显著减少钢中的铁素体的含量;钢中加入少量的 N 元素,亦是为了提高钢的强度并减少钢中铁素体的含量;加入适量的 Mo 可以强化基体;为了有效减少钢中铁素体含量,应注意控制该钢的铬当量,一般应低于 9,目标值为 7。该钢在世界各国大量用于 1000MW 超临界机组蒸汽末级长叶片的制造。该材料要求 δ 铁素体含量(不大于 1%)、非金属夹杂物要求很严,对力学性能的要求也很高[66]。

14Cr12Ni3Mo2VN 钢的适宜淬火温度为 1010℃,保温时间在 0.5~1.0h,加热温度超过 1030℃,奥氏体晶粒显著长大。淬火应采用油冷,因为自淬火温度冷却时,在 820~660℃ 范围内将有 $M_{23}C_6$ 型碳化物的析出,冷却速率缓慢时,大量碳化物沿晶界析出,将削弱晶界的联系,增加钢的脆性。14Cr12Ni3Mo2VN 钢回火时,在 500℃ 硬度达到峰值,在 400~550℃ 区间有一个明显的回火脆性区,即 475℃ 脆性,应避免在此温度区间回火。适宜的回火温度和时间为 580℃×2h。更高温度回火时冲击值有略有下降,625℃ 之后又回升[67,68]。

14Cr12Ni3Mo2VN 钢主要用于制造超超临界火电机组汽轮机末级长叶片及紧固件,燃气轮机及航空发动机机匣部件,可在 500℃ 以下使用。

14Cr12Ni2WMoV (1Cr12Ni2Mo1W1V)钢在世界各国亦常选用于制造大功率汽轮机的末级叶片。该钢对力学性能的要求见表 10.34,钢中的 δ 铁素体含量不大于 5%,为达到上述要求,应控制好钢的成分,碳应控制在中上限,铬、钨控制在中下限,钼则控制在中限略高的程度,有利于二次硬化的效果及回火稳定性。淬火温度为 1000℃,油冷,650℃回火两次,可以达到规定的力学性能,δ 铁素体含量不大于 2%[69]。

14Cr11W2MoNiVNbN(1Cr11MoNiW2VNbN)钢用于制作超临界汽轮机组中的叶片和螺栓,其对力学性能的要求见表 10.34。试验研究表明,该钢适宜的淬火温度为 1050~1100℃,回火温度为 640~660℃,可以获得良好的综合力学性能[70]。

05Cr17Ni4Cu4Nb(17-4PH)是一种马氏体沉淀硬化不锈钢,在第三分册9.7.1 节中已有论述。该钢用做叶片时的热处理工艺及力学性能的要求见表10.34。

钛合金的密度只有钢的 60%,且衰减系数小于 Cr13 型钢,抗腐蚀性能优于钢,故广泛用于制作末级动叶片。国外已开发了 1500mm 的钛合金叶片,常用的钛合金为 Ti-6Al-4V(TC4)。Ti-6Al-4V 合金经 700~800℃退火后的力学性能要求为:$R_{0.2} \geqslant 827$MPa,$R_m \geqslant 896$MPa,$A \geqslant 10\%$,$Z \geqslant 25\%$。

Cr12 型热强不锈钢还广泛用于航空发动机上,用做压气机主要零部件,如转子叶片、盘、整流叶片等,使用如 H46、AISI-422、AL-419、ЭИ961(13Cr11Ni2W2MoV)等钢。从这些钢的主要力学性能来看,在 550℃以下使用,以 ЭИ961钢较好。ЭИ961 钢用于制作某型发动机的转子叶片、整流叶片和内外环等。该钢经 590℃回火后室温强度 $R_m \geqslant 1080$MPa。

为了满足工作温度更高和 580℃回火后抗拉强度 $R_m \geqslant 1180$MPa 的要求,同时塑性、冲击韧性、抗氧化能力和焊接能力与 ЭИ961 钢相当,我国开发出1Cr12Ni2WMoVNb(14Cr12Ni2WMoVNb,GX-8)钢[1]。与 ЭИ961 钢相比,1Cr12Ni2-WMoVNb 钢的碳含量略有增加,可以提高强度而不致影响其焊接性和抗腐蚀性;Mo 含量有所增加,可以加强细小稳定的 M_2C 相的析出,从而增加回火后的强度,而溶于基体的 Mo 可以提高钢的抗蠕变性能。适当的 V 含量可以强化 M_2C 型碳化物的作用,提高钢的回火稳定性,Nb 也有类似的作用,Nb、V 与 Mo、W 同时添加可以增加钢的抗蠕变能力;V 加入量超过 1%时将产生 δ 铁素体,降低钢的强度[71]。

1Cr12Ni2WMoVNb 钢的化学成分范围是:0.11%～0.17% C、11.0%～12.0%Cr、1.80%～2.20%Ni、0.70%～1.00%W、0.80%～1.20%Mo、0.20%～0.30%V、0.15%～0.30%Nb、≤0.60%Si、0.60%Mn、≤0.025%S、≤0.030%P。该钢已列入 GJB 2294—95《航空用不锈钢及耐热钢棒规范》。标准规定:

1Cr12Ni2WMoVNb 钢经 1150℃固溶处理后油冷或空冷,经 570～600℃回火 2h 后的力学性能为 $R_{p0.2} \geqslant 930MPa$、$R_m \geqslant 1080MPa$、$A \geqslant 13\%$、$Z \geqslant 50\%$、$KU_2 \geqslant 55J$。实际试验的典型力学性能为:经 1170℃固溶处理后油冷或空冷,经 580℃回火后的力学性能为 $R_{p0.2} = 1005MPa$、$R_m = 1265MPa$、$A = 17\%$、$Z = 66\%$、$KU_2 = 91J$。

1Cr12Ni2WMoVNb 钢适宜的固溶处理温度为 1150℃。该钢淬火后回火时,在 300℃回火后具有高的硬度和冲击韧性;在 450～500℃回火后,出现硬度高峰,而冲击韧性降至最低值,这与 475℃脆性有关;回火温度超过 500℃,硬度降低,而冲击韧性迅速回升,在 570℃附近达到最高值。因此在 550～600℃回火可以获得高的强度和韧性。回火温度继续升高,在硬度降低的同时,在 620～650℃再次出现最低值,因此应避免在这一温度区间回火。

1Cr12Ni2WMoVNb 钢已先后在多种飞机上使用,主要用于航空发动机的压气机转子叶片、盘、轴颈等转动零部件及其他 600℃以下潮湿环境中工作的承力构件。

10.2.3.3　叶片用钢的热处理

汽轮机叶片的生产工艺路线一般为:锻造(锻成方钢)→软化处理→锯断→调质处理→切削加工→装配。

锻后热处理的目的是为了改善组织、降低硬度和去除锻造应力,为随后的调质处理做好准备。锻后热处理根据不同材料采用不同的热处理工艺,通常采用高温退火或高温回火。

叶片用马氏体耐热不锈钢经调质处理后,组织为回火索氏体,其综合力学性能好,耐蚀性也比较好。叶片用钢推荐的热处理和对力学性能的要求见表 10.33 和表 10.34。

12Cr13 和 20Cr13 钢的回火温度范围为 600～750℃,回火温度的上限可根据对塑性和韧性的需要来控制。有试验证明,高铬马氏体钢,特别是复杂合金化的钢在 700℃以上回火比 700℃以下回火有较好的长期工作稳定性,如缺口持久强度、抗松弛性能都要高。图 10.47 为 12Cr13 钢淬火后回火温度对其力学性能的影响。

对于改型复杂合金化的 Cr13 型钢,钢中存在有 $M_{23}C_6$ 型碳化物,当钢中含有 Nb 和 V 时,还有 MC 型碳化物,这类钢淬火温度的选择一方面要考虑使碳化物溶解,另一方面要考虑防止因加热温度过高生成过量的 δ 铁素体。这类钢的适宜淬火温度一般控制在 950～1050℃,各钢的具体处理工艺见表 10.33 和表 10.34。

对于复杂合金化的 Cr12 型马氏体钢,在淬火后,其马氏体组织中固溶了碳及大量的合金元素,具有较大的内应力,为防止裂纹的产生,淬火后必须及时回火,淬火后放置的时间一般应在 8h 以内。这类钢的淬透性较高,小型零件空冷淬火即可,大型零件为使奥氏体能充分转变为马氏体,多采用油冷。

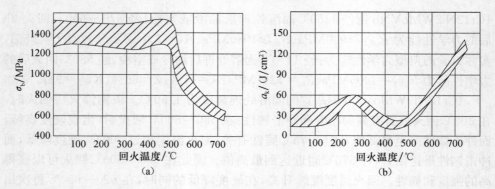

图 10.47　含 0.1%~0.15%C 和 12%~14%Cr 钢的力学性能与回火温度的关系[9]
1000℃淬火

Cr12 型钢 200~350℃低温回火时,淬火马氏体中析出少量的 M_3C 型碳化物,并消除了部分内应力,转变为回火马氏体。此时钢仍保留高的强度和硬度,由于碳化物析出量少,大部分铬仍保留在固溶体中,钢的耐蚀性较好,但塑性和韧性较低。在 400~550℃中温回火时,组织中析出弥散度高的 M_7C_3 型碳化物,使钢出现脆性,冲击韧性很低,钢的耐蚀性亦较差。600~750℃高温回火时,形成 $Cr_{23}C_6$,组织转变为回火索氏体,钢的综合性能良好,耐蚀性亦得到改善。如 1Cr11Ni2W2MoV 钢在 350~530℃回火时,冲击韧性严重下降,回火温度超过 530℃后,冲击韧性迅速增加。

Cr12 型不锈钢回火后一般采用空气冷却,原因是这类钢有回火脆性倾向,且随碳含量的增加敏感性增大。20Cr13 钢在某些情况下,如叶片尺寸较大时,为抑制回火脆性,使钢获得较高的冲击韧度,回火后可采用油冷,但是钢的内应力增大,使叶片在机械加工时产生变形,因此油冷后应增加一次除应力回火处理。

汽轮机的末级动叶片在运行时,叶片进气边靠叶顶附近受湿蒸汽中水滴的冲蚀,使叶片表层金属产生塑性变形而最终脱落,造成叶片进气边产生水蚀。为防止叶片进气边的严重水蚀,一方面可改进机组的疏水结构,使静叶片上的水滴尽可能少,另一方面可在进气边叶顶部采取防水蚀措施,如镶焊或钎焊司太立合金、表面局部淬火(高频加热淬火、火焰加热淬火、激光加热淬火)[60]、激光熔覆钴基自熔合金[72]等。叶片表面局部淬火是使进气边叶顶局部区域转化为马氏体,淬火层的硬度可达 40HRC 以上,可以有效地减轻叶片的水蚀程度。激光熔覆钴基自熔合金是采用大功率激光器在汽轮机末级叶片进气边熔覆钴基合金,以提高其抗水蚀能力,已在生产上应用。某类型 125MW 汽轮机低压末级叶片采用 21Cr12MoV 钢,为防止水蚀,采用了高频淬火工艺。高频淬火温度为 950~1050℃,空冷,回火温度在 450℃以下,硬度为 46.5~50.0HRC,能满足叶片淬火硬度的要求,叶片局部淬硬,不会影响叶片的疲劳性能[73]。

虽然目前有大量热强性更好的奥氏体热强钢,但马氏体热强钢却一直被认为是汽轮机叶片最合适的材料,其原因是它不仅有较高的热强性,而且具有良好的消振性和抗腐蚀性,导热性好,热膨胀系数小,价格相对比较低。

10.2.4　奥氏体热强钢

奥氏体热强钢用于制造燃气轮机叶片、轮盘、发动机气阀和喷气发动机的"热机件",主要工作温度在 600～750℃,有的可达 850℃左右。

奥氏体热强钢具备一系列基本性能,即高的热强性和抗氧化性、高的塑性和冲击韧性、良好的可焊性,但奥氏体钢的室温屈服强度低,压力加工和切削较困难,因高温变形抗力大,易产生变形不均和带状组织等缺陷。这类钢的导热性差,热膨胀系数大,温度变化时热应力大,抗热疲劳性差,热处理时加热速率小。由于这类钢没有相变重结晶,过热得到的粗晶粒组织不能用热处理消除。但奥氏体钢具有种种优点,特别是热强性高,因而不断得到发展。

10.2.4.1　奥氏体热强钢的合金化

奥氏体热强钢的合金化,从三方面考虑,即获得稳定的奥氏体组织、足够的热稳定性和高的热强性。

在 Fe-Cr-Ni 系合金中获得稳定的单相奥氏体的成分问题,已在第五分册中讨论过了,这里不再重复。

足够的热稳定性问题已在本章开始时讨论过,这里要指出:随 Cr 含量的增加,虽可获得高的热稳定性,但是由于 W、Mo、Ti、Al 等元素的加入,Cr 含量往往不得不降低,否则会出现 σ 相而影响强度和塑性。因此有时为了保证热强性,只好牺牲一点热稳定性,然后通过表面处理解决抗氧化性问题。有的部件则根据使用要求,在强度上可放低一些,以保证热稳定性,如燃气轮机燃烧室用的板材。

提高热强性的问题应从以下三个方面考虑:

1) 基体的固溶强化

这类钢中加入大量的 Cr、Ni 是为了获得稳定的奥氏体和足够的热稳定性,但对热强性也有一定的影响,显著提高其热强性的还是 Mo、W 等的固溶强化。但固溶强化效果只是在一定温度范围内较显著,合金元素的加入量不能过多,因为这些溶质元素会引起合金熔点和固相线的大幅度降低,在接近固相线的温度下,合金元素过多加入不但不能减慢合金中的扩散,相反会加速合金中的扩散,从而降低固溶体的高温强度。在低于基体金属熔点温度下,溶质原子能降低固溶体中原子扩散速率的温度,对一般固溶体而言为 $0.5\sim0.6T_{熔}$,$T_{熔}$ 为基体金属熔点温度。

2) 第二相的沉淀强化

沉淀强化是最有效的提高钢和合金热强性的方法,沉淀强化相可以是碳化物

或金属间化合物 γ′ 相，即 $Ni_3(Ti、Al)$ 或 $Ni_3(Al、Ti)$。主要靠碳化物强化的典型钢种有阀门钢 4Cr14Ni14W2Mo(ЭИ69) 及 4Cr13Ni8Mn8MoVNb(GH36、ЭИ481)等。在 GH36 钢中有三种碳化物 VC、NbC、$M_{23}C_6$，其中 VC 是钢中主要强化相，这种钢在 650～700℃ 使用。前面已指出，沉淀强化作用的大小与强化相的大小、形状、分布、共格畸变大小及其自身的稳定性有很大关系，特别是强化相的稳定性对热强性有极大的影响。为了提高碳化物相的稳定性，一方面可加入高熔点的合金元素，如 W、Mo、Nb 等，减缓基体中的扩散过程，另一方面可使碳化物的成分复杂化，增强其化学结合力，使之不易溶解和长大，如 V 和 Nb 同时加入，在钢中形成 (VNb)C，其稳定性比 VC 或 NbC 更高。又如 $Cr_{23}C_6$ 中溶入强碳化物形成元素 W、Mo、V，形成复杂成分的 $(Cr,Fe,W,Mo,V)_{23}C_6$，化学结合力增强，不容易聚集长大。但一般来说，碳化物沉淀强化的能力比金属间化合物 γ′ 相弱，这类钢最高使用温度不超过 750℃。

主要靠金属间化合物强化的典型钢种有 1Cr15Ni26MoTi2AlVB(GH132、A-286)、0Cr15Ni35W2Mo2Ti2Al3B(GH135、808)等，主要的强化相是 γ′ 相。具有面心立方点阵的 γ′-Ni_3Al 相可以溶解大量的 Ti，Ti 原子可置换其中 60% 的 Al 而形成 γ′-$Ni_3(Ti、Al)$ 相。γ′ 相与基体有相同的点阵类型和相近的点阵常数，析出时与 γ 固溶体形成共格，γ′ 相有很好的稳定性，聚集长大速率较小，是很好的沉淀强化相。为了获得稳定的奥氏体基体，钢中 Ni 含量不得低于 15%。钢中以 γ′-Ni_3(Ti、Al) 为强化相，必须加入形成 γ′ 相所需的 Ni，因此这类钢中 Ni 含量高，甚至超过了 Fe 含量。这类以金属间化合物强化的奥氏体热强钢又称为 Fe 基高温合金，其使用温度可提高到 850℃，甚至更高一些的温度。

试验证明，复杂成分的沉淀强化和复杂成分的固溶强化相配合，使沉淀强化作用可维持到高达 $0.7T_{熔}$ 的温度。

3) 晶界强化

由于这类钢使用温度高，应该重视晶界强度问题，通常加入微量的 B、Zr 等以强化晶界，晶界上分布一些粒状的第二相，阻碍晶界的移动和裂纹沿晶界传播，也可以起强化晶界作用。稀土元素 Ce 可以除气去硫，对改善晶界强度有利，真空冶炼的有利作用也与减少气体和晶界上的低熔点杂质有关。

10.2.4.2　奥氏体耐热钢的成分、热处理与力学性能

我国制定了国家标准 GB/T 1221—2007《耐热钢棒》(代替 GB 1221—92) 和 GB/T 4238—2015《耐热钢钢板和钢带》(代替 GB/T 4238—2007)。表 10.36 为上述标准列入的钢号的化学成分。表 10.37 为我国耐热钢新旧牌号对照表。表 10.38 为奥氏体耐热钢的热处理工艺与力学性能。

表 10.36　我国奥氏体耐热钢棒、钢板和钢带的钢号与化学成分(GB/T 1221—2007,GB/T 4238—2015)　　　(单位:%)

牌号	C	Si	Mn	P	S	Cr	Ni	Mo	其他
53Cr21Mn9Ni4N	0.48~0.58	0.35	8.00~10.00	0.040	0.030	20.00~22.00	3.25~4.50	—	0.35~0.50N
26Cr18Mn12Si2N	0.22~0.30	1.40~2.20	10.50~12.50	0.050	0.030	17.00~19.00	—	—	0.22~0.33N
22Cr20Mn10Ni2Si2N	0.17~0.26	1.80~2.70	8.50~11.00	0.050	0.030	18.00~21.00	2.00~3.00	—	0.20~0.30N
06Cr19Ni10	0.08	1.00	2.00	0.045	0.030	18.00~20.00	8.00~11.00	—	—
22Cr21Ni12N	0.15~0.28	0.75~1.25	1.00~1.60	0.040	0.030	20.00~22.00	10.50~12.50	—	0.15~0.30N
16Cr23Ni13*	0.20	1.00	2.00	0.040	0.030	22.00~24.00	12.00~15.00	—	—
06Cr23Ni13*	0.08	1.00	2.00	0.045	0.030	22.00~24.00	12.00~15.00	—	—
20Cr25Ni20*	0.25	1.50	2.00	0.040	0.030	24.00~26.00	19.00~22.00	—	—
06Cr25Ni20*	0.08	1.50	2.00	0.040	0.030	24.00~26.00	19.00~22.00	—	—
06Cr17Ni12Mo2*	0.08	1.00	2.00	0.045	0.030	16.00~18.00	10.00~14.00	2.00~3.00	—
06Cr19Ni13Mo3*	0.08	1.00	2.00	0.045	0.030	18.00~20.00	11.00~15.00	3.00~4.00	—
06Cr18Ni11Ti*	0.08	1.00	2.00	0.045	0.030	17.00~19.00	9.00~12.00	—	5C~0.70)Ti
45Cr14Ni14W2Mo	0.40~0.50	0.80	0.70	0.040	0.030	13.00~15.00	13.00~15.00	—	2.00~2.75W
12Cr16Ni35*	0.15	1.50	2.00	0.040	0.030	14.00~17.00	33.00~37.00	—	—
06Cr18Ni11Nb*	0.08	1.00	2.00	0.045	0.030	17.00~19.00	9.00~12.00	—	10C~1.10Nb

续表

牌号	C	Si	Mn	P	S	Cr	Ni	Mo	其他
06Cr18Ni13Si4	0.08	3.00~5.00	2.00	0.045	0.030	15.00~20.00	11.50~15.00	—	—
16Cr20Ni14Si2*	0.20	1.50~2.50	1.50	0.040	0.030	19.00~22.00	12.00~15.00	—	—
16Cr25Ni20Si2*	0.20	1.50~2.50	1.50	0.040	0.030	24.00~27.00	18.00~21.00	—	—
07Cr17Ni12Mo2*	0.04~0.10	0.75	2.00	0.045	0.030	16.00~18.00	10.00~14.00	2.00~3.00	—
07Cr19Ni11Ti*	0.04~0.10	0.75	2.00	0.045	0.030	17.00~19.00	9.00~12.00	—	4(C+N)~0.70Ti
07Cr18Ni11Nb*	0.04~0.10	0.75	2.00	0.045	0.030	17.00~19.00	9.00~13.00	—	8×C~1.00Nb
12Cr18Ni9*	0.15	0.75	2.00	0.045	0.030	17.00~19.00	8.00~11.00	—	0.10N
12Cr18Ni9Si3*	0.15	2.00~3.00	2.00	0.045	0.030	17.00~19.00	8.00~10.00	—	0.10N
06Cr19Ni10*	0.07	0.75	2.00	0.045	0.030	17.50~19.50	8.00~10.50	—	0.10N
07Cr19Ni10*	0.04~0.10	0.75	2.00	0.045	0.030	19.00~21.00	8.00~10.50	—	—
06Cr20Ni11*	0.08	0.75	2.00	0.045	0.030	19.00~21.00	10.00~12.00	—	—
05Cr19Ni10Si2CeN*	0.04~0.06	1.00~2.00	0.80	0.045	0.030	18.00~19.00	9.00~10.00	—	0.12~0.18N, 0.03~0.08Ce
08Cr21Ni11Si2CeN*	0.05~0.10	1.40~2.00	0.80	0.045	0.030	20.00~22.00	10.00~12.00	—	0.14~0.20N, 0.03~0.08Ce

注:表中所列化学成分,除表明范围外,其余均为最大值。本表中前面的18个牌号为GB/T 1221—2007 中列入的,表中牌号后有符号 * 的21个牌号为GB/T 4238—2015 中列入的。两个标准均列入的牌号有11个。06Cr19Ni10 和 06Cr19Ni10*(GB/T 4238—2007 中的牌号为06Cr19Ni9)视作不同的牌号。部分牌号的化学成分相对于GB/T 20878—2007 有所调整。一般应采用初炼钢水加炉外精炼等工艺。

表 10.37　我国奥氏体耐热钢钢棒、钢板、钢带新旧牌号和国外牌号的对照表（GB/T 1221—2007，GB/T 4238—2015）

新牌号	旧牌号	美国 ASTM A959	日本 JIS G4304，JIS G4312，JIS G4312 等	国际 ISO 15510，ISO 4955
53Cr21Mn9Ni4N	5Cr21Mn9Ni4N	—	—	—
26Cr18Mn12Si2N	3Cr18Mn12Si2N	—	—	—
22Cr20Mn10Ni2Si2N	2Cr20Mn10Ni2Si2N	—	—	—
06Cr19Ni10	0Cr18Ni10	S30400,304	SUS304	XCrNi18-10
22Cr21Ni12N	2Cr21Ni12N	—	—	—
16Cr23Ni13	2Cr23Ni13	S30900,309	SUN309	X10CrNi18-8
06Cr23Ni13	0Cr23Ni13	S30908,309S	SUS309S	X12CrNi23-13
20Cr25Ni20	2Cr25Ni20	S31000,310	SUH310	X15CrNi25-21
06Cr25Ni20	0Cr25Ni20	S31008,310S	SUS310S	X8CrNi25-21
06Cr17Ni12Mo2	0Cr17Ni12Mo2	S31600,316	SUS316	X5CrNiMo17-12-2
06Cr19Ni13Mo3	0Cr19Ni13Mo3	S31700,317	SUS317	—
06Cr18Ni11Ti	0Cr18Ni11Ti	S32100,321	SUS321	X6CrNiTi18-10
45Cr14Ni14W2Mo	4Cr14Ni14W2Mo	—	—	—
12Cr16Ni35	1Cr16Ni35	N08330,330	SUH330	X12CrNiSi35-16
06Cr18Ni11Nb	0Cr18Ni11Nb	S34700,347	SUS347	X6CrNiNb18-10
06Cr18Ni13Si4	0Cr18Ni13Si4	—	—	—
16Cr20Ni14Si2	1Cr20Ni14Si2	—	—	X15CrNiSi20-12
16Cr25Ni20Si2	1Cr25Ni20Si2	—	—	X15CrNiSi25-12
07Cr17Ni12Mo2	1Cr17Ni12Mo2	S31609,316H	—	—
07Cr19Ni11Ti	1Cr18Ni11Ti	S32109,321H	SUH321H	X7CrNiTi18-10
07Cr18Ni11Nb	1Cr18Ni11Nb	S34709,347H	SUS347H	X7CrNiNb18-10
12Cr18Ni9	1Cr18Ni9	S30200,302	SUS302	X10CrNi18-8
12Cr18Ni9Si3	1Cr18Ni9Si3	S30215,302B	SUS302B	X12CrNiSi18-9-3
06Cr19Ni10	0Cr19Ni10	S30400,304	SUS304	X5CrNi18-10
07Cr19Ni10	—	S30409,304H	SUH304H	X7CrNi18-9
06Cr20Ni11	—	S30800,308	SUS308	—
05Cr19Ni10Si2CeN	—	—	—	—
08Cr21Ni11Si2CeN	—	S30815	—	—

表 10.38　我国奥氏体耐热钢棒、钢板和钢带的热处理与力学性能

钢号(钢棒)(GB/T 1221—2007)	钢号(钢板,钢带)(GB/T 4238—2015)	典型的热处理制度	力学性能(不小于)				硬度(不大于)		
			$R_{p0.2}$/MPa	R_m/MPa	A/%	Z/%	HBW	HRB	HV
53Cr21Mn9Ni4N	—	固溶 1100~1200℃,快冷时效 730~780℃,空冷	560	885	8	—	≥302	—	—
26Cr18Mn12Si2N	—	固溶 1100~1150℃,快冷	390	685	35	45	248	—	—
22Cr20Mn10Ni2Si2N	—	固溶 1100~1150℃,快冷	390	635	35	45	248	—	—
06Cr19Ni10	—	固溶 1010~1150℃,快冷	205	520	40	60	187	—	—
	06Cr19Ni10	≥1040℃,水冷或快冷	205	515	40	—	201	92	210
22Cr21Ni12N	—	固溶 1050~1150℃,快冷时效 750~800℃,空冷	430	820	26	20	269	—	—
16Cr23Ni13	—	固溶 1030~1150℃,快冷	205	560	45	50	201	—	—
	16Cr23Ni13	≥1040℃,水冷或快冷	205	515	40	—	217	95	220
06Cr23Ni13	—	固溶 1030~1150℃,快冷	205	520	40	60	187	—	—
	06Cr23Ni13	≥1040℃,水冷或快冷	205	515	40	—	217	95	220
20Cr25Ni20	—	固溶 1030~1180℃,快冷	205	590	40	50	201	—	—
	20Cr25Ni20	≥1040℃,水冷或快冷	205	515	40	—	217	95	220
06Cr25Ni20	—	固溶 1030~1180℃,快冷	205	520	40	50	187	—	—
	06Cr25Ni20	≥1040℃,水冷或快冷	515	515	40	—	217	95	220
06Cr17Ni12Mo2	—	固溶 1010~1150℃,快冷	205	520	40	60	187	—	—
	06Cr17Ni12Mo2	≥1040℃,水冷或快冷	205	515	40	—	217	95	220
06Cr19Ni13Mo3	—	固溶 1010~1150℃,快冷	205	520	40	60	187	—	—
	06Cr19Ni13Mo3	≥1040℃,水冷或快冷	205	515	35	—	217	95	220

续表

钢号（钢棒）(GB/T 1221—2007)	钢号（钢板、钢带）(GB/T 4238—2015)	典型的热处理制度	力学性能（不小于）				硬度（不大于）		
			$R_{p0.2}$/MPa	R_m/MPa	A/%	Z/%	HBW	HRB	HV
06Cr18Ni11Ti	06Cr18Ni11Ti	固溶 920~1150℃,快冷	205	520	40	50	187	—	—
—	—	≥1095℃,水冷或快冷	205	515	40	—	217	95	220
45Cr14Ni14W2Mo	—	退火 820~850℃,快冷	315	705	20	35	248	—	—
12Cr16Ni35	12Cr16Ni35	固溶 1030~1180℃,快冷	205	560	40	50	201	—	—
—	—	1030~1180℃,快冷	205	560	—	—	201	95	210
—	06Cr18Ni11Nb	固溶 980~1150℃,快冷	205	520	40	50	187	—	—
—	—	≥1040℃,水冷或快冷	205	515	40	—	201	92	210
—	06Cr18Ni13Si4	固溶 1010~1150℃,快冷	205	520	40	60	207	—	—
—	16Cr20Ni14Si2	固溶 1080~1130℃,快冷	295	590	35	50	185	—	—
—	—	1060~1130℃,水冷或快冷	220	540	40	—	217	95	220
16Cr25Ni20Si2	16Cr25Ni202Si2	固溶 1080~1130℃,水冷	295	590	35	50	185	—	—
—	—	1060~1130℃,快冷	220	540	35	—	217	95	220
—	07Cr17Ni12Mo2	≥1040℃,水冷或快冷	205	515	40	—	217	95	220
—	07Cr19Ni11Ti	≥1040℃,水冷或快冷	205	515	40	—	217	95	220
—	07Cr18Ni11Nb	≥1040℃,水冷或快冷	205	515	40	—	201	92	210
—	12Cr18Ni9	≥1040℃,水冷或快冷	205	515	40	—	201	92	210
—	12Cr18Ni9Si3	≥1040℃,水冷或快冷	205	515	40	—	217	95	220
—	07Cr19Ni10	≥1040℃,水冷或快冷	205	515	40	—	201	92	210
—	06Cr20Ni11	≥1040℃,水冷或快冷	205	515	40	—	183	88	200
—	05Cr19Ni10Si2CeN	1050~1100℃,水冷或快冷	290	600	40	—	217	95	220
—	08Cr21Ni11Si2CeN	1050~1100℃,水冷或快冷	310	600	40	—	217	95	220

10.2.4.3　各类耐热钢的特点

1) 18-8 型铬镍奥氏体耐热钢

表 10.36 中的所列的钢号很大一部分属于 18-8 型铬镍奥氏体耐热钢,其基体组织都是奥氏体基体加少量碳化物。

18-8 型奥氏体耐热钢是成分最简单的奥氏体钢,是在该类不锈钢的基础上不断完善和发展起来的。这类钢的差别是 C、Cr 和 Ni 含量少量调整,含或不含 Ti、Nb、Mo 等元素。Cr 含量的增加可以提高钢的抗高温氧化的稳定性,Ni 含量的适当增加可以增加奥氏体的稳定性。

作为耐热钢,要求有一定的高温强度,因此碳含量不宜过低。耐热钢中有一定的碳含量,有助于获得较为稳定的奥氏体相区,在时效过程中又可析出一定的碳化物,从而提高其高温强度,如 12Cr18Ni9;但主要用于抗高温氧化时,在服役期间又不承受过高载荷的条件下,碳含量可以低一些,如 06Cr19Ni10 钢。这类钢中的碳含量还与的 Ti 或 Nb 含量有关。

这类钢中加入 Ti 或 Nb 的作用与不锈钢相同,是为了避免晶间腐蚀,如0Cr18Ni11Ti、0Cr18Ni11Nb 等钢,当在 650～800℃ 敏化处理时,可增强钢的耐晶间腐蚀的能力,而作为耐热钢时也提高它们的高温强度及高温耐蚀性。当其中加入 Mo 后,不仅提高了钢的耐蚀性,其热强性也进一步增加。

由于这类钢具有优良的抗氧化性能、良好的高温力学性能及优异的加工性能,在石化、核能、能源等工业中获得了广泛的应用。这种钢的焊接性及在淬火状态下的冷冲压性均较优异,故用做喷气发动机排气管及冷却良好的燃烧室中的部件。这些零件的特点是受热温度高,但受力不大,而且零件大多是由薄板冲压或焊接而成,要求材料有良好的工艺性,18-8 型耐热钢恰好能满足这些要求。表 10.39 为12Cr18Ni9(1Cr18Ni9)钢的高温力学性能。表 10.40 为 12Cr18Ni9 钢的持久强度和蠕变极限。这类钢的使用温度不超过 600℃,但作为抗高温腐蚀的材料,其使用温度可以高些[22]。

表 10.39　12Cr18Ni9(1Cr18Ni9)钢的高温力学性能[52]

热处理制度	品种	温度/℃	σ_b/MPa	$\sigma_{0.2}$/MPa	$\sigma_{0.01}$/MPa	δ_5/%	ψ/%
1150℃,水冷	棒材	650	378	98	69	33	40
		760	211	98	59	17	18
		870	137	69	54	19	27

续表

热处理制度	品种	温度/℃	σ_b/MPa	$\sigma_{0.2}$/MPa	$\sigma_{0.01}$/MPa	δ_5/%	ψ/%
1080℃，水冷	带材	538	362	104	—	44	70
		648	294	75	—	37	44
		760	186	73	—	31	28
		871	118	—		31	36

表 10.40　12Cr18Ni9 钢的持久强度和蠕变极限[52]

热处理制度	品种	温度/℃	σ_{1000}/MPa	σ_{10000}/MPa	$\sigma_{1/1000}$/MPa	$\sigma_{1/10000}$/MPa
1050℃，空冷淬火	棒材（纵向试样）	600	150	100	155	100
		700	80	50	28	15
		800	30	15	8	5

06Cr23Ni13 钢有稍高的 Cr 和 Ni 含量，其耐腐蚀性比 06Cr19Ni10（0Cr18Ni9）钢好，可承受 980℃以下反复加热，适于做炉用材料，如加热炉部件、重油燃烧器等。

16Cr20Ni14Si2 钢中，除铬、镍含量较高外，还加入了 2% Si，具有良好的高温强度和抗氧化性能。该钢的最高的抗氧化温度可达 1050℃，其抗氧化腐蚀率在 900℃时为 0.1mm/a，1100℃ 时为 1.1mm/a。该钢对硫气氛较敏感，在 600～800℃时有析出 σ 相的脆化倾向。该钢用于制造含硫较低气氛中的耐高温构件；在锅炉上可用于制造受热面固定件、过热器吊挂等。

12Cr18Ni9Si3 钢的耐氧化性能优于 12Cr18Ni9 钢，在 900℃以下具有较好的抗氧化性能及强度，用于汽车排气装置、工业炉等高温装置部件。

06Cr18Ni13Si4 钢是在 06Cr19Ni10 中增加镍，添加硅，提高耐应力腐蚀断裂性能。该钢用于含氯离子环境，如汽车排气净化装置等。

22Cr12Ni12N 钢是一种 Cr-Ni-N 型不锈钢，用于制造以抗氧化为主的汽油及柴油机用排气阀。

2）高铬镍奥氏体耐热钢

这类钢中有代表性的是 Cr25Ni20 型钢（06Cr25Ni20、20Cr25Ni20），它们的 Cr、Ni 含量均显著高于 18-8 型奥氏体耐热钢，它们的热强性和耐高温腐蚀的能力亦显著高于 18-8 型奥氏体耐热钢。Cr25Ni20 型钢是一种优秀的抗高温氧化钢种，在纯氧化条件下其使用温度可高达 1000℃。

Cr25Ni20 型耐热钢的热处理是 1050～1150℃奥氏体化，随后空冷或水冷。在作为热强钢使用时，一般还在 800℃下时效 4h。奥氏体化钢的组织为奥氏体，时效后的组织为奥氏体和析出相，析出相一般为 $Cr_{23}C_6$。值得注意的是，该类钢在 650～980℃长期受热条件下，易于产生 σ 相，使钢脆化。

16Cr25Ni20Si2(1Cr25Ni20Si2)钢中含有约 2%Si,因此具有优异的抗高温氧化能力,抗氧化和抗渗碳性能优于 Cr25Ni20 型钢,也具有较好的抗一般腐蚀性能,韧性、可焊性较 Cr25Ni20 型钢稍降低,连续使用的最高温度为 1150℃,间歇使用的最高温度为 1050~1100℃。该钢主要用于制造加热炉的各种构件,如高温加热炉管、辐射管、加热炉滚筒及燃烧室构件等。

表 10.41 为 Cr25Ni20 型奥氏体耐热钢的力学性能。

表 10.41　Cr25Ni20 型奥氏体耐热钢的力学性能[22]

钢　种	热处理制度	试验温度/℃	力学性能(不小于)					持久强度/MPa		蠕变极限/MPa	
			$\sigma_{0.2}$/MPa	σ_b/MPa	δ/%	ψ/%	a_k/(J/cm²)	σ_{10000}	σ_{100000}	$\sigma_{1/10000}$	$\sigma_{1/100000}$
16Cr23Ni16 (1Cr23Ni18)	1100~ 1150℃, 水或 空冷	20	245	539	35	50	250	—	—	—	—
		600	196	451	24	45	180	142	98	88	59
		650	196	392	22	46	180	108	69	54	49
		700	196	323	22	34	180	54	34	34	25
		800	167	196	23	34	180	29	13	13	9.8
16Cr25Ni20Si2 (1Cr25Ni20Si2)	1040~ 1150℃, 水或 空冷	20	294	588	30	50					
		600	—	—	—	—		178	78	98	94
		700	—	—	—	—		39.2	19.6	44	37
		800	—	—	—	—		18	7.8	19.6	12.8
		900						6.9	2.9	8.8	4.0
		1000						1.5	0.5	4.0	

12Cr16Ni35 钢主要用于石油裂解装置,如乙烯裂解炉管,是在高温、氧化和渗碳介质中并承受各种应力条件下长期工作的。在炉管的各种损伤中,渗碳最常见,且危害最大。12Cr16Ni35 钢中的铬主要是有抗氧化的作用,但也是促进渗碳的元素;钢中镍主要作用是稳定奥氏体,但能略降低表面碳的浓度和渗碳速率。乙烯裂解炉管使用 Fe-Cr-Ni 合金在渗碳时,渗碳首先发生在晶界,碳与铬形成网状碳化物 $Cr_{23}C_6$,进而扩展到晶内,逐渐形成 M_7C_3 型碳化物。由于渗碳层与非渗碳层之间膨胀系数的差异,以及渗碳层的形成造成炉管力学性能的显著下降,在交变温度的作用下,炉管易产生裂纹,直至断裂[74]。

为了提高炉管的抗渗碳能力,一方面改进炉管材料,另一方面采用表面处理。通过对离心铸造 Fe-Cr-Ni 炉管抗渗碳性能的研究表明,当 Cr、Ni 含量增加时,材料的抗渗碳能力提高,且 Cr 的作用比 Ni 更大。钢中加入辅助元素 W、Mo、Nb、Si 均对 HP(Fe-0.5C-25Cr-35Ni-1Si-Mn)合金的渗碳性能有改善,而 W 和 Si 最为有效[74]。已开发出多种裂解管用的高温用钢和合金[22]。在表面处理方面,通过适当的渗铝和渗硅均可显著地提高 Fe-Cr-Ni 合金的抗渗碳性能[74]。

3) 碳化物沉淀硬化奥氏体热强钢

45Cr14Ni14W2Mo(4Cr14Ni14W2Mo)钢中含有较多的碳化物 $M_{23}C_6$,但在高温长期使用中,因组织变化,热强性下降,故这种钢用做 600℃ 以下短时工作的燃气轮机叶片、紧固螺栓和强力发动机的排气阀。45Cr14Ni14W2Mo 钢的组织与性能在后面阀门钢一节中还要进一步分析。

GH36(4Cr13Ni8Mn8MoVN,即 GH2036,见表 10.66)是一种奥氏体热强钢,由于用 Mn 代替部分 Ni,节约了 Ni,价钱便宜,性能也能满足要求,常用做某些喷气发动机的工作温度不超过 650℃ 的涡轮盘材料,亦可做高温的紧固件。在 GH36 钢中有三种碳化物:最主要的强化相是 VC,其中溶解有部分 Nb 和 Mo,在 660～700℃,VC 有最大的形成速率,析出量最大,此时可得到最高的硬度;第二种是 NbC,数量很少,固溶处理几乎不溶解(部分 Nb 存在于固溶体中有强化作用);第三种是 $M_{23}C_6$,最大形成速率在 900℃。

GH36 钢的固溶温度为 1140℃,保温 1.5～2h 后水冷。水冷的目的是防止在冷却过程中析出 VC 而造成大截面内外在时效时性能不均匀。固溶处理后进行两次时效,第一次在 670℃ 时效 12～14h,然后加热到 770～800℃ 进行第二次时效 10～12h。在第一次时效时由于温度很低,得到非常细小而均匀分布很密的 VC 析出相,此时强度很高,但钢的塑性和韧性很低,有缺口敏感性。然后在高于工作温度时效时,VC 颗粒适当长大,但仍分布均匀,这种组织在低于 750℃ 时有很好的稳定性,同时提高了塑性和韧性,改善了缺口敏感性。

其他一些以碳化物为强化相的奥氏体耐热钢种的化学成分及性能可参考有关文献[22]、[52]。

4) 金属间化合物强化的奥氏体热强钢

主要靠金属间化合物强化的典型钢种有 06Cr15Ni25MoTi2AlVB(A-286, GH132,即 GH2132,见第三分册 9.7.3 节)、0Cr15Ni35W2Mo2Ti2Al3B(GH135,即 GH 2135,见表 10.66)等。

06Cr15Ni25MoTi2AlVB 是一种沉淀硬化型奥氏体不锈钢,其化学成分见表 9.16。该钢的成分与美国最早开发的沉淀硬化型奥氏体不锈钢 A-286 相同。该钢高温强度高,故亦列入 GB/T 1221—2015《耐热钢棒》和 GB/T 4238—2015《耐热钢板和钢带》中。

06Cr15Ni25MoTi2AlVB 钢推荐的热处理工艺如下:采用两种固溶处理温度,即 885～915℃ 或 965～995℃,快冷;时效温度为 700～760℃,16h,空冷或缓冷。固溶处理后采用油冷或水冷,可以避免冷却过程中发生析出。980℃ 固溶时得到大的晶粒,可获得良好的抗蠕变性能;900℃ 固溶处理得到细晶粒,可获得瞬时强度和塑韧性均好的力学性能。该钢时效时在基体均匀析出 γ'-Ni$_3$(Ti,Al)相。Al 和 Ti 加入钢中主要是形成 γ'-Ni$_3$(Ti,Al)金属间化合物,经过时效引起沉淀强化。在含

15%Cr 和 25%Ni 的情况下,Ti 含量必须超过 1.4%才能产生 γ′相沉淀,含 Al 很低或不含 Al 只含 Ti 时,析出的 γ′相不稳定,要逐步转变为六方点阵的 η-Ni$_3$(Ti,Al)。η 相总是呈粗大的片状,与 γ′相相比,失去了均匀细散分布的第二相强化效果。但 Al 含量太高时,除 γ′相外,还出现了 Ni$_2$TiAl 相。Ni$_2$TiAl 相有较大的聚集长大速率,不能作为沉淀强化相,所以 Al 在 06Cr15Ni25MoTi2AlVB 钢中的作用是稳定 γ′相的沉淀强化效果。Ti 含量增加时,沉淀强化作用也增加,在 700～760℃时效有最大的沉淀强化效果,但 Ti 含量不能太高,不然会增加高温缺口敏感性和降低持久塑性。Mo 起固溶强化作用,Mo 以及少量的 V 和微量的 B 都可以消除合金 Ti 含量高时引起的持久缺口敏感性。B 能强化晶界,增加持久强度和塑性。实验证明,不含 B 时,含 2.5%Ti 的钢经时效处理,在晶界形成连续网状沉淀相;加入 B 后,时效后在晶界得到断续的沉淀相,因而有较高的持久塑性。

06Cr15Ni25MoTi2AlVB 钢具有较好的热强性,在 650～700℃使用,对要求强度不高,主要做抗氧化的零件,可在 850℃下长期工作。该钢在航空工业上也得到应用,用于制作喷气发动机的涡轮盘材料和其他部件。此外,该钢还具有良好的热加工性能,可做成各种规格的板材、棒材、管材、丝材,以及各种挤压件及锻件,切削加工性能良好。因此,该钢亦列入一些高温合金的标准中,称为 GH132 合金。

GH132 合金的热处理为固溶处理和时效。固溶处理的目的是使 γ′相重新溶解,为时效做准备。在 890℃以上,γ′相可完全溶于奥氏体,低于此温度就会析出。固溶处理还可提高钢的塑性,消除锻轧的加工硬化。随着固溶温度升高,奥氏体晶粒长大,析出相溶解更充分,奥氏体成分更均匀,但固溶温度过高会引起奥氏体晶粒长大,塑性降低,缺口敏感性增加。通常采用的固溶处理温度为 980～1000℃,保温 2h,冷却时为防止零件心部 γ′相的析出,必须油冷。时效一般采用 700～720℃,16h。此时,GH132 合金的持久强度为 $\sigma_{100}^{650}>400$MPa。

如果在 GH132 合金的基础上进一步增加 Mo、W、Nb 等强化元素,由于这些铁素体形成元素增加,使奥氏体基体不稳定,容易析出导致脆化的金属间化合物 σ 相、χ 相等。如果将 Ni 含量进一步提高到 35%左右,就可以得到稳定的奥氏体组织,不会出现脆性的金属间化合物。因此,以 15%Cr-35%Ni 为基础的铁基高温合金,可以提高 Mo、W、Ti、Al 含量,增大强化效果。Ni 含量的增加使合金的塑性及高温持久塑性也有提高。如 GH135 合金可做 700℃以下工作的涡轮叶片和 750℃以下工作涡轮盘等零件,做涡轮盘时热处理规范为:固溶处理 1140℃×4h,空冷,830℃时效 8h,空冷,650℃时效 16h,空冷。GH135 合金在 750～800℃时效时有最大的强化效果,但此时缺口敏感性大,故采用较高的时效温度。进行第二次补充时效时,由于消除应力和改善强化相的分布,能进一步提高屈服强度。

Cr15Ni36W3Ti(ЭИ612)钢是一种沉淀强化型奥氏体热强钢,曾列入 GB 1220—75《不锈钢耐酸技术条件》。该钢的化学成分为:≤0.12%C,≤0.80%Si、

1.00%～2.00%Mn、14.0%～16.0%Cr、34.0%～38.0%Ni、2.80%～3.20%W、1.10%～1.40%Ti，S 和 P 均不大于 0.030%。该钢以金属间化合物 Ni_3Ti 为作强化相，钢中只有少量的碳化物。这种钢的适宜淬火温度为 1180℃，加热 2h 以上，时效宜采用二次。第一次时效的温度为 780～790℃，10h，第二次时效的温度为 730～750℃，25h。该钢适于制造在 650℃ 以下工作的叶片，工作温度为 650～680℃ 的紧固件以及叶轮锻件和焊接的转子。这种钢对缺口不敏感，有较好的热强性、塑性、抗松弛性能。

其他一些以金属间化合物为强化相的奥氏体耐热钢钢种的化学成分及性能可参考有关文献[22]、[52]。

5）Cr-Mn-N 系和 Cr-Mn-Ni-N 系耐热钢

表 10.36 中列入的 53Cr21Mn9Ni4N 钢为 Cr-Mn-Ni-N 系耐热钢，是一种奥氏体阀门钢，用于制作以高温强度为主的内燃机排气阀。26Cr18Mn12Si2N 和 22Cr20Mn10Ni2Si2N 两种钢均为 Cr-Mn-N 系抗氧化钢，它们的组织和性能特点将在后面有关部分论述。

10.3　抗 氧 化 钢

在许多工厂，加热炉、热处理炉使用着大量的耐热钢构件，如炉底板、马弗罐、料盘、导轨，它们的工作条件和热强钢有些不同，工作时所受的负荷并不十分大，但要求能抵抗服役环境中存在的各种工作介质的化学腐蚀。工业炉用钢如果获得了面心立方的奥氏体组织（或含少量铁素体）就能满足高温强度的要求，但同时要求其具有尽可能好的抗氧化或者抗渗碳、氮化等介质的作用。钢的抗氧化性可通过减重法或增重法进行测定（GB/T 13303—91）。

抗氧化钢主要分铁素体（型）抗氧化钢、马氏体（型）抗氧化钢、奥氏体（型）抗氧化钢几类。

10.3.1　铁素体和马氏体抗氧化钢

表 10.42 列出我国使用的一些铁素体和马氏体抗氧化钢，这些钢的典型热处理制度及其力学性能见表 10.43。

06Cr13Al 钢冷加工硬化少，主要用于制作退火箱、淬火台架等。022Cr12 钢碳含量低，焊接部位弯曲性能、加工性能、耐高温氧化性能好，用做汽车排气装置、锅炉燃烧室、喷嘴等。10Cr17 钢用做 900℃ 以下的耐氧化部件、散热器、炉用部件、油喷嘴等。16Cr25N 钢耐高温腐蚀性强，1082℃ 以下不产生易剥落的氧化皮，常用于抗硫气氛，如燃烧室、退火箱、玻璃模具、阀、搅拌杆等。022Cr11NbTi 钢比 022Cr11Ti 钢具有更好的焊接性能，是汽车排气阀净化装置用材料。

表10.42　我国铁素体和马氏体型抗氧化钢棒、钢板和钢带的钢号与化学成分(GB/T 1221—2007,GB/T 4238—2015)

(单位:%)

钢号	旧钢号	类型	C	Si	Mn	P	S	Cr	Ni	Mo	其他
06Cr13Al	0Cr13Al	棒、板、带	0.08	1.00	1.00	0.040	0.030	11.5~14.5	0.60	—	0.10~0.30Al
022Cr12	00Cr12	棒	0.030	1.00	1.00	0.040	0.030	11.00~13.50	—	—	—
10Cr17	1Cr17	棒、板、带	0.12	1.00	1.00	0.040	0.030	16.00~18.00	0.75	—	—
16Cr25N	2Cr25N	棒、板、带	0.20	1.00	1.50	0.040	0.030	23.00~27.00	0.75	—	0.25N
022Cr11Ti	—	板、带	0.030	1.00	1.00	0.040	0.030	10.50~11.70	0.60	—	0.03N 0.15~0.50Ti且Ti≥8×(C+N) 0.10Nb
022Cr11NbTi	—	板、带	0.030	1.00	1.00	0.040	0.020	10.50~11.70	0.60	—	0.030N (Ti+Nb): [8(C+N)+0.08]~0.75
12Cr5Mo	1Cr5Mo	棒	0.15	0.50	0.60	0.040	0.030	4.00~6.00	0.60	0.40~0.60	0.25N
12Cr12	1Cr12	板、带	0.15	0.50	1.00	0.040	0.030	11.50~13.00	0.60	—	—
12Cr13	1Cr13	棒、板、带	0.08~0.15	1.00	1.00	0.040	0.030	11.50~13.50	0.75	—	—

注:表中所列化学成分,除表明范围或最小值外,其余均为最大值。12Cr5Mo,12Cr12和12Cr13钢为马氏体型抗氧化钢,其余各钢为铁素体型抗氧化钢。

表10.43　铁素体和马氏体型抗氧化钢棒、钢板和钢带的典型热处理工艺及力学性能

钢号（钢棒）(GB/T 1221—2007)	钢号（钢板、钢带）(GB/T 4238—2015)	典型的热处理制度	力学性能（不小于）					硬度（不大于）		
			$R_{p0.2}$/MPa	R_m/MPa	A/%	Z/%	KU_2/J	HBW	HRB	HV
06Cr13Al	—	780~830℃，空冷或缓冷	175	410	20	60	—	183	—	—
—	06Cr13Al	780~830℃，快冷或缓冷	170	415	20	—	—	179	88	200
022Cr12	—	700~820℃，空冷或缓冷	195	360	22	60	—	183	—	—
10Cr17	—	780~850℃，空冷或缓冷	205	450	22	50	—	183	—	—
—	10Cr17	780~850℃，快冷或缓冷	205	420	22	—	—	183	89	200
16Cr25N	—	780~880℃，快冷	275	510	20	40	—	201	—	—
—	16Cr25N	780~880℃，快冷	275	510	20	—	—	201	95	210
—	022Cr11Ti	800~900℃，快冷或缓冷	170	380	20	—	—	179	88	200
—	022Cr11NbTi	800~900℃，快冷或缓冷	170	380	20	—	—	179	88	200
—	12Cr5Mo	900~950℃，油冷 600~700℃，空冷	390	590	18	—	—	200	—	—
—	12Cr12	退火：约750℃，快冷 或800~900℃，缓冷	205	485	25	—	—	217	88	210
12Cr13	—	退火：800~900℃，缓冷 或约750℃，快冷	—	—	—	—	—	200	—	—
12Cr13	—	920~980℃，油冷 600~750℃，快冷	345	540	22	55	78	≥159	—	—
—	12Cr13	退火：约750℃，快冷 或800~900℃，缓冷	205	450	20	—	—	217	96	210

注：本表适用于尺寸小于或等于75mm的钢棒。

德国已开发出一些综合性能优越的排气系统用铁素体不锈耐热钢种,例如,S43940 钢,其化学成分:0.017%C、0.60%Si、0.43%Mn、17.6%Cr、0.14%Ti、0.41%Nb,还有 X4CrNb16 钢是单铌(0.3%～0.9%)稳定化含铬 16%的铁素体耐热不锈钢。高 Nb 钢由于 Nb 在晶界偏析时形成沿晶界网状分布的高铌(18%)合金网在控制轧制时形成 Fe_2Nb_3,阻止晶界移动,抑制再结晶而细化了晶粒,提高了抗冷热疲劳能力,随后在温度低时于晶内形成 NbCN[75]。

12Cr5Mo 钢属于马氏体抗氧化钢,其热强性能不高,550℃条件下,在含硫的氧化性气氛中和热石油介质中,具有良好的耐热性和耐蚀性。该钢的冶炼及冷热加工性能良好,但焊接性能差,焊后应缓冷,并经 550℃高温回火,以改善焊缝性能。该钢用于制造工作温度不高于 650℃的锅炉吊挂等耐热材料[52]。

12Cr12 和 12Cr13 属于马氏体抗氧化钢。12Cr12 钢用做汽轮机叶片及高应力部件。12Cr13 钢用于制作 800℃以下的耐氧化部件。

10.3.2　奥氏体抗氧化钢

奥氏体抗氧化钢按其成分特点可分为 Cr-Ni 系 Cr-Mn-N 系和 Fe-Al-Mn 系三类。部分这类钢的化学成分已列入表 10.36 中,其典型的热处理工艺及力学性能见表 10.38。

1) Cr-Ni 系

Cr-Ni 系奥氏体抗氧化用钢主要有 06Cr19Ni10、16Cr23Ni13、06Cr23Ni13、20Cr25Ni20、06Cr25Ni20 等钢。在这些钢中,Cr 含量越高,抗氧化的温度越高,Ni 的加入是为了形成奥氏体,提高工艺性和高温强度。

06Cr19Ni10 是通用抗氧化钢,可承受 870℃以下反复加热。16Cr23Ni13 钢可承受 980℃以下反复加热,用于制作加热炉部件、重油燃烧器。06Cr23Ni13 钢的耐蚀性比 06Cr19Ni10 钢好,可作为承受 980℃以下反复加热的炉用材料。

20Cr25Ni20 钢可以承受 1035℃以下反复加热,主要用做炉用部件、喷嘴、燃烧室等。06Cr25Ni20 钢的抗氧化性比 06Cr23Ni13 钢好,可以承受 1035℃以下反复加热,用于制作炉用部件、汽车排气净化装置等。

在上述 Cr-Ni 系钢中加入 2%～4%Si 可进一步提高抗氧化性。

06Cr18Ni13Si4 钢具有与 06Cr25Ni20(0Cr25Ni20)钢相当的抗氧化性,用于含氯离子环境,如汽车排气净化装置等。

16Cr20Ni14Si2 和 16Cr25Ni20Si2 等钢具有较高的高温强度及抗氧化性,用于制作承受应力的各种炉用构件。表 10.41 列出了 16Cr25Ni20Si2 钢的高温力学性能。该钢可以在 1050～1100℃固溶处理后空冷使用,也可不经热处理在热压力加工后直接应用,因为它是奥氏体钢,所以在室温能承受冲压与轧制。该钢主要用于制作加热炉的各种构件,如合成氨设备高温炉管、高温加热炉管、辐射管、加热炉辊筒及燃烧室构件等。该钢连续使用的最高温度为 1150℃,间歇使用的最高温度为 1050～1100℃,这种高镍的钢对于含硫的燃料产物不稳定,长期在 600～900℃加热会产生晶间腐蚀,同时因碳化物在加热时析出会引起时效脆性。该钢在 600～700℃易形成 σ 相,导致脆化,不宜使用。

05Cr19Ni10Si2CeN 和 08Cr21Ni11Si2CeN 两种钢是新列入 GB/T 4238—2015 中的牌号,由于加入了稀土元素 Ce 明显改善了钢的抗氧化性能(图 10.12)。08Cr21Ni11Si2CeN 钢在 850～1100℃具有较好的高温使用性能,抗氧化温度可达 1150℃。

20 世纪 80 年代我国开发出一种高铬节镍炉用高温耐热钢 3Cr24Ni7SiNRE,其化学成分如下:0.30%～0.40%C、1.3%～2.0%Si、≤2.0%Mn、23%～26%Cr、7.0%～8.5%Ni、0.20%～0.30%N、0.20%～0.30%RE(La 或 Ce)、≤0.030%S、≤0.035%P[76]。加入稀土后明显改善了钢在 1100～1200℃的抗氧化性能,提高了钢在铸态时的持久强度,改善了热加工性能,使该钢的主要性能都达到了 4Cr25Ni20Si2(HK40)钢的水平。该钢可代替 16Cr25Ni20Si2、4Cr25Ni20Si2(HK40) 等钢和部分代替 Cr25Ni35、Cr28Ni48W5 等钢制作在 950～1200℃工作的各种耐热构件[52]。

3Cr24Ni7SiNRE 钢可以普通方法铸造或采用离心铸造,也可以热加工成锻材,加热温度为 1180～1220℃,始锻温度为 1150～1180℃,终锻温度大于 900℃,锻后空冷,固溶处理温度为 1160～1200℃,水冷。该钢的切削性能与高铬镍奥氏体钢相近,可焊性良好[52]。

2) 高温合金

冶金工业生产过程中的不少冶金设备接触高温的部件,需使用高温合金才能满足使用要求,如温度超过 1050℃炉子的传送带、工作温度为 1100℃的辐射管、大型热处理炉大型锻件的特种托架、炉内温度高达 1250℃以上的步进梁式加热炉钢坯垫块、连续加热炉中的钢坯垫块等,均需使用镍基或钴基高温合金[22]。

3) Cr-Mn-N 系

我国科技工作者根据 Mn、N 可以代 Ni 的原理,研制了无 Ni 或节 Ni 的 Cr-Mn-N 系奥氏体抗氧化钢。26Cr18Mn12Si2N(3Cr18Mn12Si2N)和 22Cr20Mn10Ni2Si2N (2Cr20Mn9Ni2SiN)两个钢号已正式列入 GB 1221—92 和代替它的新的标准 GB/T 1221—2007 中。

在 Cr-Mn-N 系钢中,当 Cr 含量在 16%以下时,大约 2%Mn 可代替 1%Ni,而 0.1%N 约可代替 2%Ni,因此 C、N、Mn 适当配合可使钢基本上是奥氏体。Mn 的存在使抗氧化性略低于同级别的 Cr-Ni 钢,因此在两种 Cr-Mn-N 钢中都加入约 2%Si,使抗氧化性得到改善,同时它们抗含硫介质腐蚀的能力比 Cr-Ni 钢好。

26Cr18Mn12Si2N 钢的锻轧温度为 1150～900℃,锻轧后空冷。该钢的典型热处理工艺及力学性能见表 10.38。该钢有较高的高温强度和一定的抗氧化性,并且有较好的抗硫和抗渗碳性,其室温及高温力学性能高于 16Cr20Ni14Si2 钢,但抗氧化性能低于 16Cr20Ni14Si2 钢。该钢有时效脆化倾向,但时效后在高温下仍有较高的韧性。该钢焊接性能好,手工焊时焊前可不预热,焊后可不进行热处理。该钢用做中温箱式炉底板、链式加热炉的传送带、渗碳罐、料筐,以及工作温度小于900℃的锅炉过热器及其他锅炉用耐热构件。

22Cr20Mn10Ni2Si2N 钢加入了 Ni,升高了 Cr、Si 含量,降低了 Mn 含量,使高温持久强度、抗氧化性、抗渗碳性都比无 Ni 的 Cr-Mn-N 系钢有所提高。无 Ni 时有 20%～40% 的 δ 相,而加 Ni 后只有 8%～10%,因此塑性、韧性及加工性能得到改善。另外,含 Ni 钢奥氏体稳定,δ→σ 相转变及析出碳化物有所抑制,故时效敏感性也降低。两种铬锰氮钢的性能对比如表 10.44 所示。

表 10.44　Cr-Mn-N 和 Cr-Mn-Ni-N 系钢的各种性能对比

钢种	碳含量 /%	力学性能(不小于)			1000℃,500h 氧化增量/(g/(m²·h))	1150℃水冷后在下列温度保温 10h*		
		σ_b/MPa	δ_5/%	ψ/%		800℃	900℃	1000℃
Cr-Mn-Ni-N	0.25	100	61.0	60.5	0.15	14/28**	38/27	16/26
	0.16	75	40.5	40		27/24	21/25**	34/22
Cr-Mn-N	0.25	70	36.5	39.5	0.3	9/28	6/30	8/26
	0.16	70	28.5	21.0		7/33.5	7/23	9/31

注: * 分子为 a_k 值(J/cm²),分母为 HRC,余同; ** 试样有裂纹后。

还可用 Cr、Si 含量来调节抗氧化性、热加工性及 a_k 值。当使用温度高,受冲击小,可使 Cr、Si 含量在上限,如渗碳罐。反之,对抗氧化要求不高、受冲击大时,如连续式加热炉的链钩,Cr、Si 含量就可控制在下限,Mn 含量控制在上限。

22Cr20Mn10Ni2Si2N 钢锻轧温度为 1180～900℃,锻轧后空冷。该钢的典型热处理工艺及力学性能见表 10.38。该钢的焊接性能较好。

这种钢可用做炉底板,还可浇铸成井式渗碳炉渗碳罐及其附属部件,如箱体、料筐、炉罐座、风扇、风板、料筐座等,在 920～960℃ 使用寿命都在一年以上,做盐浴(50%BaCl₂+50%NaCl)坩埚在 900～950℃ 使用寿命可达到 16Cr25Ni20Si2 钢的水平。该钢还可用于制造工作温度不大于 1000℃ 的锅炉过热器吊挂、蛇形管支座、定位板及其他耐热构件。

4) Fe-Al-Mn 系

就 Fe-Cr 与 Fe-Al 二元合金来说,在 1000℃ 左右,6%Al 即相当于 18%Cr 的抗氧化水平,参见图 10.11。但是 Fe-Al 合金是铁素体钢,在高温下有晶粒长大引起脆性的倾向;此外,在加热状态时有热强性不足等问题。如果加入合金元素使这种合金获得奥氏体组织,则不但能克服脆性,而且可以提高钢的热强性。除 Ni 以外,形成奥氏体的元素还有 C、Mn、N,但 N 易生成 AlN,不宜加入,因此提出了开发含 C 的 Fe-Al-Mn 系抗氧化钢。

图 10.48 为 Fe-Al-Mn 系在 760℃的等温截面相图。这一相图描述了在 Fe-Al-Mn 系合金中,Mn、Al 含量与 γ 和 $\gamma+\alpha$ 的相界及 γ 和 $\gamma+\beta$ 相界的关系。在成分接近 10%Al 和 35%Mn 时会产生 β-Mn 使钢变脆。对不同温度下淬火合金的检验表明,随着温度增高,三相区稍向较高 Al 和 Mn 的方向变化,一般在工业 Fe-Al-Mn 合金中还有一定碳含量,因此综合碳的影响,测得 γ 和 $\gamma+\alpha$ 的相界线如图 10.49 所示。

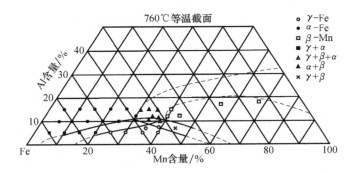

图 10.48　Fe-Al-Mn 系在 760℃的等温截面图[77]

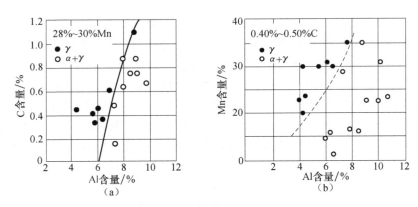

图 10.49　Fe-Al-Mn 系合金成分对 γ 和 $\alpha+\gamma$ 相区的影响[8]
(a)1000～1050℃均匀化处理后炉冷;(b)1000～1050℃均匀化处理后炉冷

碳是可以扩大 γ 区的元素,在双相钢中,随碳含量增加,γ 相也增加,随之强度和塑性也提高,当 $\gamma=100\%$ 时为最大,但随碳含量增加,抗氧化性变坏。相同的组织,碳含量升高,强度上升,塑性下降。在含碳大于 0.85% 后,奥氏体中因为有大量碳化物的沉淀而变脆。Fe-Al-Mn 系钢碳含量一般为 0.2%~0.6%,高碳用于铸钢,低碳用于可以热压力加工的锻钢。

Al 是钢中主要抗氧化元素,但它强烈形成铁素体,Al 含量高,为保证形成适量的奥氏体,Mn 含量也应提高,这样做不仅会降低抗氧化性能,而且使加工困难。研究表明,Al 含量大于 6% 时抗氧化性提高缓慢(图 10.11)。

稀土元素的加入可以改善钢的工艺性和提高铸钢流动性,使铸件表面质量改善。不加稀土,铸件易开裂,特别是 Al 含量高时。稀土元素加入量不超过 0.1% 还可提高抗氧化性。

基于生产实践,国内一些研究单位和生产厂家曾研制出可在 800~1100℃ 不同温度范围内工作的几种不同 Al 含量的 Fe-Al-Mn 系抗氧化钢,多为碳含量较高(0.65%~0.85%)的铸钢,Al 含量为 7%~10%,锰含量为 23%~30%,可加入少量的 Si。

实践证明,Fe-Al-Mn 系抗氧化钢的冶炼铸造质量对使用寿命影响很大。由于 Al 含量高,给冶炼带来一定的困难,应采取措施尽可能减少夹杂的含量。在浇铸过程中,Al 容易氧化,在铸件表面造成翻皮严重,所以一定要控制好浇注温度,保证钢液有良好的流动性。含 Mn、Al 高的钢线膨胀系数较大,在冷却过程中易产生铸造裂纹,这就要在结构设计上改进。用这种钢制成的炉用构件使用寿命不够稳定,虽然钢的生产成本较低,但未能得到推广应用。

Fe-Al-Mn 系抗氧化钢中获得应用的是一种低碳的 2Mn18Al5SiMoTi 钢,其化学成分为:0.2%~0.3%C、0.8%~1.3%Si、17%~19%Mn、4.3%~5.3%Al、0.6%~1.0%Mo、0.07%~0.17%Ti、≤0.04%P、≤0.03%S。碳虽是形成奥氏体元素,但碳含量过高会降低钢的抗氧化性,同时促进时效脆性,钢中碳含量降至 0.2%~0.3%,会在组织中出现部分铁素体,但对综合性能有利。铝含量大于 5% 时,其抗氧化作用明显降低,其加工性能显著恶化,钢中加入约 5% 的铝是合适的。硅的加入量大于 2.2% 时,钢的热加工性差,650℃ 时效后钢很脆,故加入量为 0.8%~1.3%。加入钼主要是固溶强化,使钢具有一定的高温强度。钛的加入是为了细化晶粒,提高韧性,但加入钛会形成氮化钛夹杂物,影响冶金质量[78]。

2Mn18Al5SiMoTi 钢铝含量高,钢锭表面质量差,难于热加工成形,因此应采用电弧炉冶炼加电渣重熔工艺,可以获得良好的表面质量,而且结晶方向有利于热加工,还可以减少夹杂。钢锭的加热温度为 1160~1200℃,终锻温度 900℃,锻造不困难。该钢在热锻轧时的组织为奥氏体加铁素体,后者约占 25%,有变形不均匀的特点,锻轧后空冷。该钢的固溶温度为 1050℃。该钢的室温和高温的力学性能见表 10.45。

表 10.45　2Mn18Al5SiMoTi 钢的室温和高温力学性能[52]

材料状态或热处理制度	温度/℃	σ_b/MPa	σ_s/MPa	δ_5/%	ψ/%	a_k/(J/cm²)	冷弯角度 ($d=4a$)/(°)
热轧	室温	774～931	603～848	16.0～40	—	10～70	11～180
1050℃,40min,水冷	室温	617～843	383～676	30.0～42.6	54.0～68.0	—	—
1050℃,水冷(固溶处理)	500	365～365	605～625	28.2～29.0	69.5～70.5	—	—
	600	275～295	425～435	31.0～34.2	60.0～70.5	—	—
	700	—	261～269	63.0～71.7	62.7～64.0	301～315	—
	800	—	159～159	52.3～67.7	77.7	311～314	—
	900	—	85～86	111～112	—	185～220	—

　　2Mn18Al5SiMoTi 钢经 1050℃固溶处理,在 650～800℃时效后,在时效初始 100～200h 后冲击韧度下降急剧,硬度稍有增加,500h 后趋于稳定,在 800℃时效 3000h 后,钢的晶粒度,包括铁素体晶粒,没有明显长大,晶粒度仍为 6～7 级。该 钢的组织为奥氏体、铁素体和少量弥散析出的碳化物[52]。

　　2Mn18Al5SiMoTi 钢在 750℃和 800℃的抗氧化性良好,能满足锅炉用耐热钢 在使用温度下氧化腐蚀深度 0.1～0.15mm/a 的要求。该钢可用于制造 850℃以 下且负荷不大的锅炉省煤器、再热管管状夹持器及其他耐热构件,可部分代替 16Cr20Ni14Si2 等高铬镍耐热钢。

10.4　阀　门　钢

　　阀门钢,又称气阀钢或气门钢。阀门是内燃机的重要的工作零件和易损件,排 气阀工作条件异常恶劣,要在 500～900℃高温、高压、汽油柴油等腐蚀性燃气中经 受频繁往复的高速运动和摩擦,冲击负荷大。气阀工作的好坏直接影响到发动机 的工作性能,故对制造气阀的材料——阀门钢的要求也极为苛刻。

　　排气阀常见的故障主要是盘部烧蚀、盘锥面腐蚀与磨损、杆部与颈部折断、杆 部与杆端面的磨损与擦伤,其中盘锥面产生腐蚀麻坑较为普遍,而排气阀的烧蚀与 折断是最严重的失效方式。因此对材料应有下列要求:①根据进气阀及排气阀的 工作温度,要求材料具有足够高的高温强度;②在冷热交变的情况下,材料的组织 应稳定及物理性能保持不变,如尺寸变化应小;③在工作温度下,有良好的抗氧化 性及对燃烧气体腐蚀的稳定性;④良好的冷加工、热加工及焊接等工艺性能。

10.4.1　阀门钢的成分与性能

　　随着世界汽车工业的发展,阀门钢经历了多个发展阶段,已形成了专门的特殊 钢品种[79~82],其中包括低合金阀门钢、马氏体阀门钢、奥氏体阀门钢、阀门合金、阀 门堆焊材料等,各类阀门钢的性能特点如表 10.46 所示[83]。气阀合金如

Inconel 751、Nimonic 80A、NiFe25Cr20NbTi、RS417、RS914、VMS-513、N-155、NCF2415C、NCF4015、TiAl 等[83~86],大多是 Ti、Al、Nb 等沉淀硬化型合金,合金含量高、生产难度大、价格昂贵,因而应用受到限制。阀门堆焊材料,如 Stellite 6、Stellite F、P37S(粉)、Eatonite 6(粉)等[87,88],可提高气阀局部区域的抗腐蚀性和耐磨性,但因堆焊工艺复杂和堆焊质量难控制,应用受到较大影响。马氏体阀门钢以 Cr、Si 为主要合金元素,是一种低成本的阀门钢,该类钢高温性能较差,一般应用于较低负荷工况下。奥氏体阀门钢主要以 Cr-Ni、Cr-Mn-Ni-N 材料为主,其性价比高、使用范围较为广泛。

表 10.46　各类阀门钢的特点和适用范围[83]

材料	低合金阀门钢	马氏体阀门钢	奥氏体阀门钢	阀门合金	阀门堆焊材料
性能特点	强度低,高温性能差,加工性能良好	强度较高,高温性能较高,加工性能较好	高温性能较好,加工性能较差,成本适中	高温性能好,成本高	耐磨性、高温性能好,工艺复杂,成本高
适用范围	低负荷,进排气	阀杆:中低负荷,进排气阀	中高负荷,排气阀	中高负荷,排气阀	中高负荷,排气阀

　　早期,我国专业内燃机阀门钢生产执行两个国家标准,即 GB 1221—92《耐热钢棒》和 GB/T 12773—91《内燃机气阀钢钢棒技术条件》,其中包括 3 个马氏体钢号(4Cr9Si2、4Cr10Si2Mo、8Cr20Si2Ni)和 3 个奥氏体钢号(4Cr14Ni14W2Mo、5Cr21Mn9Ni4N、2Cr21Ni12N)。

　　目前,上述我国两个标准已经被 GB/T 1221—2007《耐热钢棒》和 GB/T 12773—2008《内燃机气阀用钢及合金棒材》代替,其中新增了 4 个马氏体钢号(45Cr9Si3、51Cr8Si2、85Cr18Mo2V、86Cr18W2VRE)和 4 个奥氏体钢号(33Cr23Ni8Mn3N、50Cr21Mn9Ni4Nb2WN、55Cr21Mn8Ni2N、61Cr21Mn10Mo1V1Nb1N)。在 GB/T 12773—2008 中共列入了 16 个牌号,其中 7 个为马氏体钢,7 个为奥氏体钢,2 个为高温合金。

　　表 10.47 是目前列入我国国家标准的阀门钢牌号与日本、美国、欧洲和国际标准的阀门钢牌号对比。

　　我国汽车行业还制定了行业标准 QC/T 469—2002《汽车发动机气门技术条件》(代替 GB 10483—89),最近又发布了 QC/T 469—2016,代替了 QC/T 469—2002。在 QC/T 469—2016 中列入了 2 个结构钢、6 个马氏体钢、7 个奥氏体钢、3 个高温合金和 2 个钛合金。

　　表 10.48 为 GB/T 12773—2008 和 QC/T 469—2016 中列入的我国内燃机气阀用钢的化学成分。

　　对这类钢和合金应采用电弧炉加炉外精炼或真空感应炉加真空自耗方法冶炼,也可用电渣重熔法冶炼。

　　以热处理状态交货的棒材的硬度和用热处理毛坯制成试样在室温测定的棒材纵向力学性能和硬度应符合表 10.49 的规定。

表 10.47　目前列入中国、国际、欧洲、美国和日本标准的阀门钢牌号（GB/T 12773—2008 附录 B）

类别	中国标准 GB/T 12773—2008	国际标准 ISO 683-15:1992	欧洲标准 EN 10090:1998	美国标准 SAE J775:1993	日本标准 JIS4311-1991	简称
马氏体阀门钢	40Cr10Si2Mo	—	X40CrSiMo10-2(1.473 1)	—	SUH3	—
	42Cr9Si2	—	—	—	—	—
	45Cr9Si3	X45CrSi93	X45CrSi9-3(1.471 8)	HNV3	SUH1	—
	51Cr8Si2	X50CrSi82	—	—	SUH11	—
	83Cr20Si2Ni	—	—	HNV6	SUH4	XB
	85Cr18Mo2V	X85CrMoV182	X85CrMoV18-2(1.474 8)	—	—	MF811
	86Cr18W2VRe	—	—	—	—	—
奥氏体阀门钢	20Cr11Ni12N	—	—	EV4	SUH37	21-12N
	33Cr23Ni8Mn3N	X33CrNiMnN238	X33CrNiMnN23-8(1.486 6)	EV16	—	23-8N
	45Cr14Ni14W2Mo	—	—	—	SUH31	—
	50Cr21Mn9Ni4Nb2WN	X50CrMnNiNbN219	X50CrMnNiNbN21-9(1.488 2)	—	—	21-4NWNb
	53Cr21Mn9Ni4N	X53CrMnNiN219	X53CrMnNiN21-9(1.487 1)	EV8	SUH35	21-4N
	55Cr21Mn8Ni2N	X55CrMnNiN208	X55CrMnNiN20-8(1.487 5)	EV12	—	21-2N
	61Cr21Mn10Mo1V1Nb1N	—	—	—	—	ResisTEL
合金	GH4751	NiCr15Fe7TiAl	—	HEV3	—	751
	GH4080A	NiCr20TiAl	NiCr20TiAl(2.495 2)	HEV5	—	80A

表10.48 我国内燃机阀门用钢及合金棒材的牌号及化学成分(GB/T 12773—2008)和汽车发动机常用气门材料的牌号及化学成分(QC/T 469—2016)

(单位:%)

牌号	C	Si	Mn	Ni	Cr	Mo	W	N	V	Nb	P	S
马氏体型												
40Cr10Si2Mo (40Cr10Si2Mo)	0.35~0.45	1.90~2.60	≤0.70	≤0.60	9.00~10.50	0.70~0.90	—	—	—	—	≤0.035	≤0.030
42Cr9Si2 (42Cr9Si2)	0.35~0.50	2.00~3.00	≤0.70	≤0.60	8.00~10.00	—	—	—	—	—	≤0.035	≤0.030
45Cr9Si3 (45Cr9Si3)	0.42~0.50 (0.40~0.50)	2.70~3.30	≤0.80	≤0.60 (—)	8.00~10.00	—	—	—	—	—	≤0.040	≤0.030
51Cr8Si2 (51Cr8Si2)	0.47~0.55 (0.45~0.55)	1.00~2.00	0.20~0.60 (≤0.60)	≤0.60	7.50~9.50	—	—	—	—	—	≤0.030	≤0.030
83Cr20Si2Ni (80Cr20Si2Ni)	0.75~0.90 (0.75~0.85)	1.75~2.50	0.80 (0.20~0.60)	1.15~1.70 (1.15~1.65)	19.00~20.50	—	—	—	—	—	≤0.030	≤0.030
85Cr18Mo2V (85Cr18Mo2V)	0.80~0.90	≤1.00	≤1.50	—	16.50~18.50	2.00~2.50	—	—	0.30~0.60	—	≤0.040	≤0.030
86Cr18W2VRE	0.82~0.92	≤1.00	≤1.50	—	16.50~18.50	—	2.00~2.50	—	0.30~0.60	—	≤0.035	≤0.030
奥氏体型												
20Cr21Ni12N (20Cr21Ni12N)	0.15~0.25 (0.15~0.28)	0.75~1.25	1.00~1.60	10.50~12.50	20.50~22.50 (20.00~22.00)	—	—	0.15~0.30	—	—	≤0.035	≤0.030
33Cr23Ni8Mn3N (33Cr23Ni8Mn3N)	0.28~0.38	0.50~1.00	1.50~3.50	7.00~9.00	22.00~24.00	≤0.50	≤0.50	0.25~0.35	—	—	≤0.040	≤0.030
45Cr14Ni14W2Mo (45Cr14Ni14W2Mo)	0.40~0.50	≤0.80	≤0.70	13.00~15.00	13.00~15.00	0.25~0.40	2.00~2.75	—	—	—	≤0.035	≤0.030

续表

牌号	C	Si	Mn	Ni	Cr	Mo	W	N	V	Nb	P	S
50Cr21Mn9Ni4-Nb2WN (50Cr21Mn9Ni4-Nb2WN)	0.45~0.55	≤0.45	8.00~10.00	3.50~5.00	20.00~22.00	—	0.80~1.50	0.40~0.50 (0.40~0.60)	—	1.80~2.50	≤0.050	≤0.030
53Cr21Mn9Ni4N (53Cr21Mn9Ni4N)	0.48~0.58	≤0.35	8.00~10.00	3.25~4.50	20.00~22.00	—	—	0.35~0.50	—	—	≤0.040	≤0.030
55Cr21Mn8Ni2N (55Cr21Mn8Ni2N)	0.50~0.60	≤0.25	7.00~10.00	1.50~2.75	19.50~21.50	—	—	0.20~0.40	—	—	≤0.040	≤0.030
61Cr21Mn10Mo1-V1NbN (61Cr21Mn10Mo-VNbN)	0.57~0.65	≤0.25	9.50~11.50	≤1.50	20.00~22.00	0.75~1.25	—	0.40~0.60	0.75~1.00	1.00~1.20	≤0.050	≤0.030 (≤0.25)
高温合金												
GH4751 (GH4751)	0.03~0.10 (≤0.10)	≤0.50	≤0.50	余	14.00~17.00	0.90~1.50Al,2.00~2.60Ti, 5.00~9.00Fe					≤0.015	≤0.015
GH4080A (Nimonic 80-A)	0.04~0.10	≤1.00	≤1.00	余	18.00~21.00	1.00~1.80Al,1.80~2.70Ti,≤3.00Fe, ≤2.00Co,≤0.008B,≤0.20Cu					≤0.020	≤0.015
(Ni30)	(≤0.08)	(≤0.50)	(≤0.50)	(29.50~33.50)	(13.50~15.50)	(0.40~1.00Mo,0.40~0.90Nb, ≤0.010B,1.6~2.20Al,2.3~2.90Ti)					(≤0.015)	(≤0.015)

注:未加括号的牌号是 GB/T 12773—2008 中列入的,加括号的是 QC/T 469—2016 中列入的,未加括号的化学成分表示两个标准的成分相同,加括号的为 QC/T 469—2016 中牌号的化学成分。QC/T 469—2016 中列入了 2 个结构钢的牌号:40Cr 和 45Mn2,其化学成分见 GB/T 3077—2015(表 6.10)。

GH4080A 中的 Cu 含量不大于 0.20%,其他牌号中的 Cu 含量不大于 0.30%。86Cr18W2VRE 中的 RE 含量不大于 0.02%。50Cr21Mn9Ni4Nb2WN 和 53Cr21Mn9Ni4N 两牌号中的 C+N 含量不小于 0.90%。

根据 GB/T 20878—2007 和 GB/T 1221—2007,83Cr20Si2Ni 钢号应表示为 80Cr20Si2Ni,其碳含量应为 0.75%~0.85%。在 GB/T 12773—2008 中,该钢号的表示方法亦不一致,除本表和表 10.47 外,在表 10.49 和表 10.51 中均以 80Cr20Si2Ni 表示。本书正文均以 80Cr20Si2Ni 表示该钢号。

表 10.49　我国气门用钢的交货硬度和热处理后的力学性能及硬度要求(GB/T 12773—2008,QC/T469—2016)

牌号	退火后硬度/HB	热处理工艺	室温力学性能(不小于)				硬度 HB
			$R_{p0.2}$/MPa	R_m/MPa	A/%	Z/%	
马氏体型(调质工艺)							
40Cr10Si2Mo (40Cr10Si2Mo)	≤269	1000~1050℃油冷+700~780℃空冷 (1000~1050℃油冷+720~760℃空冷或水冷)	680	880	10	35	266~325
42Cr9Si2 (42Cr9Si2)	≤269	1000~1050℃油冷+700~780℃空冷	590	880	19	50	266~325
45Cr9Si3 (45Cr9Si3)	≤269	1000~1050℃油冷+720~820℃空冷 (1000~1050℃油冷+720~820℃空冷或水冷)	700	900	14	40	266~325
51Cr8Si2 (51Cr8Si2)	≤269	1000~1050℃油冷+650~750℃空冷 (1000~1050℃油冷+720~760℃空冷或水冷)	685	885 (900)	14	35 (40)	≥260 (266~325)
80Cr20Si2Ni (80Cr20Si2Ni)	≤321	1030~1080℃油冷+700~800℃空冷 (1030~1080℃油冷+700~800℃缓慢冷却)	680	880	10	15	≥295 (296~325)
85Cr18Mo2V (85Cr18Mo2V)	≤300	1050~1080℃油冷+700~820℃空冷 (1050~1080℃油冷+720~820℃缓慢冷却)	800	1000	7	12	290~325 (296~325)
86Cr18W2VRE	≤300	1050~1080℃油冷+700~820℃空冷	800	1000	7	12	290~325

牌号	固溶后硬度 HB	热处理工艺	室温力学性能(不小于)				硬度 HRC
			$R_{p0.2}$/MPa	R_m/MPa	A/%	Z/%	
奥氏体型(固溶处理和时效工艺)							
20Cr21Ni12N (20Cr21Ni12N)	≤300	1100~1200℃固溶,水冷+700~800℃空冷 (1100~1200℃固溶,水冷+700~800℃/6h空冷)	430 (390)	820 (780)	26	20	—

续表

牌号	固溶后硬度 HB	热处理工艺	室温力学性能（不小于）				硬度 HRC
			$R_{p0.2}$/MPa	R_m/MPa	A/%	Z/%	
33Cr23Ni8Mn3N	≤360	1150~1200℃固溶+780~820℃空冷	550	850	20	30	≥25
(33Cr23Ni8Mn3N)		(1150~1170℃固溶，水冷+800~830℃/8h 空冷)					(≥22)
45Cr14Ni14W2Mo	≤295	1100~1200℃固溶+720~800℃空冷	395	785	25	35	—
(45Cr14Ni14W2Mo)		(1100~1200℃固溶，水冷+720~800℃/6h 水冷)	(315)	(690)			(248HB)
50Cr21Mn9Ni4Nb2WN	≤385	1160~1200℃固溶+760~850℃空冷	580	950	12	15	≥28
(50Cr21Mn9Ni4Nb2WN)		(1160~1200℃固溶，水冷+760~850℃/6h 空冷)					
53Cr21Mn9Ni4N	≤380	1140~1200℃固溶+760~815℃空冷	580	950	8	10	≥28
(53Cr21Mn9Ni4N)		(1140~1180℃固溶，水冷+760~815℃/4~8h 空冷)					
55Cr21Mn8Ni2N	≤385	1140~1180℃固溶+760~815℃空冷	550	900	8	10	≥28
(55Cr21Mn8Ni2N)		(1140~1180℃固溶，水冷+760~815℃/4~8h 空冷)					
61Cr21Mn10Mo1V1Nb1N	≤385	1100~1200℃固溶+720~800℃空冷	800	1000	8	10	≥32
(61Cr21Mn10Mo1V1Nb1N)		(1160~1200℃固溶，水冷+760~850℃/6h 空冷)					(≥32)
GH4751	≤325	1100~1150℃固溶+840/24h 空冷+700℃/2h 空冷	750	1100	12	20	≥32
(GH4751)		(1100~1150℃固溶，水冷+840/24h 空冷+700℃/2h 空冷)					
GH4080A	≤325	1000~1080℃固溶+690~710℃空冷×16h 空冷	725	1100	15	25	≥32
(Nimonic 80-A)		(1000~1080℃固溶，水冷+690~710℃/16h 空冷)					
(Ni30)	—	(1050 固溶，水冷+750/4h 空冷)	(655~670)	(1000)	(34)	(54)	≥31

注：未加括号的牌号、力学性能，硬度是 GB/T 12773—2008 中列入的，加括号的是 QC/T 469—2016 中列入的。GB/T 12773—2008 中各牌号热处理用试样毛坯直径为 25mm，棒材直径小于 25mm 时，用原尺寸钢材热处理。本表所列力学性能适用于直径不大于 60mm 的棒材。直径大于 60~100mm 时，锻后伸长率和断面收缩率可分别降低 1 和 5 个单位。

棒材或坯料的酸浸低倍组织、一般疏松、中心疏松和锭形偏析均不大于 2 级。棒材应进行热顶锻,试样锻至原高度的三分之一,顶锻后试样上不得有裂口和裂纹。

棒材交货状态的实际晶粒度应符合表 10.50 的规定。棒材中的非金属夹杂物应按 GB/T 10561—2005 中的评级图评定,其合格级别应符合 GB/T 12773—2008 的规定。

表 10.50　内燃机气阀用钢及合金棒材交货状态的实际晶粒度(GB/T 12773—2008)

分　类		公称直径		
		≤25mm	>25～60mm	>60～120mm
马氏体型		8 级或更细	7 级或更细	6 级或更细
奥氏体型	奥氏体钢	6 级或更细	5 级或更细	5 级或更细
	高温合金	5 级或更细		4 级或更细

用热处理毛坯制成试样的内燃机气阀用钢及合金棒材的高温力学性能可参考表 10.51。

10.4.2　马氏体阀门钢

马氏体阀门钢是以 Cr、Si 为主要合金元素的,1920 年开始试制,1941 年英国正式将这类钢列入标准,许多国家都有类似的牌号。

42Cr9Si2(4Cr9Si2)和 40Cr10Si2Mo(4Cr10Si2Mo)两个牌号系 20 世纪 50 年代从苏联引进的钢号,在较长时间内是我国使用得最多的钢号。

铬和硅可以提高抗氧化能力和热疲劳抗力,同时 Si 可提高 Ac_1 和回火稳定性,因而提高了使用温度,Cr-Si 钢加 Mo 不仅提高热强性而且也减缓回火脆性。

针对这类钢在生产使用上存在一些问题,如 42Cr9Si2 的成分较宽,性能不够稳定,热处理工艺不当时,不易达到所规定的性能指标(主要是断面收缩率偏低),使用寿命也较短,我国科技工作者对 42Cr9Si2 钢的成分和热处理工艺进行了系统的研究[89]。

我国 42Cr9Si2 钢的成分较宽,国外较窄,如碳含量,国外为 0.1%,我国为 0.15%;硅含量,国外为 0.5%～0.75%,我国为 1%;铬含量,国外大多为 1%～2%,我国为 2%。此外,在元素含量上,国外是碳、硅偏高,铬偏低,而我国都是碳、硅偏低,铬偏高。

由图 10.50 可知,在不同铬含量的情况下,钢的强度都随着碳含量的增加而增高,而塑性则随着碳含量的增加而降低,当碳含量低于 0.42% 时,强度增加较显著,塑性只有少量的降低,但碳含量高于 0.42% 时,塑性开始了明显的下降。由此可见,在碳含量为 0.38%～0.43% 时,可获得较好的综合力学性能。

表 10.51　我国内燃机气阀用钢及合金棒材的高温力学性能参考值(GB/T 12773—2008 附录 A)

牌号	热处理状态	高温短时抗拉强度 R_m/MPa 温度/℃							高温短时屈服强度 $R_{p0.2}$/MPa 温度/℃						
		500	550	600	650	700	750	800	500	550	600	650	700	750	800
马氏体型															
40Cr10Si2Mo	淬火+回火	550	420	300	200	(130)	—	—	430	350	260	180	(100)	—	—
42Cr9Si2	淬火+回火	500	360	240	160	—	—	—	400	300	230	110	—	—	—
45Cr9Si3	淬火+回火	500	360	250	170	(110)	—	—	400	300	240	120	(80)	—	—
51Cr8Si2	淬火+回火	500	360	230	160	(105)	—	—	400	300	220	110	(75)	—	—
80Cr20Si2Ni	淬火+回火	550	400	300	230	180	—	—	500	370	280	170	120	—	—
85Cr18Mo2V	淬火+回火	550	400	300	230	180	(140)	—	500	370	280	170	120	(80)	—
86Cr18W2VRE	淬火+回火	550	400	300	230	180	(140)	—	500	370	280	170	120	(80)	—
奥氏体型															
20Cr21Ni12N	固溶+时效	600	550	500	440	370	300	240	250	230	210	200	180	160	130
33Cr23Ni8Mn3N	固溶+时效	600	570	530	470	400	340	280	270	250	220	210	190	180	170
45Cr14Ni14W2Mo	固溶+时效	600	550	500	410	350	270	180	250	230	210	190	170	140	100
50Cr21Mn9Ni4Nb2WN	固溶+时效	680	650	610	550	480	410	340	350	330	310	285	260	240	220
53Cr21Mn9Ni4N	固溶+时效	650	600	550	500	450	370	300	350	330	300	270	250	230	200
55Cr21Mn8Ni2N	固溶+时效	640	590	540	490	440	360	290	300	280	250	230	220	200	170
61Cr21Mn10Mo1V1Nb1N	固溶+时效	800	780	750	680	600	500	400	500	480	450	430	400	380	350
GH4751	固溶+时效	1000	980	930	850	770	650	510	725	710	690	660	650	560	425
GH4080A	固溶+时效	1050	1030	1000	930	820	680	500	700	650	650	600	600	500	450

注:表中数值在括号中列出时,表示该材料不推荐在此温度条件下使用。

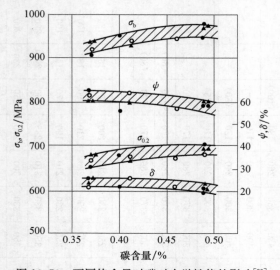

图 10.50　不同铬含量时碳对力学性能的影响[89]
▲7.9%～8.16%Cr,2.36%～2.5%Si;○8.73%～8.93%Cr,2.46%～2.55%Si;
●9.3%～9.53%Cr,2.35%～2.52%Si

铬对钢力学性能的影响与碳含量有密切的关系。由图 10.51 可以看出,高碳高铬的钢具有较高的强度和较低的塑性,中碳中铬、低碳低铬及低碳中铬的钢具有较好的综合力学性能。

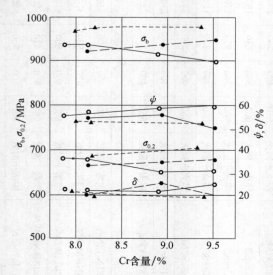

图 10.51　不同碳含量时铬对力学性能的影响[89]
▲0.37%C,2.38%～2.46%Si;○0.40%～0.41%C,2.36%～2.51%Si;
●0.49%C,2.36%～2.52%Si

硅含量对 42Cr9Si2 钢力学性能的影响
与碳有类似的情况,低于 2.5％时,硅含量
增加能显著地提高钢的强度,但不显著地
降低钢的塑性;当硅含量高于 2.5％时强度
增加并不显著,但塑性却开始了明显的下
降,尤以断面收缩率表现得较明显,如图
10.52 所示。另外,大量生产统计数据表
明,硅对断面收缩率的这种影响是普遍存
在的,如图 10.53 所示。此外,硅还显著提
高钢的抗氧化性,在不显著降低钢塑性的
情况下,提高其含量是有益的,因此硅宜选
用中限,即 2.4％～2.8％。

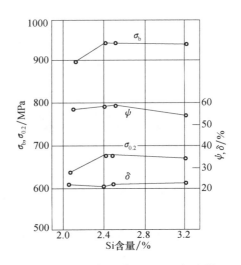

图 10.52　硅含量对 42Cr9Si2 钢力学
性能的影响[89]

综合以上讨论可知,为了获得较好和
较稳定的综合力学性能,42Cr9Si2 钢中碳、
铬、硅的含量宜控制在下列范围:0.38％～
0.43％C,2.4％～2.8％Si,8.5％～9.0％Cr。

在上述成分范围的 42Cr9Si2 临界点如下:$Ac_1 = 870 \sim 895℃$,$Ac_3 = 950 \sim 970℃$,$Ar_3 = 860 \sim 875℃$,$Ar_1 = 820℃$。该钢的退火温度为 920～940℃,炉冷至750℃水冷。

由图 10.54 可以看出,随着淬火温度的提高,钢的硬度增加,在 950℃加热时,钢的硬化程度很低,由于加热温度处于 Ac_3 附近,大部分组织未发生转变,淬火后只有少量马氏体,到 1000℃淬火时,钢的组织转变较完全,但钢中的碳化物却没有充分地溶解。当淬火温度达 1050℃时,钢可获得最大的硬度值,碳化物已经大部分溶解,淬火后得到较为细小的马氏体组织。再提高温度,晶粒已开始粗化,淬火后有部分残余奥氏体,因此钢的硬度也降低了。由图 10.55 来看,淬火温度对钢的强度 σ_b、$\sigma_{0.2}$ 影响与硬度有类似的情况,但淬火温度在 1075℃以上,钢的强度几乎不再增高,这显然是和钢中碳化物的溶解与残余奥氏体的出现有关。提高淬火温度还会降低钢的塑性与韧性,当温度高于 1050℃时降低的趋向更明显,见图 10.56,这是由于 1050℃后晶粒明显粗化所致。

图 10.57 和图 10.58 表明,随着回火温度升高,钢的硬度和强度均降低,塑性与韧性则随回火温度的升高而增加。从显微组织看,硅铬马氏体钢淬火-回火后,希望得到索氏体组织,但由于钢具有较高的回火稳定性,在不太高的温度回火时常常得到像马氏体的针状组织。700℃回火后是细小索氏体组织,但仍明显地保持着马氏体针的痕迹。到 760℃组织为细小均匀的索氏体,同时钢具有较好的综合力学性能。高于 760℃则硬度、强度有较大的降低。

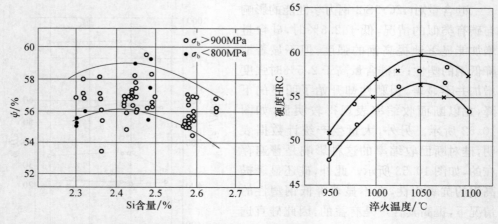

图 10.53　硅含量对 42Cr9Si2 钢断面
收缩率的影响[89]

图 10.54　淬火温度对 42Cr9Si2
钢硬度[89]

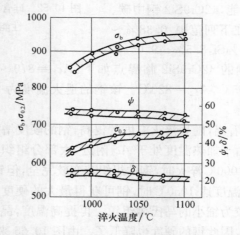

图 10.55　淬火温度对 42Cr9Si2 钢力学性能的影响[89]

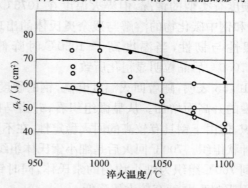

图 10.56　淬火温度对 42Cr9Si2 钢冲击韧度的影响[89]

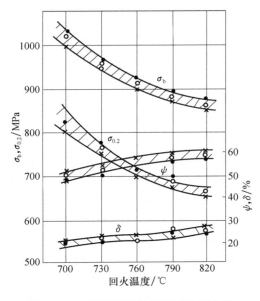

图 10.57　回火温度对 42Cr9Si2 钢力学
性能的影响[89]

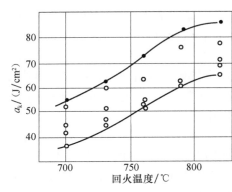

图 10.58　回火温度对 42Cr9Si2 钢冲击
韧度的影响[89]

　　试验指出,回火时间超过 1h 时,回火时间对钢性能影响并不显著,回火后组织转变不完全,保留着明显的马氏体针的痕迹,2h 回火后是细小的索氏体,因此回火时间以 2~3h 为宜。

　　图 10.59 中回火后炉冷时的冲击值都低于油冷时的冲击值,这是回火脆性的表现,显然回火后快冷是必需的。

　　综上所述,可根据不同的使用要求,分别选择不同的回火温度。为达到标准规定的性能,宜选用(1050±10)℃油淬,(760±10)℃回火 2~3h,回火后油冷,淬火后的组织为马氏体＋碳化物,回火后的组织为回火索氏体＋碳化物。

　　42Cr9Si2 钢热加工的加热温度为 1150℃,热加工开始温度为 1120℃,终止温度为 850~950℃,锻轧后缓冷。该钢的可焊性较差,小截面零件经较高温度预热后可进行焊接,焊后需进行调质处理或退火。

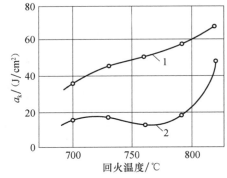

图 10.59　回火后冷却方式对 42Cr9Si2
钢冲击韧度的影响[89]

1—油冷(快);2—炉冷(慢)

　　42Cr9Si2 钢在 800℃以下有良好的抗氧化性,低于 650℃有高的热强性,其热处理后的力学性能见表 10.49。42Cr9Si2 钢主要用于制作内燃机的进气阀和工作温度低于 650℃的内燃机排气阀,也可用于制作低于 800℃下使用的抗氧化构件。

40Cr10Si2Mo 钢与 42Cr9Si2 钢相比,铬含量稍高并加入了 0.70%～0.90% Mo,因而其抗氧化性和热强性有所提高,并使其回火脆性的敏感性减弱。

40Cr10Si2Mo 钢的热加工工艺和焊接性能与 42Cr9Si2 钢相近,其热处理后的力学性能见表 10.49。40Cr10Si2Mo 钢可用于制造内燃机进气阀和 700℃以下工作的排气阀,也可以制造 850℃以下工作的炉用构件。

45Cr9Si3 钢在欧美、日本多年来作为标准钢号已大量使用,与 42Cr9Si2 钢相比,其淬硬性和抗腐蚀性都好。国外采用精轧-矫直-磨光的先进生产工艺,我国目前采用热轧-冷拉定径-矫直-磨光的生产工艺,因而成本比较高,影响其生产和推广应用[90]。

51Cr8Si2(即 SUH11、X50CrSi82)是日本标准中较早列入的钢号,其特点是成分中降低了 Cr、Si 的含量,降低了成本。Si 含量的降低使钢的热塑性和室温塑性都提高的同时,减小了回火脆性,因而提高了钢材的成材率,进一步降低了成本。由于碳含量较高,提高了淬硬性,使淬火后的硬度能够大于 58HRC,使这种钢更适于用做排气阀摩擦焊结构的阀杆[90]。

图 10.60 为 51Cr8Si2、42Cr9Si2 与 40Cr10Si2Mo 三种阀门钢的淬火温度对硬度的影响。可见,51Cr8Si2 钢在相当宽的淬火温度范围内可以获得高的硬度,而 40Cr10Si2Mo 钢淬火硬度随淬火温度变化曲线呈较尖锐的峰状,即可淬硬区间较窄,而 42Cr9Si2 钢的淬火硬度随淬火温度变化曲线居于中间状态。这是由于在较低温度淬火时,42Cr9Si2 和 40Cr10Si2Mo 钢的组织中可能出现上贝氏体组织,而 51Cr8Si2 钢中则没有。

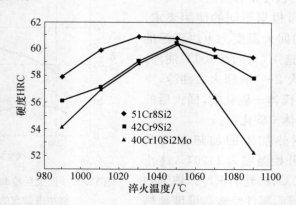

图 10.60　三种阀门钢淬火温度对硬度的影响[91]

保温 30min

51Cr8Si2 钢的高温强度与 42Cr9Si2 钢相近,但明显低于 40Cr10Si2Mo 钢(表

10.51),三种钢的高温塑性(伸长率和断面收缩率)均随温度的升高而升高,在 600℃ 以下,42Cr9Si2 钢的断面收缩率最高,51Cr8Si2 钢居中;在 650℃ 以上,42Cr9Si2 钢与 40Cr10Si2Mo 钢基本相同,而 51Cr8Si2 钢较低。可见,在高温强度和塑性方面,40Cr10Si2Mo 钢具有明显的优势。高温抗氧化试验表明,在阀门使用温度下,三种钢的抗高温氧化性基本相同,相差不大[91]。

　　球化退火是阀门钢冷拔前的热处理制度,使之产生球化组织,降低强度,减少变形抗力。根据 51Cr8Si2 钢过冷奥氏体等温转变曲线和临界点,制定了适宜的等温球化退火工艺:加热至 920℃,缓冷至 780℃ 等温保持,水冷。此工艺亦适用于 42Cr9Si2、40Cr10Si2Mo 钢[91]。三种钢球化退火后的力学性能对比见表 10.52。由表 10.52 可以看出,经球化退火后,51Cr8Si2 钢的屈服强度比其他两种钢低很多,约低 100MPa,而 51Cr8Si2 钢的断面收缩率和冲击功明显大于其他两种钢。这说明 51Cr8Si2 钢有明显优良的加工性能,成材率也较高[91]。

表 10.52　三种阀门钢球化退火后的力学性能对比[91]

钢种	σ_b/MPa	$\sigma_{0.2}$/MPa	ψ/%	δ_5/%	A_k/J	HB
51Cr8Si2	685	345	65	32	29	187
	680	340	62	30	30	187
40Cr10Si2Mo	715	455	57	31	22	202
	715	455	57	31	21	202
42Cr9Si2	730	455	57	32	16	213
	725	450	54	30	16	207

　　80Cr20Si2Ni(83Cr20Si2Ni)钢是在 20 世纪 50 年代国外开发的钢号(简称 XB),主要用于制造高速柴油机的进气阀,可在 800℃ 的高温下连续工作而不氧化。该钢在高温下还具有高的强度、耐磨性和耐蚀性。

　　80Cr20Si2Ni 钢属于高碳高铬马氏体钢,其热处理特点是淬火加热温度允许的波动范围很窄,要求控制在 ±5℃ 之间,即使如此,处理后的零件硬度值也有大的差别。在 ±10℃ 之间处理时,硬度值差可达 3HRC 以上。生产实践证明,该钢的最佳淬火加热温度为(1080 ± 5)℃,淬火后的硬度达 50~57HRC,可获得满意的力学性能。图 10.61 为淬火温度对 80Cr20Si2Ni 钢残余奥体含量的影

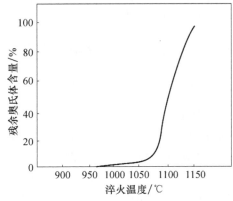

图 10.61　淬火温度对 80Cr20Si2Ni 钢残余奥氏体含量的影响[93]

响,此曲线说明加热温度对硬度值的影响是明显的,当加热温度高于最佳淬火温度 10℃ 时,残余奥氏体含量要增加 20%,而硬度值要下降 2HRC 以上,如高出 20℃

时,残余奥氏体含量就增加到 60%,当淬火温度为 1150℃时,残余奥氏体含量可达到 100%,硬度显著下降。当淬火温度低于最佳淬火温度时,硬度值和强度也显著下降[93]。试验表明,在 1050℃加热空冷后,钢中存在块状和少量粒状碳化物,前者的尺寸常达 10μm 以上,块状和大颗粒的碳化物均为 $M_{23}C_6$ 型,此外还存在极少量的薄片状的 SiC 和精细颗粒 M_7C_3 型碳化物[94]。

80Cr20Si2Ni 钢的回火温度的选择范围也很窄,回火温度虽对硬度的影响不太明显,但对力学性能的影响比较显著。推荐 80Cr20Si2Ni 钢的的回火温度为 700~720℃,超过某一定范围时,其强度值会急剧下降。回火时间的选择比回火温度的选择更为重要,在编制回火工艺时应特别注意[93]。

80Cr20Si2Ni 钢的退火工艺为 800~900℃缓冷。在高于 Ac_1 的 870℃加热时,部分大块碳化物开始溶解,长时间保温时,粒状 $M_{23}C_6$ 型碳化物含量增多,并有球化趋势,冷却时在较低温度下过饱和的 C、N 间隙原子在大厚块 $M_{23}C_6$ 型碳化物的周围与铁、铬结合生成一定含量的精细颗粒、小尺寸的薄片 M_7C_3 型碳化物,冷却速率越慢,薄片状 M_7C 型碳化物越大越多,越使钢脆化。因此,870℃×6h 水冷热处理是冷拉坯在冷拉前后的最佳软化工艺[94]。

80Cr20Si2Ni 钢中碳、铬、硅含量较高,变形抗力大,在冷变形过程中容易产生矫直脆性断裂等。80Cr20Si2Ni 钢的热处理工艺不易控制,塑性差、成材率低、价格高、淬硬性低,国外有的标准不再列入。

国内外标准列入的 85Cr18Mo2V(X85CrMoV182)钢可以克服 80Cr20Si2Ni 钢的上述缺点,在 20 世纪 80 年代已得到广泛应用。我国发明的 86Cr18W2VRE 钢在塑性和工艺性方面更好,成材率更高,成本更低[82]。这两种钢的热处理工艺及其室温和高温力学性能见表 10.49 和表 10.50。

10.4.3　奥氏体阀门钢和阀门合金

10.4.3.1　Cr-Ni 系奥氏体阀门钢

奥氏体阀门钢最先使用的是 Cr-Ni 系,用得最广泛的是 45Cr14Ni14W2Mo 钢(简称 14-14 钢)。45Cr14Ni14W2Mo(ЭИ69)钢是 20 世纪 50 年代从苏联引进的,是一种碳化物强化奥氏体钢。

14-14 钢加热时组织的变化有二:碳化物的聚集溶解和晶粒长大,这二者的变化又是相互联系的,即当碳化物溶解时正是晶粒开始剧烈长大时。

碳化物的稳定性与其化学成分有关,14-14 钢的析出相是 $Cr_{23}C_6$,其中还溶入其他元素成为(Cr、Fe、W、Mo)$_{23}C_6$,总含量约为 10%。由图 10.62 可知,在 1000℃以下加热,固溶体的成分基本未发生变化,这说明碳化物还未溶解。但由图 10.63可知,1000℃时碳化物已开始聚集,1000℃以上,碳化物开始溶解和晶粒开始长大,到 1300℃(图 10.62)固溶体的成分基本上和钢的成分一致,但在 1300℃时钢已经出现共晶。14-14 钢的晶粒开始剧烈长大的温度与钢的碳含量有关。如果 7~8 级是细晶粒,6 级是正常晶粒,4 级是粗晶粒,在同一种类型 14-14 钢中,随着碳含量不同:0.15%、0.25% 和 0.45%,晶粒长大的临界温度分别为 1050~1100℃、1100~1150℃和 1150~1200℃。这也说明 14-14 钢从组织变化的观点来看,淬火温度在 1150~1200℃比较合适,此时的晶粒度为6~4 级。

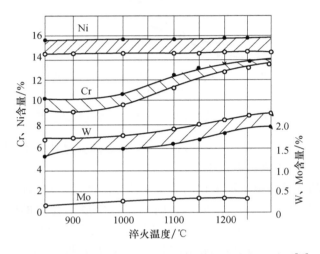

图 10.62　淬火温度与 14-14 钢固溶体成分改变的关系[95]

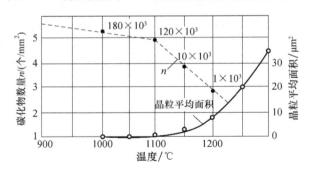

图 10.63　14-14 钢中温度与碳化物溶解及晶粒长大的关系[95]

根据实验(图 10.64)可知,随固溶温度升高,奥氏体钢的室温强度降低而塑性上升,显然这些性能的变化与晶粒长大和碳化物聚集和溶解有关。

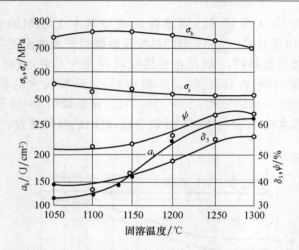

图 10.64　14-14 钢固溶温度与室温力学性能的关系[96]

　　根据上面的分析,14-14 钢采用 1170~1200℃淬火是比较合适的。小零件可在空气中冷却,而大零件可在水中淬火。

　　淬火温度的选择决定沉淀强化的效果。淬火温度低于复杂碳化物的溶解温度(对 14-14 钢小于 1050℃,图 10.62),这时只有一些最不稳定的碳化物溶入固溶体,在 600~800℃时效重新析出时,它们和原先碳化物结合在一起形成比较粗大的碳化物,这样就达不到沉淀硬化的目的。淬火温度适合(对 14-14 钢大于 1150℃)时,时效时可以析出高度弥散的第二相,从而促使热强性提高。

　　为了能正确地选择时效温度,我们先了解一下时效和蠕变对比的一般规律,见图 10.65。在一定温度时效时,如果钢的硬化按照 t_1、t_2 曲线所示的变化趋势,逐渐强化(图 10.65(a)),相应地,在同样温度条件下,其变形随时间的变化趋势应如曲线 1 所示(图 10.65(b))。

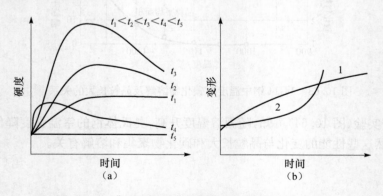

图 10.65　典型的时效曲线(a)和对比的蠕变曲线(b)

　　相反,在 t_4 情况下,虽然强化开始时激烈,但很快就逐渐变小,这时相对应的蠕变曲线为图 10.65(b)中的曲线 2。由此可见,合适的工作温度应选择在 t_1、t_2 之间,而低于碳化物出现显著聚集的 t_4。另外,从长期使用的角度来看,t_3 并不合适,因为开始虽然它有最大强化值,但下降的趋势很危险。

　　表 10.53 为 14-14 钢 1180℃固溶处理后,不同温度时效对其力学性能的影响。

表 10.53　时效温度对 14-14 钢力学性能的影响[96]

时效温度/℃	σ_b/MPa	σ_s/MPa	δ/%	ψ/%	a_k/(J/cm²)
650	780	520	41.8	51.3	161
690	785	523	41.5	50.2	103
730	790	528	38.5	46.9	88
770	805	534	35.0	42.4	78
810	810	560	30.0	42.4	75
850	760	559	31.8	44.8	90
890	745	553	33.8	44.8	93
930	740	550	33.8	48.3	98
970	735	553	36.0	49.1	101

注：钢的化学成分：0.45% C、0.34% Si、0.54% Mn、13.95% Cr、13.82% Ni、2.53% W、0.33% Mo。1180℃固溶处理,20min 水冷,时效 5h,水冷。

　　14-14 钢的最高时效温度应不大于 750℃,最低不小于 650℃。随着时效温度的升高,a_k 值骤然下降,这是碳化物的大量析出所引起的。

　　我们已经知道,高温受载时如果钢的组织不稳定会因扩散形变而使蠕变抗力降低,因此实际的时效温度还应比工作温度高 60~100℃。

　　时效时间的增加与时效温度的提高作用相同。为了得到同样硬度,高温时效比低温时效所需的时间要短,因此对 14-14 钢热处理时效可用 750℃×5h 空冷。之所以用空冷是因为冷慢了会使固溶体产生补充析出,冷快了会使零件产生应力,这种处理后的室温硬度可达 241~248HB。这里应注意的是,最大的强度状态不仅会使塑性降低,而且还会由于缺口敏感性而使热强性下降。

　　14-14 钢在 700℃以下具有良好的热强性,在 800℃以下具有良好的抗氧化性,广泛用于制造 700℃以下工作的柴油发动机进、排气阀及航空发动机的排气阀和紧固件,用做进、排气阀时,阀面需堆焊钴基合金。

　　14-14 钢含镍较高,使用温度不很高时,在目前许多情况下已为低 Ni 的 Cr-Mn-Ni-N 奥氏体阀门钢所替代。

　　20Cr21Ni12N(21-12N)钢是含氮的铬镍奥氏体热强钢,具有良好的高温强度和高温抗氧化、抗热腐蚀性能。该钢主要用于制造低于 800℃工作的大型柴油机排气阀[52]。该钢在铁路“重载高速”的现代运输条件下,用做 16V240ZJ 和

16V280ZJ 型内燃机气阀,使用性能良好,克服了原用 14-14 钢腐蚀烧穿、掉块、掉头频繁出现的现象。

20Cr21Ni12N 钢的锻造加热温度为 1160~1200℃,始锻温度为 1150~1180℃,终锻温度为 980℃。

20Cr21Ni12N 钢的完全退火是在 1038℃ 加热约 60min,快冷,硬度不大于 241HB;消除应力退火是在 760℃ 保温 4~8h,空冷;固溶处理是在 1050~1150℃,保温后水冷;时效处理是在 750~800℃ 保温后空冷[52]。

20Cr21Ni12N 钢的析出强化相为 $M_{23}C_6$,在固溶温度低于 1080℃ 前,普遍存在晶界未溶碳化物,加热至 1180℃ 则未发现晶界未溶碳化物。晶界存在大块未溶碳化物对钢的强韧性不利,适当提高固溶温度,使合金元素溶解,促使其分布均匀化,减少晶界大块碳化物,对钢的强韧性是有利的。该钢的强韧性在时效温度为 760℃ 时变化不显著,超过 760℃ 以后由于碳化物的粗化使强韧性有所下降,特别是冲击值有明显的下降[97]。

10.4.3.2　Cr-Mn-Ni-N 和 Cr-Mn-N 系奥氏体阀门钢

美国在 1950 年左右研制成典型节镍 Cr-Mn-Ni-N 系阀门钢 53Cr21Mn9Ni4N(简称 21-4N),用 Mn、N 代 Ni 并降低传统的高硅含量,不仅经济而且性能优越,是目前铁基排气阀耐热钢中应用最广的一种。

21-4N 钢的化学成分见表 10.48。这种钢的一个最明显特点是 Si 含量低。高硅是阀门钢中用得较普遍,很多钢种都含有 1%~3%Si,而 21-4N 钢中含 0.35% Si 即可。以前认为,Si 既可提高抗氧化能力又能提高抗燃烧物的腐蚀。现在试验指出,Si 只提高抗 V_2O_5 的腐蚀而对抗 PbO 腐蚀并不利。多年的试验结果证明,Cr 对氧、硫及其他化合物的腐蚀有很好的抗力,因此固定在约 20% 的含量。为了使钢以奥氏体状态存在,需加入 Mn、C、N、Ni 等。

由图 9.9 和图 9.10 可见,Mn 虽可扩大 γ 区,但 Cr 含量在 13%~15% 以上时添加 Mn 对扩大 γ 区就不再有效果,同时大量加 Mn 会使 σ 区向低 Cr 含量方向移动,使钢变脆,并引起抗氧化性能下降等一系列问题,故 21-4N 钢含 8%~10% Mn,既使 Mn 充分发挥作用,又可节约 Ni 而降低成本。加入 C、N 不仅是为了提高扩大 γ 区的能力,而且也增强沉淀硬化的效果。加 Ni 有两个意义,首先是提高一般抗腐蚀能力,其次是提高抗燃烧产物 PbO 的腐蚀。

21-4N 钢的热加工工艺为:加热温度 1150~1180℃,开始热加工温度为 1130~1150℃,终止温度为 900℃,空冷。21-4N 钢消除应力退火温度为 750~850℃,保温 0.5~1h,空冷[52]。

21-4N 钢碳、锰、氮含量较高,其变形抗力较高,室温下强度高、塑性低、脆性大,加工硬化效果明显,热变形范围窄,变形抗力大,生产过程中易出现裂纹。我国一些生产企业采用粗轧-热处理-冷拉的生产工艺,影响产品成品率。国外先进生产企业采用从锻造后一次精轧到所需尺寸精度和质量要求。

21-4N 钢在长期使用过程中由于晶界反应有大量的层状析出,影响抗腐蚀性能和高温强度。试验表明,21-4N 钢经 1200℃固溶后,只在晶内有少量未溶碳化物,以后的加热过程中,在加热温度为 1180℃的试样中,部分晶界附近开始形成"层状"组织,随加热温度的下降,层状组织增加,晶内碳化物含量明显增加,并开始出现定向排列的条状碳化物,晶内也开始出现类似晶界层状组织的碳化物团,形态似珠光体,欧美称这种组织为"类珠光体",日本称"晶界反应"。类珠光体的含量在950℃左右出现峰值(图 10.66),随后逐渐降低。加热温度高时,层状组织中的碳化物呈粒状。随加热温度的降低,层状组织中出现含量和尺寸逐渐增大的条状碳化物,这些碳化物均为 $M_{23}C_6$ 型。钢中高的碳、氮含量特点决定了在一定条件下会有晶界层状组织和类珠光体的形成。较低温度下加热,晶界碳、氮原子的过饱和浓度大,有利于晶界层状组织的形成。层状组织中的片沿母相的{111}惯析面由晶界伸向晶内,形成碳化物与合金元素贫化的奥氏体相相间的层状组织。在较高温度下碳化物易于球化以减少其界面能,因而层状组织中的球形碳化物较多[98]。

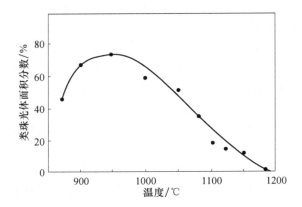

图 10.66　21-4N 钢试样中类珠光体面积分数与加热温度的关系[98]

试样的化学成分:0.55%C、9.06%Mn、0.24%Si、21.14%Cr、3.97%Ni、0.43%N;

试样在 1200℃加热 2h,冰水冷,再在不同温度加热 1h,冰水冷

试验研究还表明,21-4N 钢加热至 1210℃以上温度保温一定时间后在空冷过程中会在晶界析出 Cr_2N。在 1210～1250℃加热的试样缓慢冷却时,晶界上析出较大尺寸的 Cr_2N,薄片被小片状 $M_{23}C_6$ 或 M_7C_3 型碳化物所围绕,其沉淀和长大倾向随加热温度升高而增大。钢中硅含量的显著降低,有抑制 Cr_2N 等相析出的作用[99]。

　　由于层状组织析出导致晶界和基体贫铬,抗腐蚀性能下降,在排气阀的锥面和颈部形成腐蚀坑,通常称为"麻点",可能成为裂纹源。

　　21-4N 钢是奥氏体沉淀硬化钢,它的热处理工艺是:1150~1180℃,保温0.5~1h,水冷,时效温度为 730~780℃,保温 5~16h,空冷。如果时效温度太高(如850℃),则会在晶界析出片层状碳化物,使钢的高温强度降低,冲击韧性和耐腐蚀性能下降。一般情况下时效后硬度为 34HRC。21-4N 钢经固溶处理及时效后的室温及高温力学性能见表 10.49 和表 10.51。

　　21-4N 钢的切削性能较差,为改善其切削加工性,可向钢中加入 0.04%~0.09%S。

　　21-4N 钢具有较好的高温性能及抗腐蚀能力,其高温强度比 Cr-Si 系最好的XB(80Cr20Si2Ni)钢要强得多,对 PbO 的抗腐蚀能力更是卓越。21-4N 钢可用于制作 850℃ 左右工作的高速大功率发动机的排气阀。但 21-4N 钢的抗 V_2O_5 腐蚀能力差,根据试验,在 900℃ 熔融的 90% V_2O_5 + 10% Na_2SO_4 混合液中,21-4N 钢腐蚀量是 40Cr10Si2Mo 钢的两倍,因此 21-4N 钢用做柴油机的排气阀是不适宜的。

　　55Cr21Mn8Ni2N(21-2N)钢在国内和许多国外的标准中均已列入,国际标准牌号为 X55CrMnNiN208。该钢的强度略低于 21-4N 钢,是在 21-4N 的基础上节省 2%Ni,降低 0.1%N,Cr 和 Mn 略有下降,碳含量略有上升,结果是强度稍有下降,而耐蚀性不变,但成本降低。该钢广泛用于中等功率的轿车上。该钢的适宜热处理制度及其室温和高温力学性能见表 10.49 和表 10.51。

　　33Cr23Ni8Mn3N(23-8N)钢用于制造大功率柴油机排气阀,用于替代 45Cr14Ni14W2Mo(14-14)钢。大功率柴油机的排气阀工作温度一般为 650~750℃,甚至高达 850℃。常用的钢种 14-14 一般在阀盘的锥面上堆焊斯太立合金,使其能承受 850℃高温燃气的冲刷和腐蚀。通过工艺性能对比试验,表 10.54 和表 10.55 分别列出了两种钢的力学性能和高温力学性能试验统计结果。

表 10.54　45Cr14Ni14W2Mo 和 33Cr23Ni8Mn3N 钢室温力学性能试验统计结果[100]

钢 号	热处理	σ_b/MPa	σ_s/MPa	δ_5/%	ψ/%	硬度 HBS
45Cr14Ni14W2Mo	1170℃×45min 水冷; 750℃×5h 空冷	858	431	27	35	255~266
33Cr23Ni8Mn3N	1170℃×25min 水冷; 750℃×8h 空冷	960~980	620~660	35~36	—	280~290
	1150℃×45min 水冷; 760℃×8h 空冷	900~990	670~710	29~30		300

表 10.55　45Cr14Ni14W2Mo 和 33Cr23Ni8Mn3N 钢高温（760℃）拉伸试验统计结果[100]

钢　号	热处理	σ_b/MPa	σ_s/MPa	δ_5/%	ψ/%
45Cr14Ni14W2Mo	1180℃×24min 水冷；750×5h 空冷	350～370	235～245	24～28	27～38
33Cr23Ni8Mn3N	1150℃×25min 水冷；760×8h 空冷	420～455	285～330	18～34	27～39

　　33Cr23Ni8Mn3N 钢在 1100℃ 加热 10min 时的晶粒度为 10 级，组织为奥氏体加碳化物，在 1200℃ 加热 10min 时的晶粒度为 4～5 级，组织为奥氏体加碳化物。这说明该钢在 1100～1200℃ 固溶处理没有出现欠热和过热现象，这是由于该钢中合金元素的综合作用扩大了奥氏体相区，使固溶处理的温度范围变宽。在 1100～1200℃ 固溶处理温度下，33Cr23Ni8Mn3N 钢的奥氏体晶粒较细，时效析出的碳化物也相对细小，引起细晶强化和弥散强化，使该钢具有较高的室温和高温下的拉伸性能。这表明该钢可以用做大功率柴油机的进气阀。装机试验的结果表明其抗燃气腐蚀和抗高温氧化的性能亦高于 45Cr14Ni14W2Mo 钢，使用寿命不低于 45Cr14Ni14W2Mo 钢[100]。33Cr23Ni8Mn3N 钢的适宜热处理制度及其室温和高温力学性能见表 10.49 和表 10.51。

　　1980 年我国自当时的西德引进了大功率风冷柴油机专利。该柴油机最高排气温度可达 800℃，采用 50Cr21Mn9Ni4Nb2WN 钢为排气阀材料，我国称该钢为 21-4N＋WNb[101]。

　　50Cr21Mn9Ni4Nb2WN 钢的热加工工艺为：轧制温度 1160℃ 左右，终轧温度大于 900℃。终轧后存在未能再结晶的明显拉长的晶粒，即受到比较强烈的变形硬化，并且存在有碳氮化铌一次相的析出。此时该钢具有较高的强度、硬度及较低的塑性，不能直接冷拉、矫直，必须先予以软化处理。21-4N＋WNb 钢可采用两种软化方式：固溶处理和过时效[101]。

　　固溶处理时，加热至 1200℃ 左右，除初生的碳氮化铌一次相外，其余的析出相基本上全部溶入基体，此时钢的硬度较低、塑性好（23～25HRC，δ＝46%）。固溶温度较低时，有部分碳化物未溶，软化效果较差。由于铌的加入可使晶粒细化，提高了奥氏体晶粒长大的温度。

　　试验表明，在 850～1000℃ 加热均可使热轧状态组织的硬度降低，随着温度的升高或加热时间的延长，碳化物颗粒尺寸明显增大。采用 930℃×6h 的软化工艺（过时效），可使钢的硬度为 27～29HRC，其伸长率 δ＝24%～28%。

　　21-4N＋WNb 钢中碳、氮、钨、铌的作用如下：碳、氮是稳定奥氏体的元素并在钢中形成碳化物相和氮化物相，提高高温硬度和强度。在奥氏体耐热钢中，含有大约 0.9% 的碳和氮时，氮含量的增加显著提高晶界反应并且抑制内部颗粒沉淀，碳含量的增加给予相反的影响。铌是一种强碳化物形成元素，主要以一次和二次碳氮化铌相存在于奥氏体钢中，保证了钢的热强性和耐蚀性。钨是提高热强性的元素。一些研究指出，仅添加 0.5%Nb 就能相当大地抑制晶界反应，同时提高晶内沉淀,沉淀物将引起基体中碳与氮超饱和状态的降低[101]。

表 10.56 为铌含量对 21-4N 钢 750℃ 长时时效后层状析出量的影响。可以看出,加铌的试验钢在长时高温时效后,随 Nb 含量的增加,钢中层状析出量明显减少,充分显示 Nb 对层状析出的抑制作用。此外,随着 Nb 含量的增加,层状析出物的形态由大块状变成片层状和点状,分布由集中变成分散和弥散。在同样热处理制度下,Nb 的加入使钢的高温弯曲疲劳强度提高很多,这是由于纳米级相 Nb(C,N)的弥散析出使强度提高,并能阻止晶粒长大,从而提高了疲劳强度[102]。

表 10.56　21-4N 钢中加入不同 Nb 含量对 750℃ 长时时效后层状析出量的影响[102]

(单位:%)

	时效时间/h		2	10	30	60	100	200
21-4N 钢	0%Nb		<5	～5	10～15	30～40	40～60	60～80
含铌钢	0.26%Nb	层状析出量	～1	～5	<10	20～30	<30	<40
	0.45%Nb		～1	<2	<5	<10	<20	<30
	0.65%Nb		～1	<2	<3	<10	<20	<20
	0.82%Nb		<1	<2	<3	<8	<10	<20
	1.06%Nb		<1	<2	<3	<5	<10	<10

由于 Nb 和 O 的亲和力小,加入 Nb 可提高钢在工作温度 700～800℃ 的抗氧化性,并获得良好的焊接性[101]。

21-4N＋WNb 钢经固溶处理和时效后的室温及高温力学性能见表 10.49 和表 10.51。

61Cr21Mn10Mo1V1Nb1N(Resis TEL)钢是德国开发的一种无镍的 Cr-Mn-N 系奥氏体阀门钢,已列入德国国家标准。该钢通过合金元素 Mo、V、Nb 的严格配合,经固溶处理和时效后,可以获得高的高温强度,同时基体的塑性也得到有利的影响[103]。该钢在 800℃ 还有相当高的屈服强度和抗拉强度(表 10.51),而其伸长率和断面收缩率仍高于 21-4N 钢[103]。Resis TEL 钢经 1200℃ 固溶处理 0.5h 水冷,在经 675℃ 不同时间时效后,组织稳定,完全没有类珠光体组织,这与其细的弥散析出物的较高稳定性有关[103]。

Resis TEL 钢虽然不含镍,但其抗 PbO 腐蚀性与 Cr-Mn-Ni-N 系钢有相同水平,而发动机长期装机使用也证明了其良好的抗腐蚀性。

10.4.3.3　阀门合金

GH4751 钢相当于美国的 Inconel 751 合金,是以 Al、Ti、Nb 强化的镍基合金。该合金热处理制度为:1100～1150℃ 固溶处理 1h,空冷＋840℃×24h,空冷＋700℃×2h,空冷。该工艺是在固溶处理和时效之间进行一次中间处理,可显著提高合金的持久寿命和塑性。合金化程度较低的 GH4751 合金,在晶界产生富铬的块状碳化物,由于晶界区域铬含量降低,提高了对 Al、Ti 的溶解度,使 γ' 溶于基体,造成晶界的 γ' 贫化区,适当宽度的 γ' 贫化区有一定的塑性,在高温应力作用下能发生松弛,解除应力集中,延缓裂纹产生,提高持久寿命。

GH4751 合金的热塑成形工艺性能与铁基奥氏体阀门钢相当,而优于 GH4080 合金。GH4751 合金容易加工,该合金经热处理后的室温及高温力学性能见表 10.49 和表 10.51。表 10.57 为 GH4751 合金与奥氏体系列阀门钢蠕变强度的比较,可见该钢具有很好的高温蠕变强度。

表 10.57　GH4751 合金与奥氏体系列阀门钢的蠕变强度比较[104]

	试验温度/℃	合金代号			
		23-8N	21-2N	21-4N	GH4751
蠕变强度/MPa	732	176	120	140	330
	816	82	62	65	165
	871	55	20	22	95

采用在同等条件下测试各种材料质量损失方法进行了材料抗氧化性和抗硫化性试验,抗氧化性试验温度为 816℃,抗硫化性试验条件为 927℃,介质为 $10\%Na_2SO_4+10\%NaCl$,测试结果见表 10.58。

表 10.58　GH4751 合金与奥氏体系列阀门钢高温腐蚀性能比较[104]

合金代号	抗氧化性试验质量损失 /(g/(dm² · h))	抗硫化性试验质量损失 /(g/(dm² · h))
23-8N	0.189	0.185
21-12N	0.384	0.388
21-4N	0.381	0.545
GH4751	0.095	0.055

GH4751 合金制作的船用柴油机阀门的工作温度可达 870℃左右,可在气阀盘锥面不堆焊高温硬面合金情况下直接使用。

GH4080A 合金是以镍为基体,添加铝、钛形成 γ' 相弥散强化的高温合金。该合金与英国的 Nimonic 80A 钢相近,其使用温度为 700～800℃,在 650～850℃有良好的抗蠕变性能和抗氧化性能,可用做内燃机排气阀[52]。

GH4080A 合金的冷、热加工性能良好,其热处理制度为:1000～1080℃固溶 +(690～710)℃×16h,空冷。热处理的后的室温及高温力学性能见表 10.49 和表 10.51。该合金可以焊接,固溶处理后具有良好的机加工性能。

GH4080A 合金按(1080±10)℃×8h,空冷进行处理时,基体中的 γ' 相和一些 M_7C_3 及 $M_{23}C_6$ 型晶界碳化物溶入固溶体。在冷却过程中,M_7C_3 型碳化物大约在

1000℃以上沉淀出来,并在较低温度下转变为 $M_{23}C_6$ 型碳化物。$M_{23}C_6$ 型碳化物在 750~1000℃析出,也能独立形核,生成晶界碳化物。因此经固溶处理后,晶界上呈现不连续状态的 M_7C_3 和 $M_{23}C_6$ 型碳化物,晶内有 γ' 相和 MC 型碳化物,固溶处理后再经 700℃×16h 时效,晶界上沉淀出较连续的 $M_{23}C_6$ 型碳化物,晶内的 γ' 相也长大成球形质点[52]。

　　Ni30 是我国自行研发的一种高强度汽车发动机排气门用的铁基高温合金。当排气门受热温度超过 800℃以上时,需使用含镍 72%以上镍基合金,或采用 21-4N 钢并补充以密封锥面上堆焊 Co 基合金,材料成本比较高。开发出的 Ni30 合金,可以保持相近的高温强度,组织长期稳定。Ni30 合金的室温强度和高温硬度略低于 GH4751,但比 21-4N 钢高得多,还有良好的疲劳性能。在使用无铅汽油的条件下,Ni30 合金可以代替气门用镍基合金和 21-4N 钢堆焊的 Co 合金。

　　20 世纪 90 年代以后,钛合金用于制造汽车零部件有了较快的发展,主要有发动机连杆、发动机气门、弹簧、气门弹簧座等多种零部件。钛合金的优点是质量轻、比强度高、耐腐蚀等。限制其应用的主要问题是价格较高、成形性不够好等[105]。进气门可采用 TC4 合金,价格相对较便宜。排气门的材料以 TA19 合金为主,这两种钛合金的化学成分见表 10.59,其热处理工艺及力学性能见表 10.60。

表 10.59　我国钛合金气门材料的牌号及化学成分(QC/T 469—2016、GB/T 3620.1—2016)

(单位:%)

牌号	化学成分								
	Ti	Al	Sn	Mo	V	Zr	Si	Fe	C
TC4(Ti6-4) (QC/T 469—2016)	余量	5.27~ 6.75	—	—	3.35~ 4.65	—	—	0.80	0.10
TC4 (Ti-6Al-4V) (GB/T 3620.1—2016)	余量	5.5~ 6.75	—	—	3.5~ 4.5	—	—	0.30	0.08
TA19(Ti6-2-4-2) (QC/T 469—2016)	余量	5.5~ 6.5	1.80~ 2.20	1.80~ 2.20		3.60~ 4.40	≤ 0.20	0.25	0.05
TA19 (Ti-6Al-2Sn-4Zr- 2Mo-0.08Si) (GB/T 3620.1—2016)	余量	5.5~ 6.5	1.8~ 2.2	1.8~ 2.2		3.6~ 4.4	0.06~ 0.10	0.25	0.05

注:化学成分中 Fe、C 视为杂质元素,其他杂质元素 N、H、O 等含量见有关标准。

表 10.60 钛合金气门材料的热处理制度及力学性能（QC/T 469—2016）

牌号	热处理/℃		力学性能（不小于）			
	固溶	时效	$R_{p0.2}$/MPa	R_m/MPa	A/%	Z/%
TC4(Ti6-4)	890~970℃，空冷或水冷	480~690℃，空冷	825	—	10	25
TA19(Ti6-2-4-2)	900~980℃，空冷或水冷	564~620℃，空冷	825	895	10	25

在钛合金中，TC4 是应用量最大的一种 $\alpha+\beta$ 型合金。合金中的铝对 α 相起固溶强化作用，含量小于 7% 时不显著降低塑性。钒起固溶强化和稳定 β 相的作用。这种合金具有良好的综合力学性能和工艺性能，没有脆性的第二相，组织稳定性高。在退火状态，β 相含量约为 7%~10%。加热至两相区进行固溶处理，随加热温度的升高，$\alpha \rightarrow \beta$ 的转变量增加，空冷时 β 相转变为 $\alpha+\beta$，水冷时，β 相转变为亚稳定的 β 相，强度较高，但塑性降低较多。再经时效处理后，亚稳定的 β 相转变成稳定的弥散的 α 相和 β 相，合金的综合性能得到改善。TC4 合金可在低于 400℃ 的温度下长期工作，可用做汽车发动机的进气门[106]。

TA19 是 α 型合金，铝、锆、锡起固溶强化作用，可以得到较低的脆性和较高的强度，锡在 α 和 β 相中均有较大的溶解度，加入量在 5% 以下，塑性基本上不下降，锡还显著提高合金的热强度。Mo 能提高合金的室温和高温强度。添加硅会引起某种硅化物弥散相的沉淀，改善高温蠕变强度。TA19 合金的退火组织是单相 α 固溶体。固溶处理时加热至 $\alpha+\beta$ 两相区的稍高温度后冷却可获得 α 相和亚稳定的 β 相，在时效处理时，亚稳定的 β 相析出弥散的层状的次生 α 相，得到强化。TA19 合金与 21-4N 钢比较，在 600℃ 以下的疲劳强度基本相同，TA19 合金的耐氧化温度可达 600℃，可用做汽车发动机的排气门。TA19 合金排气门可进行表面等离子渗碳处理，在表面形成以 TiC 为主的硬化层，厚度约为 50μm，硬度在 400HV 以上[107]。

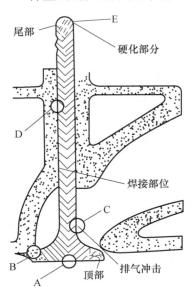

图 10.67 典型汽车排气阀危险区[108]

10.4.4 发动机排气阀的技术条件

排气阀在高温下高速运动和复杂而多变的应力状态下工作，其盘端面暴露在燃烧室中，承受 600~850℃ 高温、高压燃气的冲刷与腐蚀。典型的汽车排气阀危险区如图 10.67 所示[108]。

排气阀的最高温度在盘部和颈部（A、C 区），汽油发动机排气阀的最高温度在 C 区,柴油发动机排气阀的最高温度在 A 区,这些部位要求高的热强度和良好的耐腐蚀性。

与阀座接触的盘锥面(B 区)是排气阀的又一危险区,该区要求抗热腐蚀、热疲劳、热磨损等综合性能。

排气阀的杆部和杆端部(D、E 区)分别与导管、摇臂接触,均属磨损区,要求良好的减磨和耐磨性能。

为防止排气阀的失效,恰当的选材及适当的热处理是首要问题。内燃机气阀用钢及合金除国家标准 GB/T 12773—2008 外,汽车行业也制定了标准 QC/T 469—2016(取代 QC/T 469—2002),所列牌号大致相同,主要不同之处是后者还列入了常用进气阀用合金结构钢 40Cr、45Mn2 和阀门用堆焊合金。表 10.61 为常用阀门堆焊合金的化学成分。

表 10.61　常用阀门堆焊合金的化学成分(QC/T 469—2016)　(单位:%)

牌号	C	Si	Mn	P	S	Ni	Cr	Mo	W	Co	Fe	其他	用途
Stellite 6	0.90~1.40	1.60~2.00	≤0.50	≤0.030	≤0.030	≤3.00	26.00~32.00	≤1.00	3.50~5.50	余	≤3.00	—	盘锥面堆焊
Stellite F	1.50~2.00	0.90~1.30	≤0.50	≤0.030	≤0.030	20.50~23.50	24.00~27.00	≤1.00	11.50~13.00	余	≤1.35	—	盘锥面堆焊
P37S (粉)	1.50~1.75	0.90~1.30	≤0.30	≤0.030	0.02~0.03	21.00~24.00	27.5~29.00	≤0.60		余		O₂+N₂≤600ppm	盘锥面堆焊
Eatonite (粉)	1.50~2.00	1.50~2.00	1.10~1.50	≤0.025	≤0.020	15.00~18.00	26.00~30.00	4.00~5.00		—	余	—	盘锥面堆焊
Ni102 (粉)	0.72~0.84	3.50~4.20				余	13.00~16.00					3.0~3.8B	杆端面堆焊
Stellite F (粉)	1.50~2.00	0.90~1.30	≤0.50	≤0.030	≤0.030	21.00~24.00	24.00~27.00	≤0.60	11.50~13.00	余	≤3.00	≤0.05B	盘锥面堆焊

QC/T 469—2016 规定排气阀的热处理及其他技术要求主要有:

(1) 合金结构钢和马氏体钢气阀需调质处理,处理后的心部硬度为 28~45HRC。

(2) 气阀杆端面经淬火硬化后,其硬度应不低于 48HRC,淬硬层深度不小于 0.6mm,热影响过渡区不得出现在锁夹槽内;对于杆端部及锁夹槽需表面淬火或淬透的气阀,其硬度分布或长度应符合图样规定。整体奥氏体气阀杆端硬度与杆部硬度一致。

(3) 气阀采用 21-4N 钢,仅时效处理后的硬度应大于 32HRC,固溶时效处理后的硬度应大于 28HRC。

（4）气阀盘锥面经淬火后，其硬化层应不小于 1.5mm，其硬度应符合图样规定。

（5）堆焊层与基体金属之间为冶金结合，堆焊深度及盘锥面堆焊层硬度应符合图样规定。杆端面堆焊层硬度应大于 50HRC，堆焊层表面不允许有裂纹。

（6）对焊阀门焊缝的抗拉强度值要大于两种材质中较弱部分强度的 90%。

（7）阀门经氮化处理后，表面硬度不小于 600HV0.2，渗层深度 0.01～0.06mm，渗氮层疏松及氮化物按 GB/T 11354—2005《钢铁零件　渗氮层深度测定和金相组织检验》中疏松及氮化物级别图进行评定，1～3 级为合格。

（8）合金结构钢经调质处理后，显微组织为回火索氏体，其游离铁素体含量不得超过视场的 5%，奥氏体晶粒度按 GB/T 6394—2017《金属平均晶粒度测定方法》评定，应符合 6 级及以上要求。

（9）马氏体耐热钢经调质处理后，显微组织应为回火索氏体＋细小碳化物颗粒，不允许有游离铁素体及连续网状碳化物，奥氏体晶粒度按 GB/T 6394—2017 评定，应符合 6 级及以上要求。

（10）奥氏体耐热钢经固溶＋时效和仅时效处理后，显微组织应为奥氏体＋未溶一次碳化物＋析出碳氮化合物（晶内、晶界），层状析出物的含量应符合产品图样和有关技术文件的规定。

如不处理或仅固溶，其显微组织为奥氏体＋未溶一次碳化物颗粒，奥氏体晶粒按 GB/T 6394—2017 评定，应符合 3 级及以上要求。

（11）高温合金的显微组织为固溶体＋碳化物＋γ' 相，晶粒度按 GB/T 6394—2017 评定，应符合产品图样规定。

（12）阀门锻造金属流线应具有与外形一致的纤维方向，不得存在截断、折回等缺陷。

表 10.62 为常用排气阀用钢及其技术要求示例。

表 10.62　常用排气阀用钢及其技术要求示例[108]

牌　号	硬度 HRC		杆端部硬化层深度/mm	备　注
	杆部及盘部	杆端部		
42Cr9Si2	30～37	>50	>3	按不同型号发动机的要求提出
	30～40	>50	—	
	32～37	>50	>3	
40Cr10Si2Mo	30～40	>50	3～5	按不同型号发动机的要求提出
	32～37	>50	>3	
	30～35	>50	—	

续表

牌　号	硬度 HRC		杆端部硬化层深度/mm	备　注
	杆部及盘部	杆端部		
45Cr14Ni14W2Mo	220~280HBW,22~30	≥53	2~3	—
	—	≥600HV	≥0.04	杆部渗氮
	—	≥750HV	0.05~0.10	离子渗氮
53Cr21Mn9Ni4N	34~40	50~60	0.6~1.0	焊耐磨合金、电解液淬火或感应淬火
53Cr21Mn9Ni4N 与 42Cr9Si2 焊接	28~38	55~63	1.5~3	
53Cr21Mn9Ni4 与 45Mn2 焊接	28~38	55~63	1.5~3	

　　马氏体耐热钢排气阀的制造工艺路线为:马氏体耐热钢棒料→电镦→锻造成形→调质→矫直→机械加工→杆端部淬火→抛光→成品。

　　几种常用马氏体气阀钢调质工艺及其技术要求见表 10.49 和表 10.62。排气阀热处理后需经喷丸和矫直。为了消除内应力,可进行第二次回火(300℃,2h,空冷)。马氏体气阀钢排气阀一般都采用杆端局部淬火,以提高其耐磨性。气阀杆端部表面淬火后硬度应在 50HRC 以上,当杆端部长度大于 4mm 时,硬化层深应不小于 2mm。当杆端部长度小于或等于 4mm 时,硬化层不小于 1mm。杆端部表面淬火可采用感应加热、电解液加热及火焰淬火等方法[108]。

　　奥氏体耐热钢排气阀可按退火状态或固溶状态提供,可分为整体阀或焊接阀。不少奥氏体耐热钢排气阀的盘锥面采用等离子堆焊,杆端面采用氧乙炔堆焊硬质合金。奥氏体耐热钢排气阀的制造工艺路线可分为以下两种。

　　(1) 整体阀的制造工艺路线为:下料→电镦→顶锻→热处理→机械加工→盘锥面及杆端面堆焊合金→热处理→精加工→表面处理→成品。

　　(2) 焊接阀的制造工艺路线为:

　　盘部、颈部下料→电镦→顶锻→热处理→机械加工→盘锥面堆焊;

　　杆部、锁夹槽部、杆端部下料→热处理→机械加工;

　　以上两部分堆焊→矫直→去应力→退火→机械加工→杆端部感应加热淬火。

　　奥氏体耐热钢排气阀一般都经固溶处理和时效,常用的 53Cr21Mn9Ni4N 钢经不同工艺热处理后的组织和性能如表 10.63 所示。

表 10.63　53Cr21Mn9Ni4N 钢经不同热处理后的组织与性能[108]

组织与性能	热处理工艺		
	固溶热处理	不完全固溶热处理	退　火
工艺规范	1150~1180℃,0.5~1h 后水冷	1070~1120℃,0.75~1h 后水冷	800~900℃加热 6h 后炉冷
显微组织	奥氏体基体+极少量碳化物	奥氏体基体+少量细小均布的碳化物	奥氏体基体+大量细小颗粒状的碳化物
晶粒度/级	2~5	5~9	9~10

组织与性能		热处理工艺		
		固溶热处理	不完全固溶热处理	退　火
电镦成品率/%		30～90	>95	90～98
切削加工性能		较难切削	较易切削	易切削
高温持久强度	750℃加热 100h	160MPa 1150℃加热，水冷， 750℃时效 4h，空冷	125MPa 1100℃加热 0.5h，水冷， 750℃时效 4h，空冷	60MPa 900℃加热 7h，缓冷
	800℃加热 100h	80MPa 1170℃加热 0.5h， 水冷，750℃时效 8h， 空冷	62MPa 1100℃加热 1.5h，水冷， 750℃时效 8h，空冷	37MPa 900℃加热 6h，缓冷
室温力学性能	σ_b/MPa	710～1150	1070～1275	1050～1128
	σ_s/MPa	570～875	760～895	758～765
	δ/%	3.4～36	11～30	12.4～33
	ψ/%	4～32.5	12～31	12.8～30
	硬度 HBS	≥302	280～330	295～310

根据表 10.63，原材料采用退火状态，具有良好的电镦和切削加工性能，经过加工后进行固溶处理，可获得良好的高温强度。原材料若已经过固溶处理，则制造厂不再进行固溶处理，只需进行时效处理，时效处理可以提高强度、硬度和韧性，但温度应严格控制[108]。

奥氏体钢整体排气阀应在磨削加工后进行镀铬或渗氮处理，以提高阀杆及杆端面的耐磨性。

焊接阀采用 42Cr9Si2 或 45Mn2 钢制造阀杆可以节约贵重的 53Cr21Mn9Ni4N 钢，改善导热性能。53Cr21Mn9Ni4N 与 42Cr9Si2 钢焊接排气阀在焊后应进行 370℃×1h 的去应力退火。焊接排气阀的杆端部应进行感应淬火或电解液淬火。

53Cr21Mn9Ni4N 钢排气阀的杆端面和盘锥面可根据设计要求堆焊钴基或镍基合金。

10.5　高温合金

高温合金按化学成分分类，一般分为铁基、镍基和钴基高温合金三大类，近十年又研发出钛基高温合金。铁基合金以 Fe-Ni-Cr 三元系为基体，镍基合金以 Ni-Cr 二元系为基体，钴基合金以 Co-Ni-Cr 三元系为基体，钛基合金以 Ti-Al 二元系为基体，并分别加入各种固溶强化、沉淀强化和晶界强韧化元素，使合金实现强化与韧化，保证合金在高温、应力和腐蚀环境条件的共同作用下具有优异的力学性能、物理性能和化学性能。铁基高温合金价格便宜且具有良好中温力学性能、热加工性能，广泛用于制作在 650～750℃温度范围内使用的不同类型航空发动机和燃气轮机的涡轮盘等零件。镍基高温合金由于高温力学性能良好,组织稳定性高,不易形成拓扑密堆(TCP)相,广泛用于制作 800℃ 以上高温使用的涡轮叶片等零件;钴基高温合金熔点高,抗氧化及耐腐蚀性能优异,持久曲线(Larson-Miller 曲线)平缓,抗热疲劳性能和焊接性能良好。尽管其价格昂贵,但至今仍广泛用做航空发动机和燃气轮机的涡轮导向叶片等零件。钛基合金具有良好的高温稳定性和抗氧化能力,且耐磨性能、弹性模量和抗蠕变性好,比强度高,其使用温度可望达到 900℃ 甚至更高,可用于制备超高速飞行器的机翼、壳体和发动机的涡轮叶片。

本节将分别介绍铁基、镍基、钴基、钛基高温合金,重点是它们的化学成分、显微结构、力学性能以及典型合金介绍。

我国从 1956 年开始生产高温合金,现已形成了自己的高温合金体系。1982 年制定了国家标准 GBn 175—82《高温合金牌号》,1994 年修改为 GB/T 14992—94,列入了 61 个牌号,2005 年发布了 GB/T 14992—2005《高温合金和金属间化合物高温材料的分类和牌号》,代替了 GB/T 14992—94,列入的牌号增加至 177 个。

我国高温合金牌号的命名考虑到合金成形方式、强化类型与基体组元,采用汉语拼音字母符号做前缀。变形高温合金以"高"、"合"汉语拼音的第一个字母"GH"表示,后接四位阿拉伯数字。第一位数字表示合金的分类号,即

1 和 2 表示铁或铁镍(镍含量小于 50%)为主要元素的合金;

3 和 4 表示镍为主要元素的合金;

5 和 6 表示钴为主要元素的合金。

上面数字的单数 1、3、5 为固溶强化型合金,双数 2、4、6 为时效强化型合金。GH 后面的第二、三、四位数字则表示合金的编号。不足三位数字的合金编号的第一个数字用"0"补齐。

等轴晶铸造高温合金采用"K"做前缀,后接三位阿拉伯数字,第一位数字表示分类号,其含义与变形高温合金相同,第二、三位(有时有第四位)数字表示合金编号。粉末高温合金牌号则以前缀"FGH"后采用阿拉伯数字表示,而焊接用高温合金丝的牌号表示则用前缀"HGH"后采用阿拉伯数字表示。近年来随着成形工艺的发展,出现很多新的高温合金,在技术文献中常常可见到"MGH"、"DZ"和"DD"等作为前缀的合金牌号,它们分别表示弥散强化高温合金、定向凝固高温合金和单晶铸造高温合金。金属间化合物高温材料采用"JG"做前缀[52,109]。

在 20 世纪 70 年代以前,我国高温合金牌号表示比现在简单,变形高温合金只有三位数字编号,铸造高温合金只有两位数字编号,即省略了前缀后表示基体类别和强化型类别的第一位数字,如"K17"即现在的"K417","GH36"即现在的"GH2036"等[109]。本章中有个别高温合金牌号仍沿用这种表示方法,这是因为当时它们尚未列入标准。

国外高温合金牌号按各开发生产厂家的注册商标命名,示例见表 10.64。

表 10. 64　一些常见国外高温合金牌号和相应注册商家[52]

牌　号	注册厂家	牌　号	注册厂家
Discaloy	Westinghouse Corporation(西屋公司)	Monel	Inco Family of Companies(因科母公司)
Haynes	Haynes International,Inc(国际汉因斯公司)		
Hastelloy	Haynes International,Inc(国际汉因斯公司)	Nimonic	Mond Nickel Company(蒙特镍公司)
Incoloy	Inco Alloys International,Inc(国际因科公司)	Rene	General Electric Company(通用电器公司)
Inconel	Inco Alloys International,Inc(国际因科公司)	Udimet	Special Metal Inc(特殊金属公司)
		Udimar	Special Metal Inc(特殊金属公司)
MA	Inco Alloys International,Inc(国际因科公司)	Unitemp	Universal-Cyclops steel Corporation（UC 钢公司)
Mar-M	Martin Marietta Corporation(马丁·玛丽塔公司)	Waspaloy	Pratt & Whiteney Company(普特拉-惠特尼公司)

10.5.1　铁基高温合金

10.5.1.1　铁基高温合金的特点

铁基高温合金以 Fe 为基体,加入约 25％Ni 稳定奥氏体组织,同时加入约 15％Cr 保证合金具有足够的抗氧化和抗腐蚀性能,实质上是 Fe-Ni-Cr 三元系为基的合金。此外,Cr 还有固溶强化和形成碳化物强化的作用。铁基高温合金的基体通常有以下类型:Fe-15Cr-25Ni 型,如 GH2132、A286 和 V-57(即 GH2136)等;Fe-15Cr-35Ni 型,如 GH2135 和 GH2130 等;Fe-15Cr-45Ni 型,如 GH2901、GH2706、GH2761、GH2302、Incoloy 901 和 Inconel 706 等。

一般采用 Mo 或 Mo＋W 元素对铁基高温合金进行固溶强化,同时采用 Ti、Al 或(和)Nb 对其进行沉淀强化。当沉淀强化高温合金中 Al 含量足够高时,γ'-Ni_3Al 相是稳定的。大多数铁基高温合金加入的 Ti 含量通常都高于 Al 含量,由于 Ti 可以代替 γ'-Ni_3Al 中的 Al,形成亚稳定性的 γ'-$Ni_3(Ti,Al)$ 相,亚稳相 γ' 可以转变为 η-Ni_3Ti。由于 Mo 和 W 原子的尺寸都大于 Fe 原子,加入后引起晶格畸变,阻碍位错运动。同时,也会对 γ 与 γ' 相晶格错配度产生影响,降低层错能,阻止高温下交滑移发生,提高蠕变强度,也有个别铁基高温合金中加入 Nb,形成以 Nb 为主要组成元素的 γ''-Ni_xNb 沉淀相。

铁基高温合金通常由 γ 奥氏体等轴晶构成,晶内弥散分布着细小的 γ' 相或(和)γ'' 相,有的还存在碳化物,晶界析出有 γ' 相或碳化物。与镍基高温合金中 65％以上 γ' 相相比,铁基高温合金沉淀强化相较少,通常都在 20％以下。我国研制的铁基高温合金 γ' 相的含量在 3％～20％。Ti/Al 高的铁基高温合金中的 γ' 相和 γ'' 相都属亚稳相,有向稳定相 η-Ni_3Ti 和 δ-Ni_3Nb 转变的趋向[2]。

铁基合金中的 γ'-Ni_3Al、γ''-Ni_xNb、η-Nb_3Ti 和 δ-Ni_3Nb 相都是 GCP 相,由于

含有较多的 W、Mo 和 Cr 元素,铁基高温合金中 γ' 和 γ'' 沉淀相不稳定,在标准热处理状态或工作温度长期时效就可能演化成 σ 相、Laves 相或 μ 相等 TCP 相,我国生产的铁基高温合金几乎都有形成 TCP 相的倾向[110,111]。当少量沉淀相呈颗粒状分布于晶界和晶内时,对其力学性能影响不明显;如果呈片状大量析出时,会引起力学性能严重降低,特别是持久强度和塑性。Ti/Al 高的铁基高温合金由于 γ' 相或(和)γ'' 相属亚稳相,容易转变为 η 相和 δ 相,可以在热加工和热处理过程中利用这两个相,使它们分布于晶界,阻止晶粒长大,提高拉伸性能和持久塑性,改善疲劳性能。与镍基高温合金相比,在工艺过程中容易控制组织,这是铁基高温合金的一大特点。对于铁基高温合金 A286、W545、Incoloy 901、V57、GH2132、GH2136、GH2901 等都可以方便地利用相控制,获得细晶组织;对于 GH2706 和 Inconel 706合金可以方便地利用 δ 相进行细晶锻造[2]。

采用第二相 γ' 或 $\gamma'+\gamma''$ 强化的铁基高温合金在中温以下具有良好的力学性能,其性能与同类镍基高温合金相当。因此,铁基高温合金 GH2132、A286、Incoloy 901、V-57、GH2136 和 GH2761 等都用来制作 750℃以下使用的不同类型发动机涡轮盘。另一方面,铁基高温合金以铁为主,占 20%～55%,铁元素的价格相比镍和钴等元素要低廉,因此其成本比镍基或钴基高温合金低。同时,铁基高温合金的热加工性能较镍基合金好,且随铁含量增多,可锻性越好。

10.5.1.2　铁基高温合金的化学成分

我国高温合金的生产从 20 世纪 50 年代仿制镍基高温合金开始,由于镍和铬属战略资源,价格昂贵,几个科研单位先后着手研发铁基高温合金,以代替当时大量使用的镍基高温合金。到 60～70 年代,我国材料科学工作者研制和生产出性能优异的铁基高温合金有 30 多种,其中具有自主知识产权的有 18 种[2],成为我国高温合金系列的一大特色。铁基高温合金依据强韧化机制不同,分为固溶强化和沉淀强化铁基高温合金两种,它们添加合金元素的作用不同,导致化学成分有较大差异性。

国产几种固溶强化铁基高温合金的化学成分见表 10.65。通常用 25%～40%的 Ni 稳定 γ 奥氏体,用 4%～10%的 W 和 Mo 或者 W+Mo+Nb 进行固溶强化,用微量稀土元素铈(Ce)和硼(B)强化晶界。在满足需求的前提下,有时为了节省成本,采用 Mn、N 代替部分 Ni。由于固溶强化铁基高温合金通常用于制造火焰筒、加力筒体等零部件,燃气温度高达 1200℃以上,筒壁承受的温度达 900℃以上,对抗氧化性和抗腐蚀性能要求较高,所以 Cr 元素含量在 20%～25%,有时还加入少量 Al 和 Ti 进行固溶强化,提高其高温强度[2]。

表 10.65　国产固溶强化铁基高温合金的化学成分（GB/T 14992—2005）　（单位：%）

合金牌号	C	Cr	Ni	W	Mo	Mn	Si	其他
GH1015	≤0.08	19.00~22.00	34.00~39.00	4.80~5.80	2.50~3.20	≤1.50	≤0.60	1.10~1.60Nb、≤0.010B、≤0.05Ce、≤0.020P、≤0.015S、≤0.250Cu
GH1016	≤0.08	19.00~22.00	32.00~36.00	5.00~6.00	2.60~3.30	≤1.80	≤0.60	0.9~1.40Nb、0.010B、0.130~0.250N、≤0.05Ce、0.10~0.30V、≤0.020P、≤0.015S
GH1035	0.06~0.12	20.00~23.00	35.00~40.00	2.50~3.50	—	≤0.70	≤0.80	≤0.50Al、0.70~1.20Ti 或 1.45Nb、≤0.050Ce、≤0.030P、≤0.020S
GH1040	≤0.12	15.00~17.50	24.00~27.00	—	5.50~7.00	1.00~2.00	0.50~1.00	≤0.030P、≤0.020S、≤0.200Cu、0.150~0.300N
GH1131	≤0.10	19.00~22.00	25.00~30.00	4.8~6.00	2.80~3.50	≤1.20	≤0.08	0.70~1.30Nb、0.005B、0.150~0.300N、≤0.020P、≤0.020S
GH1139	≤0.12	23.00~26.00	15.00~18.00	—	—	5.00~7.00	≤1.00	≤0.010B、0.300~0.450N、≤0.035P、≤0.020S
GH1140	0.06~0.12	20.00~23.00	35.00~40.00	1.40~1.80	2.00~2.50	≤0.70	≤0.80	0.20~0.4Al、0.70~1.20Ti、≤0.05Ce、≤0.025P、≤0.015S

　　沉淀强化铁基高温合金的化学成分见表 10.66，从表中可见一般合金中都含有不低于 20% 的 Ni 元素，用来形成稳定的 γ 奥氏体基体。为了降低成本，可用约 9% 的 Mn 替代部分 Ni，稳定奥氏体；含有不低于 11% 的 Cr，保证合金具有较好的抗氧化腐蚀性能；加入 Mo、W 或者 W＋Mo 进行固溶强化；加入 Ti、Al、Al＋Ti 或 Al＋Ti＋Nb 进行 γ′ 相或 γ″ 相沉淀强化；加入较多 V 等元素形成 VC 或 $M_{23}C_6$、M_6C 型碳化物强化；加入 B、Mg、Zr、Ce 或 La 进行晶界强化。所有上述强化方法的综合应用使沉淀强化铁基高温合金具有优异的力学性能和化学性能[2]。

10.5.1.3　铁基高温合金的显微组织与结构

　　在标准热处理状态，固溶强化铁基高温合金的显微组织由 γ 奥氏体相组成，γ 基体上还分布有少量 MC 或（和）M_6C 型碳化物，含氮合金还有一次 Z 相（CrNbN）。经 500~900℃ 长期时效，不同合金分别析出 γ′、$M_{23}C_6$、M_6C、M_3B_2、二次 Z 相和 Laves 相等。Z 相呈块状、点状和颗粒状均匀分布于 γ 奥氏体，Laves 相呈小棒状也分布在 γ 奥氏体中，而 M_6C 相分布于晶界。国产固溶强化铁基高温合金的标准热处理制度、组织与相组成见表 10.67。

表 10.66　国产沉淀强化铁基高温合金的化学成分(GB/T 14992—2005)　(单位:%)

合金牌号	C	Cr	Ni	W	Mo	Al	Ti	B	Si	Mn	其他
GH2035A	0.05~0.11	20.00~23.00	35.00~40.00	2.50~3.50	—	0.20~0.70	0.80~1.30	0.010	≤0.80	≤0.70	≤0.050Ce, ≤0.030P, ≤0.020S
GH2036	0.34~0.40	11.50~13.50	7.00~9.00	—	1.10~1.40	—	≤0.12	—	0.30~0.80	7.70~9.50	0.25~0.50Nb, 1.250~1.550V, ≤0.035P, ≤0.030S
GH2038	≤0.10	10.00~12.50	18.00~21.00	—	—	≤0.50	2.30~2.80	≤0.008	≤1.00	≤1.00	≤0.030P, ≤0.020S
GH2130	≤0.08	12.00~16.00	35.00~40.00	1.40~2.20	—	—	2.40~3.20	0.020	≤0.60	≤0.50	0.020Ce, ≤0.015P, ≤0.015S
GH2132	≤0.08	13.50~16.00	24.00~27.00	—	1.00~1.50	2.00~2.80	1.75~2.35	0.001~0.010	≤1.00	1.00~2.00	0.10~0.50V, ≤0.030P, ≤0.020S
GH2135	≤0.08	14.00~16.00	33.00~36.00	1.70~2.20	1.70~2.20	2.00~2.80	2.10~2.50	≤0.015	≤0.50	≤0.40	0.030Ce, ≤0.020P, ≤0.020S
GH2150	≤0.08	14.00~16.00	45.00~50.00	2.50~3.50	4.50~6.00	0.80~1.30	1.80~2.40	≤0.010	≤0.40	≤0.40	0.90~1.40Nb, 0.070Cu, ≤0.050Zr, 0.020Ce, ≤0.015P和S
GH2302	≤0.08	12.00~16.00	38.00~42.00	3.50~4.50	1.50~2.50	1.80~2.30	2.30~2.80	≤0.010	≤0.60	≤0.60	0.050Zr, ≤0.020Ce, ≤0.020P, ≤0.010S

续表

合金牌号	C	Cr	Ni	W	Mo	Al	Ti	B	Si	Mn	其他
GH2696	≤0.10	10.00~12.50	21.00~25.00	—	1.00~1.60	≤0.80	2.60~3.20	≤0.020	≤0.60	≤0.60	≤0.020P, ≤0.010S
GH2706	≤0.06	14.50~17.50	39.00~44.00	—	—	≤0.40	1.50~2.00	≤0.006	≤0.35	≤0.35	2.50~3.50Nb, ≤0.30Cu, ≤0.020P, ≤0.010S
GB2747	≤0.10	15.00~17.00	44.00~46.00	—	—	2.90~3.90	—	—	≤1.00	≤1.00	≤0.030Ce, ≤0.025P, ≤0.020S
GB2761	0.02~0.07	12.00~14.00	42.00~45.00	2.80~3.30	1.40~1.90	1.40~1.85	3.20~3.65	≤0.015	≤0.40	≤0.50	≤0.030Ce, ≤0.20Cu, ≤0.020P, ≤0.008S
GB2901	0.02~0.06	11.00~14.00	40.00~45.00	—	5.00~6.50	≤0.30	2.80~3.10	0.010~0.020	≤0.40	≤0.50	≤0.200Cu, ≤0.020P, ≤0.008S
GB2984	≤0.08	18.00~20.00	40.00~45.00	2.00~2.40	0.90~1.30	0.20~0.50	0.90~1.30	—	≤0.50	≤0.50	≤0.010P, ≤0.010S
K211	0.10~0.20	19.50~20.50	45.00~47.00	—	7.5~8.5	1.50~2.00	3.00~4.00	0.030~0.050	≤0.40	≤0.50	≤0.040P, ≤0.040S
K213	<0.10	14.00~16.00	34.00~38.00	4.00~7.00	—	1.50~2.00	3.00~4.00	0.050~0.100	≤0.50	≤0.50	≤0.015P, ≤0.015S
K214	≤0.10	11.00~13.00	40.00~45.00	6.50~8.00	—	1.80~2.40	4.20~5.00	0.100~0.150	≤0.50	≤0.50	≤0.015P, ≤0.015S

表 10.67　国产固溶强化铁基高温合金的组织与相组成[2,110]

合　金	标准热处理制度	标准热处理状态组织	长期时效后组织	使用温度/℃
GH1015	1140～1170℃,空冷	γ 奥氏体+0.3%NbC+0.17%M$_6$C	700～900℃,析出二次 M$_6$C+Laves 相	950
GH1016	1160℃,空冷	γ 奥氏体+2%Z 相(初生)	700～900℃,析出二次 Z 相+Laves 相+M$_6$C	950
GH1035	1100～1140℃,空冷	γ 奥氏体+少量 Nb(C,N) 或 Ti(C,N)	少量 γ′相和 M$_{23}$C$_6$ 相,σ 相	900
GH1131	1130～1170℃,空冷	γ 奥氏体+1.43% (一次 Z 相+NbC)	700～950℃,析出 Laves 相,少量 M$_6$C 相	900
GH1139	1180℃,空冷	γ 奥氏体+少量 TiC	810～820℃,13%γ′相,0.43% Laves 相,0.39%MC+M$_3$B$_2$ 相	700
GH1140	1050～1090℃,空冷	γ 奥氏体+0.4%Ti(C,N) (一次)	550～800℃,少量 Cr$_{23}$C$_6$、γ′、σ 和 Laves 相	850

　　我国沉淀强化铁基变形高温合金的热处理制度见表 10.68,不同合金的热处理制度由固溶处理+中间处理+时效处理或者固溶处理+时效处理构成,其目的是获得均匀合适的 γ 奥氏体晶粒尺寸并在基体上均匀弥散分布着起强化作用的 γ′相、γ″相或碳化物相。我国沉淀强化铁基变形高温合金的组织见表 10.69。

表 10.68　国产沉淀强化铁基高温合金的标准热处理制度[2,110,111]

合　金	标准热处理制度
GH2035A	1080℃,2h,水冷+480℃,16h,空冷
GH2036	1130℃或 1140℃,80min,水冷,650～670℃,14～16h,升温至 770～800℃,14～20h,空冷
GH2038	1170～1190℃,2h,空冷+750～770℃,16～25h,空冷
GH2130	1180℃,1.5h,空冷+1050℃,4h,空冷+800℃,16h,空冷
GH2132	980～1000℃,1～2h,油冷+700～720℃,12～16h,空冷
GH2135	1140℃,4h,空冷+830℃,8h,空冷+650℃,16h,空冷
GH2150	1040～1080℃,空冷+750℃,16h,空冷
GH2302	1180℃,2h,空冷+1050℃,4h,空冷+800℃,16h,空冷
GH2696	1100℃,1～2h,油冷,780℃,16h,炉冷至 650℃,16h,空冷
GH2706	980℃,1h,空冷+720℃,8h,以 55℃/h 的速率炉冷至 620℃,8h,空冷
GH2761	1090℃,2h,水冷+850℃,4h,空冷+750℃,24h,空冷
GH2901	1090℃,2～3h,水冷或油冷+775℃,4h,空冷+700～720℃,24h,空冷

表 10.69　国产沉淀强化铁基高温合金的组织[2,110,111]

合　金	标准热处理状态	长期时效状态
GH2035A	$0.3\%\gamma'$,$0.4\%\sim0.8\%(M_{23}C_6+M_3B_2+TiC)$	$700\sim750℃$,少量 σ 相颗粒,尺寸 $20\mu m$ 左右
GH2036	$1\%VC$,$3\%M_{23}C_6$,$0.3\%(MC+M(C,N))$	$650℃$,VC 和 $M_{23}C_6$ 颗粒长大
GH2038	γ',$Cr_{23}C_6$,少量 $Ti(C,N)$,晶界上有片状 Laves 相	—
GH2130	γ',MC,M_3B_2,少量 Laves 相	少量 Laves 相在晶内呈棒状析出
GH2132	$2\%\sim3\%\gamma'$-$Ni_3(Ti,Al)$,$0.25\%TiC$ 和 TiN,晶界有 M_3B_2、η 和 Laves 相	$550\sim650℃$,析出 σ 相、η 相
GH2135	$14\%\sim16\%\gamma'$ 相,M_3B_2,TiC	$700\sim900℃$,析出微量 Fe_2W 型 Laves 相
GH2150	$13\%\gamma'$ 相,NbC,TiN,M_3B_2,微量 η 相	$600\sim700℃$,晶界析出少量 η 相,$800℃$,晶内和晶界析出较多片状和粒状 η 相
GH2302	$16.3\%\gamma'$ 相,$Ti(C,N)$,M_3B_2,0.22% 晶界 μ 相	$800℃$,μ 相达 2.8%,少量 Laves 相
GH2696	$10\%\gamma'$ 相,$Ti(C,N)$,M_3B_2,η,Laves 和 Y 相,微量相总量 0.72%	$700℃$ 以上,γ' 相向 η 相转变,晶内和晶界析出棒状 Laves 相
GH2706	γ',γ'' 和 η,δ,MC	—
GH2761	$20\%\gamma'$ 相,少量 TiC,M_3B_2,$Ti_2(C,S)$,微量相总量约 0.4%	$750℃$,析出少量 Laves 相
GH2901	$10\%\sim12\%\gamma'$ 相,少量 MC 和 M_3B_2,占 $0.27\%\sim0.35\%$	$550\sim700℃$,析出少量 Laves 相

　　用金属间化合物 γ' 相强化的合金可分为两类:①当 Ti/Al(原子比)大于 2 时,γ'-$Ni_3(Ti,Al)$ 亚稳相强化,这类合金占铁基高温合金的绝大多数,如 GH2038、GH2132、GH2696、GH2984 等合金,当温度、时间和应力合适时,γ'-$Ni_3(Ti,Al)$ 转变为 η-Ni_3Ti 相;②当 Ti/Al 小于 2 时,以 γ'-$Ni_3(Al,Ti)$ 相强化,这类合金含量较少,如 GH2302、GH2135 等。

　　用金属间化合物 γ'' 强化的铁基变形高温合金有 GH2706、Inconel 706 等合金。

　　GH2132 和 A286 属 γ'-$Ni_3(Ti,Al)$ 亚稳相强化合金。经标准热处理后,晶粒尺寸达 6~7 级,γ'-$Ni_3(Ti,Al)$ 相的含量为 $2\%\sim3\%$,形状为球形,直径为 30~50nm,晶界上存在 MC 型碳化物,同时在晶界上偶尔可观察到胞状 η-Ni_3Ti 相,见图 10.68[2]。

　　以 GH2036 合金为代表的铁基高温合金以 $M_{23}C_6$ 型碳化物为强化相,在 γ 奥氏体晶界和晶内析出。若 V 含量大于 2%,除析出 $M_{23}C_6$ 型碳化物外,还会生成 VC 和 M_6C 型碳化物。VC 非常细小,尺寸约 20nm,含量约 1%,均匀弥散地分布在 γ 奥氏体基体中,而 $M_{23}C_6$ 颗粒稍大,主要分布于晶界上,其含量约 3%[110]。

　　γ' 相沉淀强化铁基铸造高温合金的组织,除存在枝晶偏析外,与用 γ' 相沉淀强化的铁基变形高温合金的组织类似[2]。

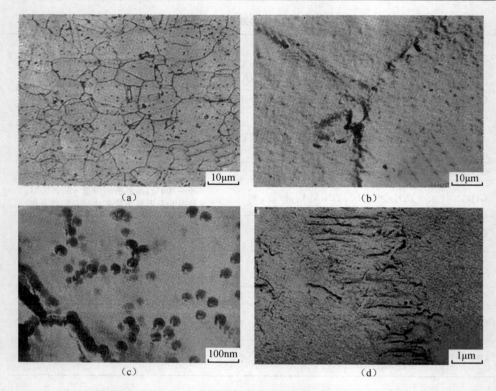

图 10.68　GH2132 合金标准热处理状态的典型微观组织[2]

(a) γ 奥氏体晶粒;(b) 晶界 TiC 颗粒;(c) γ′相形貌;(d) 晶界胞状 η-Ni3Ti 相

10.5.1.4　铁基高温合金的力学性能及其应用

国产固溶强化铁基高温合金在 800℃时 100h 持久强度为 70~140MPa,900℃抗拉强度为 120~220MPa。持久强度和抗拉强度最好的 GH1131 合金,分别为 132MPa 和 215MPa,主要用于制造 700~1000℃短时工作火箭发动机中的零部件,产品形式以管材为主,在多种运载火箭发动机上使用性能稳定,质量可靠,在航空发动机上制作加力燃烧室可调喷口壳体和调节片等零件,使用温度范围在 700~750℃。GH1139 合金用 Mn 和 N 代替部分 Ni,Ni 含量仅 16.5%,是一个便宜的固溶强化铁基高温合金,其持久强度和高温拉伸性能与镍基固溶强化合金 GH3030 相当,抗氧化性能良好,可用于制造航空发动机的各种燃烧室板材结构件和管接头等高温零部件[110]。

沉淀强化铁基高温合金含有 20%以下的 γ′相或 5%以下的碳化物,进行沉淀强化,在 700℃以下具有良好的高温持久强度和高温拉伸强度,同时其强化相含量与镍基合金比较要少得多,所以在 700℃以下塑性较好。中温强度和力学性能良好为沉淀强化铁基高温合金突出特点之一。铁基沉淀强化高温合金 GH2135、GH2706、GH2761、GH2901 等与镍基高温合金 GH4033 相比,在 700～750℃ 以下拉伸性能和持久强度总体上都明显优于镍基合金 GH4033,且价格便宜、热加工性能较好。因此,沉淀强化铁基高温合金用来批量制造航空发动机涡轮盘。

GH2036 合金是早期开始生产的使用碳化物强化的铁基变形高温合金,镍含量低,仍用于制造推重比小于 5 的涡轮喷气发动机的涡轮盘。

K213 铸造铁基高温合金在 700～750℃ 以下持久强度和拉伸性能优异,长期组织稳定性良好,适于制作工作温度在 750℃ 以下的燃气轮机的涡轮叶片和导向叶片。

在航空发动机和燃气轮机中,燃烧室火焰筒是一个关键的热端部件。火焰筒壁承受很高的非均匀分布工作温度,且工作中温度时常发生周期性变化,从而导致很大的热应力,使火焰筒产生裂纹和翘曲变形。国外一般采用固溶强化镍基合金如 Nimonic 75、Inconel 600 和 ЭИ602 等制造火焰筒,我国则采用 GH3030 和 GH3039 镍基固溶强化合金。从 20 世纪 60 年代初,我国航空材料研究所开始研究铁基固溶强化高温合金 GH1140,用以代替镍基合金制作火焰筒。

GH1140 合金主要用于制造低推重比(<5)和低功重比(<3.5)的航空发动机火焰筒,以代替镍基合金 GH3030 和 GH3039。火焰筒的寿命根据使用条件不同而有很大差别,如在涡轮喷气发动机上,由于启动次数频繁,工作制度经常变换,每次开车时间又较短,火焰筒使用后故障较多,寿命较短,一般为几百小时;而在涡轮螺桨发动机上,每次启动后使用时间较长,发动机工作制度的变换也较少,因此火焰筒使用后的故障较少,使用寿命也较长,一般为几千小时[2]。

与镍基合金比较,GH1140 合金存在某些不足,如高温抗氧化性能稍差,在高温(如高于 900℃)长期使用中容易出现烧伤故障;中温(500～600℃)疲劳强度稍低,对在中温下工作的一定结构形式的零件产生疲劳破坏的概率比镍基合金要大些;高温长期使用中的组织稳定性较差,容易引起材料性能的变化。

10.5.2　镍基高温合金

镍基高温合金使用最广泛,牌号最多,使用量最大,地位最重要。镍基高温合金通常加入 10%～25% 的 Cr 元素以保证抗氧化腐蚀性,因而实际上是 Ni-Cr 二元系合金。同时,镍基高温合金需加入 Co、Mo 或 W 等固溶强化以及沉淀强化和晶界强化元素进行充分强化。镍基合金按强韧化类型可分为固溶强化和沉淀强化两类;按成形方法又可分为变形和铸造两类。以下将重点介绍镍基高温合金的特点、成分、组织和力学性能及其典型应用。

10.5.2.1　镍基高温合金的特点

　　镍具有面心立方结构,从室温到高温没有同素异形转变,是一种非常良好的基体金属。镍基合金的基体实际上为二元 Ni-Cr 固溶体,如 GH3030、Nimonic 75、Inconel 718 和 Inconel X750 等。与铁基合金类似,镍基合金采用大量 W、Mo 进行固溶强化;在 Ni-Cr 固溶体中加入有 15%~20% 的 Co 元素,如 GH4090、Udimet 700、K477 等,其基体为 Ni-Cr-Co 三元系;加入约 15% 的 Mo 元素,如 Hatelloy S,形成 Ni-Cr-Mo 三元系基体;加入约 11% 的 W 元素,如 M-22 等,形成 Ni-Cr-W 三元系基体。另外,还采用 Ta、Hf、Re、V 等多种元素进行综合固溶强化,使 γ 固溶体对合金元素的溶解度增大,以获取最大固溶强化效果。例如,Ta、Ru 溶入 γ 奥氏体,可使 Cr、Co 和 Mo 的溶解度增大,使合金的组织稳定性增大,并改变 γ 与 γ′ 相的晶格错配度,增加 γ′ 相的强化效果[112]。有些元素,如 Re 等,还可能产生短程有序结构,进一步增加固溶强化效果[113]。

　　对镍基合金而言,还需加入 Al、Ti 合金元素进行沉淀强化。对性能高的合金,加入的 Al 与 Ti 之和大于 8%,最高可达 10% 以上,以保证形成大量的 γ′ 沉淀强化相,同时加入 C、B 和 Zr 或多种微合金化元素进行综合晶界强化。例如,抗热腐蚀涡轮叶片合金 K435,除含有微合金化元素 C、B 和 Zr 外,还加入有微量 Y(0.05%)、La(0.01%)和 Mg(0.01%)[2]。

　　镍基高温合金中 γ′ 相含量最高可达 65% 以上,主要强化相 γ′ 相的含量越高,合金的高温强度就越高。镍基合金中 γ′ 相的晶格常数与 γ 基体相近,通常呈共格关系。当 γ/γ′ 间错配度较小,为 0%~0.2% 时,γ′ 相为球形,镍基变形合金中 γ′ 相大多为球形;当此错配度较大,达 0.5%~1.0% 时,γ′ 相变为立方形,铸造镍基合金大多属这一情况;当此错配度很大,超过 1.25% 时,γ′ 相变为长条形。镍基合金中由于 Al 含量较高,γ′ 相是稳定相。镍基合金 γ′ 相中分别含有较多的 Nb、Ta 和 Hf,对 γ′ 相产生固溶强化,同时可以增加 γ′ 相的含量,提高 γ′ 相的溶解温度。Nb、Ta 和 Hf 可以作为一种 γ 基体的固溶强化元素,但它们主要进入 γ′ 相,强化 γ′ 相。

　　应该指出,含铁高的镍基高温合金,如 Inconel 718(和我国的 GH4169 成分相同)等,由于加入了较多的 Nb(5.13%),合金时效时析出 γ″ 沉淀相。另一方面,镍在合金化时可以容纳更多的合金元素而不改变合金的稳定性,不析出 TCP 相,镍基合金的组织稳定性要远好于铁基合金。镍基合金中的 TCP 相多属 σ 相和 μ 相,而铁基高温合金的 TCP 相多为 σ 相和 Laves 相。在含有大量 W 和 Mo 的镍基合金中,往往形成 $M_{23}C_6$ 或(和)M_6C 型碳化物,而且主要分布在晶界。

　　镍基高温合金由于固溶强化元素种类多、含量大、沉淀强化元素 Al+Ti 含量高,以及多种微量元素综合强化的作用,其高温强度好于铁基高温合金,特别是 800℃ 以上。因此,铁基高温合金只适于制作 650~700℃ 以下使用的涡轮盘等零件,而镍基高温合金则主要用于制作 800℃以上使用的涡轮叶片等零件。

10.5.2.2　镍基高温合金的化学成分

国产固溶强化镍基高温合金的化学成分见表 10.70。此类合金广泛用来制造燃烧室火焰筒等结构件,工作温度高,要求具有良好抗氧化腐蚀性能,因而加入约20%的 Cr 元素。在 Ni-Cr 固溶体基础上,此类合金还加入 W 和 Mo 进行固溶强化,其总量一般在 20%以下。同时,还加入少量的 Al、Ti 和 Nb 进行补充固溶强化。有些合金还加入有微量 B、Zr 和稀土元素 La、Ce 等进行晶界强化。此类合金都在固溶处理状态下使用。

国产沉淀强化变形与铸造镍基高温合金的化学成分见表 10.71。此类合金中通常加入 6%~20%的 Cr 元素,用以满足零件高温抗氧化和抗腐蚀的要求,同时加入较多的 Co、W、Mo、Nb、Ta、Hf、V 进行综合固溶强化,固溶强化元素之和最高可达 50%左右。与固溶强化合金不同,沉淀强化镍基合金需加入 3%~11%的 Al+Ti 形成 γ' 相强化,有些合金还加入有 Nb、Ta 和 Hf 进一步增加 γ' 相强化效果。此外,还加入有 C、B、Zr 及多种微量有益元素进行综合晶界强化。因此,镍基合金中所含的合金元素种类可达 12~20 种。

镍基高温合金按照其对材料强韧化机制的影响大体上可分为四类,即固溶强化元素、沉淀强化元素、晶界强化元素和有害杂质元素[1,21]。

晶界强化元素亦称为有益的微合金化元素,这些元素通过净化合金及微合金化两个方面来改善合金。这些元素主要有稀土、钙、镁、钡、硼、锆、铪等。稀土和钙、钡、镁等碱土元素对气体元素、硫、磷、氧等有害杂质元素有很强的亲和力,生成密度小的难熔化合物,在冶炼时作为纯净剂加入,可以消除这些有害杂质的危害。另外一些有益元素,如硼、锆、镁、铪,可以偏析于晶界,改善晶界组织,起到强化晶界的微合金化作用。这两类元素都有益于提高合金的热强性和持久断裂塑性,但后一类元素更明显。微合金化的效果与其含量有关,含量太低,其作用发挥不足,含量过高,会恶化性能,必须控制在最佳含量范围,最佳含量因合金而异。

一般认为微合金化的作用机制是由于这类元素偏析于晶界后,改善了第二相的形态和分布以及晶界附近区域的组织(如贫 γ' 区),从而改善了合金的强度和塑性。

硼吸附于晶界,强烈地改变晶粒状态,部分硼在时效时以弥散颗粒状的硼化物析出于晶界,硼的偏析和晶界析出使胞状 $M_{23}C_6$ 型碳化物、大块 MC 型碳化物或 MC 薄膜不易在晶界析出。硼还推迟合金在蠕变应力作用下垂直应力方向上出现 γ' 贫化区及蠕变裂纹,从而提高了蠕变强度。在铁、镍基高温合金中硼的加入量通常≤0.01%~0.02%,在铸造合金中可达 0.02%~0.03%的水平。

表 10.70 国产固溶强化镍基高温合金的化学成分(GB/T 14992—2005)　　(单位:%)

牌　号	C	Cr	Ni	Co	W	Mo	Al	Ti	Fe	其他
GH3007	≤0.12	20.00~35.00	余	—	—	—	—	—	≤8.00	≤1.00Si,≤0.50Mn,≤0.040P,≤0.040S,0.500~2.000Cu
GH3030	≤0.12	19.00~22.00	余	—	—	—	≤0.15	0.15~0.35	≤1.50	≤0.80Si,≤0.70Mn,≤0.030P,≤0.020S,≤0.200Cu
GH3039	≤0.08	19.00~22.00	余	—	—	1.80~2.30	0.35~0.75	0.35~0.75	≤3.00	0.90~1.30Nb,≤0.80Si,≤0.40Mn,≤0.020P,≤0.012S
GH3044	≤0.10	23.50~26.50	余	—	13.00~16.00	≤1.50	≤0.50	0.30~0.70	≤4.00	≤0.80Si,≤0.50Mn,≤0.013P,≤0.013S,≤0.070Cu
GH3128	≤0.05	19.00~22.00	余	—	7.50~9.00	7.50~9.00	0.40~0.80	0.40~0.80	≤2.00	≤0.005B,≤0.060Zr,≤0.050Ce,≤0.80Si,≤0.50Mn,≤0.013P,≤0.013S
GH3170	≤0.06	18.00~22.00	余	15.00~22.00	17.00~21.00	—	≤0.50	—	—	≤0.100La,≤0.005B,0.100~0.200Zr,≤0.50Mn,≤0.013P,≤0.013S
GH3536	0.05~0.15	20.50~23.00	余	0.50~2.50	0.20~1.00	8.00~10.00	≤0.50	≤0.15	17.00~20.00	≤0.010B,≤1.00Si,≤1.00Mn,≤0.025P,≤0.015S,≤0.500Cu
GH3600	≤0.15	14.00~17.00	≤72.00	—	—	—	≤0.35	≤0.50	6.00~10.00	≤1.00Nb,≤0.50Si,≤1.00Mn,≤0.040P,≤0.015S,≤0.500Cu
GH3625	≤0.10	20.00~23.00	余	≤1.00	—	8.00~10.00	≤0.40	≤0.40	≤5.00	3.15~4.15Nb,≤0.50Si,≤0.50Mn,≤0.015P,≤0.015S,≤0.070Cu
GH3652	≤0.10	26.50~28.50	余	—	—	—	2.80~3.50	—	≤1.00	≤0.030Ce,≤0.80Si,≤0.30Mn,≤0.015P,≤0.020S

表 10.71　国产沉淀强化镍基高温合金的主要化学成分（GB/T 14992—2005）

（单位:%）

牌号	C	Cr	Ni	Co	W	Mo	Al	Ti	Fe	其他
GH4033	0.03~0.08	19.00~22.00	余	—	—	—	0.60~1.00	2.40~2.80	≤4.00	≤0.010B,≤0.020Ce
GH4037	0.03~0.10	13.00~16.00	余	—	5.00~7.00	2.00~4.00	1.70~2.30	1.80~2.30	≤5.00	0.100~0.500V,≤0.020B,≤0.020Ce
GH4049	0.04~0.10	9.50~11.00	余	14.00~16.00	5.00~6.00	4.50~5.50	3.70~4.40	1.40~1.90	≤1.50	0.200~0.500V,≤0.025B,≤0.020Ce
GB4080A	0.04~0.10	18.00~21.00	余	≤2.00	—	—	1.00~1.80	1.80~2.70	≤1.50	≤0.008B
GH4090	≤0.13	18.00~21.00	余	15.00~21.00	—	—	1.00~2.00	2.00~3.00	≤1.00	≤0.020B,≤0.150Zr
GH4093	≤0.13	18.00~21.00	余	15.00~21.00	—	—	1.00~2.00	2.00~3.00	≤1.50	≤0.020B
GH4098	≤0.10	17.50~19.50	余	5.00~8.00	5.50~7.00	3.50~5.00	2.50~3.00	1.00~1.50	≤3.00	≤1.50Nb,≤0.005B,≤0.020Ce
GH4099	≤0.08	17.00~20.00	余	5.00~8.00	5.00~7.00	3.50~4.50	1.70~2.40	1.00~1.50	≤2.00	≤0.010Mg,≤0.005B,≤0.020Ce
GH4105	0.12~0.17	14.00~15.70	余	18.00~22.00	—	4.50~5.50	4.50~4.90	1.18~1.50	≤1.00	0.003~0.010B,0.070~0.150Zr
GH4133	≤0.07	19.00~22.00	余	—	—	—	0.70~1.20	2.50~3.00	≤1.50	1.15~1.65Nb,≤0.010B,≤0.010Ce
GH4133B	≤0.06	19.00~22.00	余	—	—	—	0.75~1.15	2.50~3.00	≤1.50	1.30~1.70Nb,0.001~0.010Mg,≤0.010B,0.010~0.100Zr,≤0.010Ce

续表

牌号	C	Cr	Ni	Co	W	Mo	Al	Ti	Fe	其他
GB4141	0.06~0.12	18.00~20.00	余	10.00~12.00	—	9.00~10.50	1.40~1.80	3.00~3.50	≤5.00	0.003~0.010B, ≤0.070Zr
GH4145	≤0.08	14.00~17.00	≥70.00	≤1.00	—	—	0.40~1.00	2.25~2.75	5.00~9.00	0.70~1.20Nb
GH4163	0.04~0.08	19.00~21.00	余	19.00~21.00	—	5.60~6.10	0.30~0.60	1.90~2.40	≤0.70	≤0.005B
GH4169	≤0.08	17.00~21.00	50.00~55.00	≤1.00	—	2.80~3.30	0.20~0.80	0.65~1.15	余	4.75~5.50Nb, ≤0.010Mg, ≤0.006B
GB4199	≤0.10	19.00~21.00	余	—	9.00~11.00	4.00~6.00	2.10~2.60	1.10~1.60	≤4.00	≤0.050Mg, ≤0.008B
GH4202	≤0.08	17.00~20.00	余	—	4.00~5.00	4.00~5.00	1.00~1.50	2.20~2.80	≤4.00	≤0.010B, ≤0.010Ce
GH4220	≤0.08	9.00~12.00	余	14.00~15.50	5.00~6.50	5.00~7.00	3.90~4.80	2.20~2.90	≤3.00	≤0.010Mg, 0.250~0.800V, ≤0.020B, ≤0.020Ce
GH4413	0.04~0.10	13.00~16.00	余	—	5.00~7.00	2.50~4.00	2.40~2.90	1.70~2.20	≤5.00	≤0.005Mg, 0.200~1.000V, 0.020B, 0.020Ce
GH4500	≤0.12	18.00~20.00	—	15.00~20.00	—	3.00~5.00	2.75~3.25	2.75~3.25	≤4.00	0.003~0.008B, ≤0.060Zr
GH4586	≤0.08	18.00~20.00	余	10.00~12.00	2.00~4.00	7.00~9.00	1.50~1.70	3.20~3.50	≤5.00	≤0.015La, ≤0.015Mg, ≤0.005B
GH4648	≤0.10	32.00~35.00	余	—	4.30~5.30	2.30~3.30	0.50~1.10	0.50~1.10	≤4.00	0.50~1.10Nb, ≤0.008B, ≤0.030Ce
GH4698	≤0.08	13.00~16.00	余	—	—	2.80~3.20	1.30~1.70	2.35~2.75	≤2.00	1.80~2.20Nb, ≤0.008Mg, ≤0.005B, ≤0.050Zr, ≤0.005Ce
GH4708	0.05~0.10	17.50~20.00	余	≤0.50	5.50~7.50	4.00~6.00	1.90~2.30	1.00~1.40	≤4.00	≤0.008B, ≤0.030Ce

续表

牌　号	C	Cr	Ni	Co	W	Mo	Al	Ti	Fe	其他
GH4710	≤0.10	16.50~19.50	余	13.50~16.00	1.00~2.00	2.50~3.50	2.00~3.00	4.50~5.50	≤1.00	0.010~0.030B, ≤0.060Zr, 0.020Ce
GH4738	0.03~0.10	18.00~21.00	余	12.00~15.00	—	3.50~5.00	1.20~1.60	2.75~3.25	≤2.00	0.003~0.010B, 0.020~0.080Zr
GH4742	0.04~0.08	13.00~15.00	余	9.00~11.00	—	4.50~5.50	2.40~2.80	2.40~2.80	≤1.00	2.40~2.80Nb, ≤0.100La, ≤0.010B, 0.010Ce
K401	≤0.10	14.00~17.00	余	—	7.00~10.00	≤0.30	4.50~5.50	1.50~2.00	≤0.20	0.003~0.010B
K402	0.13~0.20	10.50~13.50	余	—	6.00~8.00	4.50~5.50	4.50~5.50	2.00~2.70	≤2.00	0.015B, 0.015Ce
K403	0.11~0.18	10.00~12.00	余	4.50~6.00	4.80~5.50	3.80~4.50	5.30~5.90	2.30~2.90	≤2.00	0.012~0.022B, 0.030~0.080Zr, 0.010Ce
K405	0.10~0.18	9.50~11.00	余	9.50~10.50	4.50~5.20	3.50~4.20	5.00~5.80	2.00~2.90	≤0.50	0.015~0.026B, 0.030~0.100Zr, 0.010Ce
K406	0.10~0.20	14.00~17.00	余	—	—	4.50~6.00	3.25~4.00	2.00~3.00	≤1.00	0.050~0.100B, 0.030~0.080Zr
K406C	0.03~0.08	18.00~19.00	余	—	—	4.50~6.00	3.25~4.00	2.00~3.00	≤1.00	0.050~0.100B, ≤0.030Zr
K407	≤0.12	20.00~35.00	余	—	—	—	—	—	≤8.00	—
K408	0.10~0.20	14.90~17.00	余	—	—	4.50~6.00	2.50~3.50	1.80~2.50	8.00~12.50	0.060~0.080B, 0.010Ce
K409	0.08~0.13	7.50~8.50	余	9.50~10.50	≤0.10	5.75~6.25	5.75~6.25	0.80~1.20	≤0.35	≤0.10Nb, 4.00~4.50Ta, 0.010~0.020B, 0.050~0.100Zr
K412	0.11~0.16	14.00~18.00	余	—	4.50~6.50	3.00~4.50	1.60~2.20	1.60~2.30	≤8.00	≤0.300V, 0.005~0.010B

续表

牌　号	C	Cr	Ni	Co	W	Mo	Al	Ti	Fe	其他
K417	0.13~0.22	8.50~9.50	余	14.00~16.00	—	2.50~3.50	4.80~5.70	4.50~5.00	≤1.00	0.600~0.900V、0.012~0.022B、0.050~0.090Zr
K417G	0.13~0.22	8.50~9.50	余	9.00~11.00	—	2.50~3.50	4.80~5.70	4.50~5.00	≤1.00	0.600~0.900V、0.012~0.022B、0.050~0.090Zr
K417L	0.05~0.22	11.00~15.00	余	3.00~5.00	—	2.50~3.50	4.00~5.70	3.00~5.00	—	0.003~0.012B
K418	0.08~0.16	11.50~13.50	余	—	—	3.80~4.80	5.50~6.40	0.50~1.00	≤1.00	1.80~2.50Nb、0.008~0.020B、0.060~0.150Zr
K418B	0.03~0.07	11.00~13.50	余	≤1.00	—	3.80~5.20	5.50~6.50	0.40~1.00	≤0.50	1.50~2.50Nb、0.005~0.015B、0.050~0.150Zr
K419	0.09~0.14	5.50~6.50	余	11.00~13.00	9.50~10.50	1.70~2.30	5.20~5.70	1.00~1.50	≤0.50	2.50~3.30Nb、≤0.003Mg、≤0.100V、0.050~0.100B、0.030~0.080Zr
K419H	0.09~0.14	5.50~6.50	余	11.00~13.00	9.50~10.70	1.70~2.30	5.20~5.70	1.00~1.50	≤0.50	2.25~2.75Nb、1.200~1.600Hf、≤0.100V、0.050~0.100B、0.030~0.080Zr
K423	0.12~0.18	14.50~16.50	余	9.00~10.50	≤0.20	7.60~9.00	3.90~4.40	3.40~3.80	≤0.50	≤0.25Nb、≤0.250Hf、0.004~0.008B
K423A	0.12~0.18	14.00~15.50	余	8.20~9.50	≤0.20	6.80~8.30	3.90~4.40	3.40~3.80	≤0.50	≤0.25Nb、0.005~0.015B

续表

牌号	C	Cr	Ni	Co	W	Mo	Al	Ti	Fe	其他
K424	0.14~0.20	8.50~10.50	余	12.00~15.00	1.00~1.80	2.70~3.40	5.00~5.70	4.20~4.70	≤2.00	0.50~1.00Nb, 0.500~1.000V, 0.015B, 0.020Zr, 0.020Ce
K430	≤0.12	19.00~22.00	≥75.00	—	—	—	≤0.15	—	≤1.50	≤1.20Si
K438	0.10~0.20	15.70~16.30	余	8.00~9.00	2.40~2.80	1.50~2.00	3.20~3.70	3.00~3.50	≤0.50	0.60~1.10Nb, 1.50~2.00Ta, 0.005~0.015B, 0.050~0.150Zr
K438G	0.13~0.20	15.30~16.30	余	8.00~9.00	2.30~2.90	1.40~2.00	3.50~4.50	3.20~4.00	≤0.20	0.40~1.00Nb, 1.40~2.00Ta, 0.005~0.015B
K441	0.02~0.10	15.00~17.00	余	—	12.00~15.00	1.50~3.00	3.10~4.00	—	—	0.001~0.010B, ≤0.050Zr
K461	0.12~0.17	15.00~17.00	余	≤0.50	2.10~2.50	3.60~5.00	2.10~2.80	2.10~3.00	6.00~7.50	0.100~0.130B, 1.20~2.00Si
K477	0.05~0.09	14.00~15.25	余	14.00~16.00	—	3.90~4.50	4.00~4.60	3.00~3.70	≤1.00	0.012~0.020B, ≤0.040Zr, ≤0.100Ce
K480	0.15~0.19	13.70~14.30	余	9.00~10.00	3.70~4.30	3.70~4.30	2.80~3.20	4.80~5.20	≤0.35	≤0.10Nb, ≤0.10Ta, ≤0.100Hf, ≤0.010Mg, ≤0.100V, 0.010~0.020B, 0.020~0.100Zr
K491	≤0.02	9.50~10.50	余	9.50~10.50	—	2.75~3.25	5.25~5.75	5.00~5.50	≤0.50	≤0.005Mg, 0.080~0.120B, ≤0.040Zr

注:以 K 为前缀的等轴晶铸造高温合金中,以数字表示的牌号后缀表示某种特定工艺或特定化学成分等的英文字母符号。本表中作为杂质元素的 Mn、Si、P、S、Cu 未标出,可参阅 GB/T 14992—2005。

　　镁的加入量在 0.01% 以下。适量的镁除了净化作用外,还吸附于晶界和相界,可以改善晶界碳化物的形态和分布。镁偏析于晶界位错核心处,增加原子间结合力,降低晶界裂纹扩展速率,使裂纹不易形成和长大,导致强度和塑性同时增加。镁还可能进入 γ' 和碳化物相,致使位错切割 γ' 相阻力增大和晶内强度进一步提高。

　　有害杂质元素溶解度都很小,许多是低熔点的,或与基体元素生成低熔点的化合物共晶体,使合金的热加工性和高温力学性能显著降低。因此,越是高级的高温合金,杂质的控制要求也越高。要严格控制 N、O、H 这些气体含量元素,高级的镍基高温合金的氧、氮含量必须控制在 10ppm 以下。高温合金的硫和磷的含量控制也很重要,通常高温合金中的硫含量控制在 0.015% 以下,优质的高温合金控制在 0.005%～0.007% 以下,如能将硫、磷含量降到 5ppm 的水平,可以明显地提高合金的性能。其他有害元素还有很多,1970 年美国宇航材料标准 ASM2280 对铋、碲、硒、铅、铊 5 个元素提出了严格控制,含量分别在 0.5～5ppm 以下;还对其他 15 种元素(Sb、As、Au、Na 等)提出了控制要求,含量分别在 50ppm 以下,总和不允许超过 400ppm;到了 1975 年又将严格控制的有害元素扩大到 39 种。实际上,先进厂商生产的优质镍基合金对有害杂质的控制要严于上述要求[119]。

10.5.2.3　镍基高温合金的热处理制度及其显微组织与结构

　　在标准热处理状态下,固溶强化镍基高温合金的组织为 γ 奥氏体基体上分布着少量以夹杂物形式存在的 MC、MN 或 M(CN),或者在晶内及晶界上存在少量 $M_{23}C_6$、M_6C 和 M_7C_3 等碳化物(表 10.72)。

表 10.72　我国生产的固溶强化镍基高温合金的显微组织与相[2,111]

合金	标准热处理制度	标准热处理状态组织	长期时效后组织	使用温度/℃
GH3030	980～1020℃,空冷	γ,少量 TiC, Ti(C,N)	700～800℃ 长期时效,析出少量 $M_{23}C_6$	800
GH3039	1050～1090℃,空冷	γ,少量 TiC, NbC, $M_{23}C_6$	600～900℃ 长期时效,析出少量 $M_{23}C_6$	850
GH3044	1120～1160℃,空冷	γ,少量 MC, $M_{23}C_6$	700～900℃长期时效,析出 α-W	900
GH3128	1140～1180℃,空冷	γ,少量 TiN, M_6C	900℃长期时效,析出 α-W	950
GH3170	1190～1240℃,空冷	γ,少量 M_6C, ZrN	900℃或 1000℃长期时效,析出 $M_{12}C$,μ 相	1000
GH3536	1130～1170℃,空冷	γ,少量 TiN, M_6C	700～900℃长期时效,析出 μ、Laves 相	900
GH3600	1010～1050℃,空冷	γ,少量 TiN, Cr_7C_3	800℃长期时效,Cr_7C_3 增多	700
GH3625	950～1030℃,空冷	γ,少量 TiN, TiC, M_6C	650～900℃长期时效,析出 γ''、δ、$M_{23}C_6$、M_6C	950

注:$M_{12}C$ 与 M_6C 一样也是一种三元化合物,其组成为 A_6B_6C,$M_{12}C$ 在高温合金中很少发现[2]。

　　沉淀强化镍基变形高温合金的热处理通常分为固溶处理、中间处理和时效处理。固溶处理是将合金加热到固溶温度进行保温，使 γ' 相、碳化物等第二相溶入基体，为下一步时效做好准备，并获得一定晶粒度。固溶处理的温度选择要保证这些相充分固溶，同时还要考虑对合金晶粒尺寸的要求，固溶处理的温度越高，晶粒就越粗大。

　　一般而言，晶界碳化物对奥氏体晶粒长大起阻碍作用。固溶温度越高，碳化物溶解越充分，晶粒也越粗大。合金晶粒尺寸在时效过程中不能改变。合金晶粒尺寸的要求与工作条件有关。镍基高温合金的固溶温度一般在 $1040\sim1230℃$。如果材料要求蠕变、持久强度为主，应以大晶粒为好，晶粒度以 $3\sim4$ 级为宜，选择固溶温度应较高。如果材料要求疲劳、瞬时强度为主，则以细小晶粒为好，固溶温度较低，但保温时间较长。中等晶粒（$4\sim5$ 级）合金的中温（$600\sim700℃$）强度较好。合金晶粒大小与该温度下的保温时间有关，但其影响不如温度明显。

　　固溶处理后的冷却速率对以后时效析出相的颗粒大小也有影响。冷却速率快有利于生核而不利于长大；反之，有利于长大而不利于生核。由于冷却速率的不同，影响析出相的大小，从而影响合金的强度和塑性。大部分合金固溶处理后采用空冷冷却，少数合金采用水冷或者油冷。

　　中间处理是处于固溶处理和时效处理之间的热处理，其温度一般低于固溶温度而高于时效温度。中间处理的目的是使高温合金晶界析出一定量的各种碳化物相和硼化物相，如二次 MC、$M_{23}C_6$、M_6C 及 M_3B_2 等，同时使晶界及晶内析出较大颗粒的 γ' 相。晶界析出的颗粒碳化物提高晶界强度，晶内大的 γ' 相析出使晶界、晶内强度得到协调配合，提高合金持久和蠕变寿命及持久伸长率改善合金长期组织稳定性。

　　大多数合金都需要进行中间处理，合金化程度高的时效强化合金尤为如此，如 GH4037、GH4049 合金经 $1050℃$ 中间处理后，晶界上析出颗粒状的 $M_{23}C_6$、M_6C 型碳化物，提高了合金的持久强度和持久伸长率。经中间处理的 GH4049 合金，晶内析出方形的大 γ' 相，在以后时效处理时又析出较小的圆形 γ' 相。γ' 相析出总量与未经中间处理的合金相同，但其 $900℃$、$220MPa$ 条件下持久寿命提高了 50 多小时。高温合金中的不同碳化物的析出范围不同，因而中间处理的温度不同。相同碳化物在不同高温合金中的析出温度亦有差异。

　　高温合金时效处理是将经过固溶处理或固溶处理＋中间处理后的合金重新加热至一定的温度，保持一定的时间，使在合金基体中均匀地析出一定量的强化相，如 γ' 相 γ'' 相等，以达到合金最大的强化效果。高温合金的时效温度一般随合金中合金元素含量的增加，尤其是铝、钛、铌、钨和钼含量的增加而升高，时效处理温度为 $700\sim1000℃$。合金时效温度下不应引起强化相的溶解和聚集长大。合金中 Al＋Ti 含量大约为 3％，时效温度选择 $700℃$；Al＋Ti 含量为 6％，时效温度为

850℃。对于高铝钛合金,由于 γ' 相析出温度高,固溶后空冷 γ' 相很快就可以析出,时效温度一般选择较工作温度稍高些为宜。有些合金,为了抑制 σ、μ 等有害相的析出,时效温度要有所改变。

有些高温合金,如 GH4710,时效处理分二级进行,其目的是调整强化相的大小,以获得强度和韧性的最佳配合。

时效处理对合金强度起决定作用。绝大部分合金以 γ' 相强化,强化程度取决于 γ' 相的含量和大小。表 10.73 列出一些合金时效后的 γ' 相析出量和析出峰值温度范围。

表 10.73　几种沉淀硬化镍基变形高温合金时效 γ' 相析出量和析出峰值温度[109]

合　金	γ' 相析出量/%	γ' 相析出峰值温度/℃
GH4033	8～9	650～700
GH4037	20～22	800～850
GH4143	42～44	700 左右
GH4049	42～44	850～900
GH4151	55	850～900

沉淀强化镍基变形高温合金在标准热处理状态的组织,主要由等轴晶 γ 奥氏体及弥散分布其中的 γ' 相构成,晶内分布有少量块状 MC、MN、M(C,N)等夹杂物相,晶界存在 $M_{23}C_6$ 或 M_6C 型碳化物。表 10.74 列出了有代表性沉淀强化镍基变形高温合金的组织、使用温度和主要用途。

表 10.74　国产几种沉淀硬化镍基变形高温合金的组织、使用温度和主要用途[2,110]

合　金	标准热处理状态组织	长期时效后组织	使用温度/℃	主要用途
GH4037	γ,20% γ',少量 MC、M_6C,$M_{23}C_6$	700～1000℃,Cr_7C_3 向 $M_{23}C_6$ 转变	850	涡轮工作叶片
GH4133B	γ,14%～15% γ',少量 MC,$M_{23}C_6$	750℃长期时效,γ' 向 η-Ni_3Ti 转变	750	涡轮盘
GH4141	γ,γ',M_6C,$M_{23}C_6$,MC	长期时效析出 μ 相	870	燃烧室火焰筒
GH4163	γ,$M_{23}C_6$	800℃长期时效,γ' 向 η 转变,并析出 M_6C	800	燃烧室火焰筒
GH4169	γ,γ',γ'',δ,NbC	长期时效,γ'' 向 δ 转变	650	涡轮盘
GH4220	γ,40%～50% γ',M_6C,$M_{23}C_6$,MC,M_3B_2	—	950	涡轮工作叶片
GH4413	γ,29% γ',$M_{23}C_6$,MC	长期时效,无 TCP 相析出	850	涡轮工作叶片
GB4710	γ,γ',MC,$M_{23}C_6$,M_3B_2	850℃长期时效,析出少量 σ 相	980	涡轮盘

Inconel 718 合金(相当于我国 GH4169 合金)是以 γ'' 和 γ' 相复合强化的镍基变形高温合金,在铝含量低于 0.2% 时,γ' 相占优势,而当铝含量增加到 0.5% 时,γ'' 相占优势。图 10.69 为 Inconel 718 经过固溶和时效处理后显微组织[114]。从图

中可以看出,原始组织由约 $25\mu m$ 的 γ 奥氏体晶粒组成,碳化物(如 NbC)沿晶界或晶内分布。经固溶处理后,γ 奥氏体晶粒变大,碳化物消失;时效处理后,片状 δ 相在晶界析出,且 δ 相含量随时效时间增加而增加。TEM 结构分析表明,晶界析出 δ 相为金属间化合物 Ni_3Nb;晶内析出细小的 γ' 和 γ'' 强化相,γ' 相为棒状,尺寸为纳米级,电子衍射表明,γ'' 相同样为 Ni_3Nb,见图 10.70[115~117]。

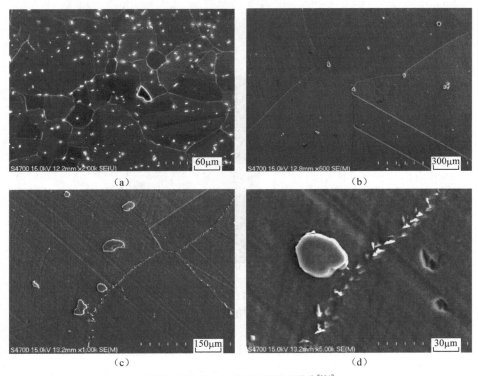

图 10.69　Inconel 718 SEM 照片[114]

(a)原始显微组织;(b)固溶处理组织(1095℃,1h);(c)和(d)时效处理组织(固溶处理后 955℃时效 3.5h)

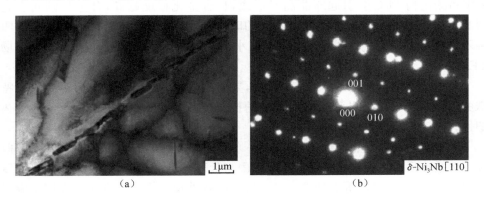

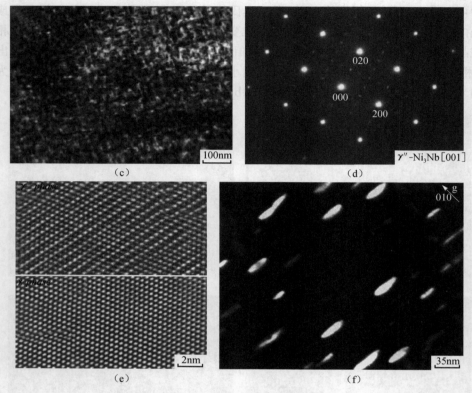

图 10.70　　Inconel 718 TEM 照片[115~117]

(a) 晶界片状 δ 相;(c) γ″相;(b)、(d) 电子衍射花样;(e) γ/γ′界面;(f) 暗场 γ″和 γ′相

　　图 10.71 为标准热处理状态的 GH4145 合金的显微组织图[118]。图 10.71(a)为金相组织,可以看出,GH4145 合金基体为等轴晶 γ 奥氏体,晶内存在退火孪晶,γ′-Ni₃(Al,Ti)相和碳化物(MC,M₆C)析出在晶内和晶界上。晶界上析出的 γ′相和碳化物 M₆C 会引起弯曲晶界形成,且合金化程度越高,合金越倾向引起弯晶。由于 GH4145 合金在两种不同的时效温度下处理,晶内有弥散分布的两种不同粒径的 γ′相,大的尺寸为 80nm,小的尺寸为 20 nm,见图 10.71(b)暗场 TEM 照片。

　　普通热处理的合金晶界都是平直的,要想获得锯齿状的弯曲晶界需要进行特殊的热处理。弯曲晶界可以增加合金的抗蠕变和持久性能,并提高合金的持久塑性。

　　获得弯曲晶界的热处理工艺有三种[109]:①控制固溶后冷却速率的控冷处理;②固溶缓冷后析出相再次在较低温度下固溶处理;③固溶处理后空冷到某一温度下保温,然后再空冷的等温处理。最后进行时效处理。第一种方法是在固溶温度

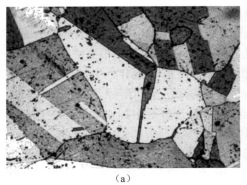 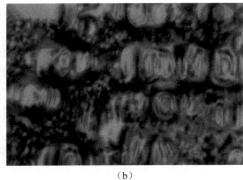

　　　　　　　(a)　　　　　　　　　　　　　　　(b)

图 10.71　GH4145 合金标准热处理状态的组织[118]

(a) 金相照片；(b) γ'相的暗场 TEM 照片

保持一定时间，以较空冷缓慢的冷却，使晶界上沉淀出粗大的第二相 γ' 或碳化物 M_6C 等，使晶界迁移时形成弯晶。第二种方法可在第二次固溶时使粗大的第二相（一般为 γ'）大部分溶解，然后在空冷或时效时重新析出较弥散的第二相。这样既保留了弯曲晶界，提高了晶界的强度，又由于晶内细 γ' 相的析出而提高了晶内强度，使晶内、晶界强度能有较好的配合。等温处理时，等温过程中在晶界上沉淀出第二相（主要是碳化物），与此同时因晶界的迁移形成弯晶。因形成弯曲晶界的温度较低，强化相细小，在随后的空冷中，γ' 相迅速析出，尺寸较小且弥散分布。这样，强度和韧性得到了更好的配合。

　　形成弯曲晶界的基本原因是高温下晶界首先析出 γ' 相或碳化物 M_6C 等第二相。因此在高温下发生晶界迁移时，第二相钉扎住部分晶界，而在第二相颗粒之间的晶界发生晶界迁移，从而造成锯齿形弯曲晶界。我国一些学者对镍基变形合金中弯曲晶界的形成机制和动力学过程进行了较深入的研究[119]。

　　表 10.74 列出了常用做燃烧室火焰筒结构材料、涡轮工作叶片和涡轮盘材料的沉淀强化镍基变形高温合金的显微组织与相结构，其高温强度主要取决于 γ' 沉淀相的含量与分布。随着 γ' 相含量增加，高温强度增加，使用温度显著提高。如 γ' 沉淀相为 20%～30% 的 GH4413 合金，使用温度为 850℃，当 γ' 相含量进一步提高达约 45% 的 GH4710，使用温度高达 950～980℃。

　　从表 10.71 中可以看出，在镍基高温合金中铸造合金的数目最多，由于铸造合金不用热加工变形，容许加入更多的合金元素。因此，铸造镍基高温合金的使用温度比变形镍基合金的使用温度高出 100～150℃，达到 1050～1100℃。采用真空下精密铸造方法生产高温合金涡轮盘、叶片等部件，其工艺有如下特点：采用铸造可以在较大范围内增加合金元素含量；同样成分的合金采用铸造，比变形合金持久性能高；形状可以复杂，可以制成空心叶片并使用相应的冷却技术；生产工序简单，成本较低;可以采用定向凝固技术制成定向结晶、单晶、共晶合金叶片。

镍基铸造合金中往往钨、钼含量高。钨、钼进入 γ 基体,增加了 γ 基体的点阵常数,从而降低了 γ 和 γ' 相的共格应变,使在高温下工作时的 γ' 相更稳定。

这类合金中铝、钛含量高,合金中 γ' 相含量高,镍基铸造合金中加入钽、铌,主要是形成 γ' 相,起强化作用。这类合金中的钴、铬、钼用于固溶强化,但由于高铝、钛合金中 γ' 相的析出, γ' 相中的钴、铬、钼含量又低,这势必增加 γ 固溶体中钴、铬、钼的含量,以致合金有形成 σ 相的可能。因此,镍基合金中的铝、钛加入量要限制,Al+Ti 含量越高,铬的加入量越低。镍基铸造合金中碳含量较高,这有利于提高合金的流动性。同时形成的碳化物起强化作用,但碳含量不能太高,否则形成过多的 TiC,变成夹杂物降低合金性能。

铸造镍基高温合金铸态组织的特点是存在明显的树枝晶组织,由 γ 奥氏体基体和大量弥散分布其中的 γ' 相构成,此外还有少量在晶界分布的 $M_{23}C_6$ 和(或) M_6C 相。由于加入有微量硼,一般还有少量的 M_3B_2 相。由于固溶强化和沉淀强化元素加入量较变形合金多, γ' 相含量比较多,存在一次、二次 γ' 组织,在最后凝固区域有时还有 $\gamma+\gamma'$ 共晶组织(三次 γ' 相)。时效处理后,MC 呈块状,起骨架强化作用。

图 10.72 是一种成分为 Ni-6.0% Al-7.0% Ta-6.0% Cr-4.0% W-4.0% Co-2.0% Re 的单晶镍基高温合金的显微组织[120]。图 10.72(a)为铸态单晶(110)面的枝晶组织形貌。不同尺寸和形貌的 γ' 相分布于枝晶干处和枝晶间隙处。细小的立方体状的 γ' 相分布于枝晶干处,较粗的近似球状的 γ' 相分布于标以"A"的枝晶间隙处,尺寸约为 $2\mu m$。图 10.72(b)为上述合金经 1320℃加热 4h 空冷后,再在 1080℃时效 4h 后的显微组织。析出的 γ' 相成长为规则的立方体,尺寸为 $350\sim450nm$, γ' 相间的 γ 基体的通道宽度为 $50nm$, γ' 相的体积分数约为 70%。

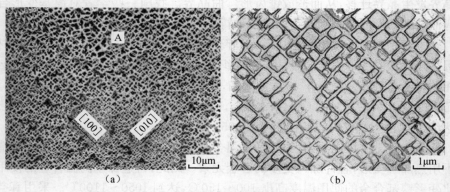

(a)　　　　　　　　　　　　(b)

图 10.72　镍基铸造高温合金显微组织[120]

(a)枝晶组织(铸态);(b)立方体状 γ' 相(固溶+时效)

图 10.73 为 K438 镍基铸造合金经标准热处理后的显微组织。标准热处理的规范为 1120℃固溶处理 2h,空冷＋850℃×24h,空冷。合金经标准热处理后的组织基本上还保持原铸态组织特点,主要由 γ 基体、γ′、γ＋γ′ 共晶、TiC 及微量的 M_3B_2 及 Y 相组成。由于 Ti 的严重树枝状偏析,在枝晶间富集有较多的 γ′ 相,TiC 一般在枝晶间析出。γ＋γ′ 共晶是最后凝固的,多处于枝晶间和晶界。γ＋γ′ 共晶生长时需要吸收较多的 Al 和 Ti,因此在其前沿形成贫 Al、Ti 区,在该区富集较高的 Zr 和 S。Y 相一般以液态析出,但数量极少,其化学组成近似 $(Zr_{0.48}, Ti_{0.30}, Nb_{0.22})CS$。

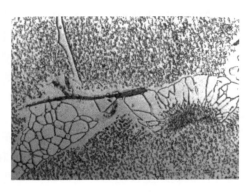

图 10.73　K438 镍基铸造合金经标准热处理后的显微组织[121]　630×
白色花瓣状为 γ＋γ′ 共晶,灰色块状为 MC,灰色条状为 Y 相和弥散的 γ′ 相

从表 10.75 可见,铸造高温合金的特征是 γ′ 相含量高,随着 γ′ 相含量从 30％增加到 65％,其使用温度从 850℃提高到 1000℃,明显拓展了其应用温度范围。

表 10.75　几种国产沉淀强化镍基铸造高温合金的组织和使用温度[2,110]

合　金	标准热处理状态组织	长期时效后组织	使用温度/℃
K418	γ,55％γ′,2％(γ＋γ′),1％MC,少量 M_3B_2	MC 分解析出 $M_{23}C_6$,有时析出少量 σ 相	900
K405	γ,57％～60％γ′,2％(γ＋γ′),MC,M_3B_2	850℃长期时效,在叶片厚截面处有 σ 相	950
K465	γ,60％γ′,2％(γ＋γ′),1.7％MC	长期时效或叶片厚截面处有条状相析出	950
K471	γ,67％γ′,其中 3％～5％(γ＋γ′),2％TiC,少量 Y 相	700～1000℃长期时效,析出 $M_{23}C_6$,在叶片厚大部位析出 σ 相	950
K403	γ,58％～59％γ′,2％(γ＋γ′),MC,M_6C	800℃长期时效,析出 $M_{23}C_6$,少量 σ 相	1000
K423	γ,40％～50％γ′,1.8％(TiC＋M_3B_2),σ	750～950℃长期时效,析出片状 σ 相	1000

从表 10.74 和表 10.75 中可以看出,长期时效后的镍基高温合金会析出 TCP 相,对其性能有较大影响,预测和控制镍基高温合金出现 TCP 相(主要是 σ 相)具有十分重要的意义。

依据 TCP 相是一种电子化合物,它的形成主要是受电子因素的控制,与合金的电子空位数有关,在此基础上建立了一种预测和控制合金出现 TCP 相(主要是 σ 相)的计算方法。由于计算比较复杂,一般都采用计算机。这种方法称为相计算(PHACOMP),是一种半理论半经验的方法。1964 年以来已发展了几种主要的相计算方法,并不断完善,应用于镍基变形高温合金和铁基高温合金,一般与实际符合得比较好。1984 年,一些学者发展了一种新相计算方法(NewPHACOMP)。这是基于高温合金主要固溶强化元素是具有自旋不成对 d 电子的过渡元素,d 电子之间的共价键强度越高,合金中过渡元素的结合能越大,因此研究高温合金中 d 电子的结构特征,对于理解合金强化机理和组织稳定性是十分必要的。在 d 电子理论基础上发展的新相计算方法,可以预测高温合金中 TCP 相的析出倾向和用于设计新合金。这方面的论述可参阅有关专著[2,21,109]。

10.5.2.4　定向凝固及单晶铸造

航空发动机涡轮叶片的运行经验证明,大多数裂纹都是沿着垂直于叶片主应力方向的晶粒间界,即横向晶界上产生和发展的。因此,消除横向晶界可以显著提高叶片抗裂纹生长能力。定向凝固就是对叶片铸件的凝固过程进行控制,以获得平行于叶片轴向的柱状晶粒组织,这就是定向凝固的柱晶叶片。如果采取措施,只允许一个晶粒成长成柱晶,从而消除一切晶界,这就是单晶叶片。

为达到定向凝固的目的,有两个基本条件必须同时满足[21,109]:

(1) 铸件在整个凝固过程中固-液相界面的热流应保持单一方向扩散,使成长晶体的凝固界面沿一个方向推进;

(2) 结晶前沿区域必须维持正向温度梯度,以阻止其他新晶核的形成。

定向凝固时金属注入壳型,首先与水冷铜板相遇,靠近板面的金属液迅速冷至结晶温度以下并开始结晶。此时形成的晶粒,其位向是混乱的,各方向都有。在随后的凝固进行过程中,由于热流是通过已结晶的固体合金有方向地向冷却板散热,结晶前沿是正向温度梯度,那些具有〈100〉方向的晶粒择优长大,排挤掉其他方向的晶粒。只要上述定向凝固条件保持不变,取向为〈100〉的柱状晶继续生长,直到整个叶片,如图 10.74 所示。定向凝固合金呈柱状组织,但晶柱并不严格平行,与主应力轴之间的偏离一般控制在 10°~15°。随着

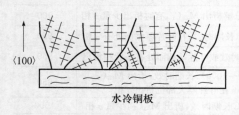

图 10.74　晶体定向成长示意图[109]

温度梯度和凝固速率的提高。树枝晶组织及 γ' 相尺寸变小,碳化物等偏析程度减轻,合金强度及塑性随之得到改善[109]。

20 世纪 60 年代开始进行定向凝固的研究工作。定向凝固工艺有多种方法,目前高速定向凝固法(HRS 法)是耐高温合金精铸定向凝固技术中应用最广的一种方法,大量涡轮叶片都是采用这种工艺生产的。该方法是在水冷底盘下装有型壳抽出机构,型壳置于感应加热体内,感应加热体下部安装一隔热挡板。浇铸后型壳与冷却底盘逐渐下移。隔热挡板挡住了感应体的辐射热,使型壳内未凝固区处于热区的高温下,而型壳移出部分的凝固区处于冷区,热流则由水冷板通过传导移出,使合金凝固界面前沿保持高的温度梯度,凝固速率快,铸件质量和生产效率都显著提高[21,109,122]。

　　单晶叶片铸造工艺主要是在型壳设计上与定向凝固工艺不同,即增设了单晶选择通道,使一定数量的晶粒进入单晶选择通道底部,只有一个晶粒从选择通道顶部露出并充满整个型腔。单晶选择通道一般采用几个直角转弯或小直径向上角度的螺旋体(直径为 0.3～0.5cm)。凝固时在水冷铜板上首先形成许多任意取向的晶粒,然后〈100〉取向的晶粒择优生长,通常有 2～6 个〈100〉或〈110〉取向的晶粒进入单晶选择通道,最后只有一个〈100〉晶粒出现在型腔底部并生长,从而制得单晶叶片(图 10.75)[109]。

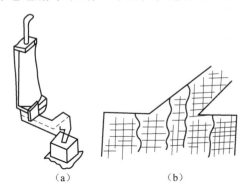

图 10.75　单晶法示意图[109]

(a) 单晶叶片铸型设计;(b) 单晶叶片凝固过程

　　单晶叶片铸造时为了阻止型壳内各部分杂质形核的发生,单晶型壳的预热温度和熔融合金的过热度更高,典型的模温为 1500～1600℃,比定向凝固柱晶高出 25～100℃。

　　定向凝固及单晶技术已在许多重要高温合金上获得应用,获得了突出的经济效益。定向结晶涡轮叶片与普通精铸同类叶片比较,性能上有很大提高:疲劳寿命提高 8 倍,持久寿命提高 2 倍,持久塑性提高 4 倍。单晶叶片提高得更多,一级涡轮单晶叶片比精铸叶片持久寿命提高 4 倍,二级提高 5 倍[21]。现在一些生产厂已有专门生产线生产定向凝固和单晶叶片。

　　表 10.76 为我国定向凝固柱晶镍基高温合金的主要化学成分。表 10.77 为我国一些定向凝固柱晶镍基高温合金的热处理制度和使用温度。

　　从成分上看,定向凝固高温合金与普通精铸高温合金没有什么区别。20 世纪 70 年代中期,对加铪的 Mar-M200 合金的热处理研究发现,蠕变强度受细小 γ' 相体积分数支配,而最大提高细小 γ' 相体积分数的关键是提高合金初熔温度和固溶热处理温度。由于单晶没有晶界,不需要加入在常用高温合金中不可少的晶界强化元素 C、B、Zr、Hf 等,其初熔点温度可提高 90℃。初熔点高的合金可在较高的固溶温度下处理,使一次 γ' 相完全溶解,在随后的时效处理中得到更多的二次细小 γ' 相,同时又大大减轻树枝状偏析程度,其蠕变强度显著增加。此后单晶高温合金开始迅速发展和普及应用。

　　与普通高温合金的成分相比,单晶镍基高温合金含有较高的钽,某些单晶合金还添加铼。钽像钨一样提高合金的高温强度,能显著改善组织稳定性和抗腐蚀性,提高 γ' 相的体积分数,扩大固溶处理温度,并且有很好的单晶可铸性。铼有固溶强化作用并能防止单晶合金中 γ' 相的粗化。

表10.76　我国定向凝固柱晶镍基高温合金的主要化学成分（GB/T 14992—2005）　（单位：%）

牌号	C	Cr	Co	W	Mo	Al	Ti	Fe	Nb	Ta	Hf	V	B	Zr
DZ404	0.10~0.16	9.00~10.00	5.50~6.50	5.10~5.80	3.50~4.20	5.60~6.40	1.60~2.20	≤1.00	—	—	—	—	0.012~0.025	≤0.020
DZ405	0.07~0.15	9.50~11.00	9.50~10.50	4.40~5.50	3.40~4.20	5.00~6.00	2.00~3.00	—	—	—	—	—	0.010~0.020	≤0.100
DZ17G	0.13~0.22	8.50~9.50	9.00~11.00	—	2.50~3.50	4.80~5.70	4.10~4.70	≤0.50	—	—	—	0.600~0.900	0.012~0.024	≤0.050
DZ22	0.12~0.16	8.00~10.00	9.00~11.00	11.50~12.50	—	4.75~5.25	1.75~2.25	≤0.20	0.75~1.25	—	1.40~1.80	—	0.010~0.020	≤0.050
DZ22B	0.12~0.14	8.00~10.00	9.00~11.00	11.50~12.50	—	4.75~5.25	1.75~2.25	≤0.25	0.75~1.25	—	0.80~1.10	—	0.010~0.020	≤0.050
DZ38G	0.08~0.14	15.50~16.40	8.00~9.00	2.40~2.80	1.50~2.00	3.50~4.30	3.50~4.30	≤0.30	0.40~1.00	1.50~2.00	—	—	0.005~0.015	—
DZ4002	0.13~0.17	8.00~10.00	9.00~11.00	9.00~11.00	≤0.50	5.25~5.75	1.25~1.75	≤0.50	—	2.25~2.75	1.30~1.70	≤0.100	0.010~0.020	0.030~0.080
DZ125	0.07~0.12	8.40~9.40	9.50~10.50	6.50~7.50	1.50~2.50	4.80~5.40	0.70~1.20	≤0.30	—	3.50~4.10	1.20~1.80	—	0.010~0.020	≤0.080
DZ4125L	0.06~0.14	8.20~9.80	9.20~10.80	6.20~7.80	1.50~2.50	4.30~5.30	2.00~2.80	≤0.20	—	3.30~4.00	—	—	0.005~0.015	≤0.050

注：表中的牌号为新牌号。上述牌号中的杂质元素Si，Mn，P，S，Pb，Sb，As，Sn，Bi，Ag，Hf含量的上限规定见GB/T 14992—2005。在GB/T 14992—2005中列入了1个定向凝固柱晶钴基高温合金牌号DZ640M，其主要化学成分为：0.45%～0.55%C，24.5%～26.5%Cr，9.50%～11.50%Ni，7.00%～8.00%W，0.10%～0.50%Mo，0.70%～1.20%Al，0.05%～0.30%Ti，≤2.00%Fe，0.05%～0.50%Ta，0.008%～0.018%B，0.100%～0.300%Zr。

表 10.77　我国一些定向凝固柱晶镍基高温合金的热处理制度和使用温度[2]

牌　号	热处理制度	使用温度/℃
DZ404	(1220±10)℃×4h/空冷＋(870±10)℃×32h/空冷	1000
DZ417G	(1220±10)℃×4h/空冷＋(980±10)℃×16h/空冷	980
DZ422	(1205±10)℃×4h/空冷＋(870±10)℃×32h/空冷	1000
DZ438G	1190℃×2h/空冷＋1090℃×2h/空冷＋850℃×2h/空冷	900
DZ4125	(1180±10)℃×2h+(1230±10)℃×3h/空冷＋ (1100±10)℃×4h/空冷＋(870±10)℃×20h/空冷	1000
DZ4125L	(1220±10)℃×2h/空冷＋(1080±10)℃×4h/空冷＋ (900±10)℃×16h/空冷	1000

　　定向凝固及单晶合金与普通铸造合金相比,其强度提高不多,但塑性有明显改善。定向凝固及单晶合金的弹性模量小,从而使其热疲劳性能成倍提高。定向凝固及单晶合金最显著的性能特点是蠕变强度及持久性能的成倍提高。

　　表 10.78 为我国单晶镍基高温合金的主要化学成分。

　　单晶合金没有晶界,因此理所当然地认为没有必要加入这些降低初熔温度的晶界强化元素 C、B、Zr、Hf。初期的单晶合金都完全去掉了这些元素,后来发现,单晶合金还需要这些元素,只是作用有所不同。在一些合金中加入微量(0.1％)Hf,可以明显地改善涂层与基体的兼容性和黏结性而提高涂层寿命和抗氧化、腐蚀性能。之后,其他的合金有的也加入微量 Hf。加入微量 Hf 对单晶合金的工艺性能和力学性能也有好处,同时,C 和 B 也再次引入单晶合金,但含量甚微。加入 C 是为了净化合金液,起脱氧剂作用,对抗腐蚀性能也有益;加 B 是为了强化单晶合金中不可避免的低角度晶界。当然,微量 Hf、C、B 的加入也会降低合金的初熔温度,但降低幅度很小[2]。

　　单晶高温合金含有难熔金属元素 W、Mo、Ta、Re 等,种类多,含量高。它们的原子半径都大于镍基固溶体,难于扩散。为了要消除树枝晶结构造成的元素偏析,并溶解初生 γ' 相和 $\gamma+\gamma'$ 共晶,通常都采用较高的固溶处理温度,一般都在 1300℃ 以上。表 10.79 为我国研制的单晶镍基高温合金的热处理制度。

　　表 10.80 为我国研制的单晶镍基高温合金的组织。标准热处理状态单晶高温合金的典型组织为 γ 奥氏体基体上分布有大量 γ' 相,后者的体积分数通常在 65％ 左右,其形状为立方体,在长期时效后,γ' 相往往粗化成筏排组织,通常无 TCP 相析出。

表 10.78　我国单晶镍基高温合金的主要化学成分(GB/T 14992—2005)　(单位：%)

牌号	C	Cr	Co	W	Mo	Al	Ti	Fe	Nb	Ta	Hf	Re	B	Zr
DD402	≤0.006	7.00~8.20	4.30~4.90	7.60~8.40	0.30~0.70	5.45~5.75	0.80~1.20	≤0.20	≤0.15	5.80~6.20	≤0.0075	—	≤0.003	≤0.0075
DD403	≤0.010	9.00~10.00	4.50~5.50	5.00~6.00	3.50~4.50	5.50~6.20	1.70~2.40	≤0.50	—	—	—	—	≤0.005	≤0.0075
DD404	≤0.01	8.50~9.50	7.00~8.00	5.50~6.50	1.40~2.00	3.40~4.00	3.90~4.70	≤0.50	0.35~0.70	3.50~4.80	—	—	≤0.010	≤0.050
DD406	0.001~0.04	3.80~4.80	8.50~9.50	7.00~9.00	1.50~2.50	5.20~6.20	≤0.10	≤0.30	≤1.20	6.00~8.50	0.050~0.150	1.600~2.400	≤0.020	≤0.100
DD408	<0.03	15.50~16.50	8.00~9.00	5.60~6.50	—	3.60~4.20	3.60~4.20	≤0.50	0.75~1.25	0.70~1.20	—	—	≤0.005	≤0.007

注：DD408中铝加钛含量为7.50%~7.90%。上述牌号中的杂质元素含量规定见 GB/T 14992—2005。

表 10.79 我国研制的单晶镍基高温合金的热处理制度[2]

牌 号	热处理制度
DD402	1315℃×3h/空冷＋1080℃×6h/空冷＋870℃×20h/空冷
DD403	1250℃×4h/空冷＋870℃×32h/空冷
DD404	1260℃×2h/风冷＋1080℃×4h/空冷＋900℃×16h/空冷
DD406	1290℃×1h,1300℃×2h＋1315℃×4h/空冷＋1120℃×4h/空冷＋870℃×32h/空冷
DD408	1100℃×8h/空冷＋1240℃×4h/空冷＋1090℃×2h/空冷＋850℃×24h/空冷

表 10.80 我国研制的单晶镍基高温合金的组织[2]

合 金	标准热处理状态组织	长期时效后组织
DD402	γ,68%γ',其形态为立方体,尺寸 0.4μm	850℃,无 TCP 相
DD403	γ,64%γ',极少 MC	850℃和 950℃未见 σ 相,950℃γ'相粗化呈筏排组织
DD404	γ,γ'呈立方体形,尺寸 0.15~0.3μm	850~950℃未发现 TPC 相
DD406	γ,γ'呈立方体形	无 TPC 相
DD408	γ,65%γ'呈立方体形	900℃和 1000℃有少量 $M_{23}C_6$ 和 M6C 析出,无 TPC 相

单晶高温合金由于消除了晶界,有 60%以上 γ'相沉淀强化和大量难熔金属的固溶强化,使其高温持久和蠕变强度大幅度提高,因而特别适宜于制作先进航空发动机和燃气轮机的涡轮叶片。通常把 140MPa 条件下 100h 或 1000h 的持久温度称为承温能力,或直称使用温度[2]。DD403 合金适于制作 1040℃以下工作的燃气涡轮转子叶片,叶片表面需涂 MCrAlY 涂层。DD406 是一种低 Re 单晶高温合金,在 1100℃、140MPa 条件下的持久寿命达到 132h,其承温能力较 DD403 合金提高约 40℃,使用温度为 1040~1070℃,具有优良的抗氧化性能和抗腐蚀性能。

表 10.81 为国外常用定向凝固和单晶镍基高温合金的主要化学成分。

表 10.81 国外常用定向凝固(A)和单晶(B)镍基高温合金的主要化学成分[2,109]

(单位:%)

牌 号		C	Cr	Co	W	Mo	Nb	Ta	Hf	Zr	Al	Ti	B	Re	V	Ru	Y	Ni
Mar-M200	A	0.13	9.0	10.0	12.0	—	1.0	—	—	0.05	5.0	2.0	0.015	—	—	—	—	余
Mar-M002	A	0.15	9.0	10.0	10.0	—	—	2.5	1.5	0.05	5.5	1.5	0.015	—	—	—	—	余
In100	A	0.18	10.0	15.0	—	3.0	—	—	—	0.06	5.5	4.7	0.014	—	—	—	—	余
Rene80H	A	0.073	12.9	9.6	4.9	4.0	—	—	0.74	0.01	3.02	4.48	0.015	—	—	—	—	余
Rene125	A	0.11	9.0	10.0	7.0	2.0	—	3.8	1.5	—	4.8	2.5	—	—	—	—	—	余
Rene150	A	0.06	5.0	10.0	5.0	1.0	—	6.0	1.5	—	5.5	—	0.015	—	2.2	—	—	余
B-1900	A	0.10	8.0	10.0	—	6.0	—	4.0	—	0.10	6.0	1.0	0.015	—	—	—	—	余
ReneN6	B	0.05	4.2	12.4	6	1.4	—	7.2	0.15	—	5.75	—	0.004	5.4	—	—	0.01	余
TMS-138	B	—	3.2	5.8	5.9	2.8	—	5.6	0.1	—	5.9	—	—	5	—	2	—	余
TMS-138A	B	—	3.2	5.8	5.6	2.8	—	5.6	0.1	—	5.9	—	—	5.8	—	3.6	—	余
EPM-102	B	—	2	16.5	6	2	—	8.3	0.15	—	5.6	—	0.004	6	—	3	0.01	余
TMS-162	B	—	2.9	5.8	5.8	3.9	—	5.6	0.09	—	5.8	—	—	4.9	—	6	—	余
TMS-196	B	—	4.6	5.8	5	2.4	—	—	0.1	—	5.6	—	—	6.4	—	5	—	余

10.5.2.5　粉末高温合金

现代航空、航天事业的迅速发展,对高温合金的工作温度和性能提出了越来越高的要求。为满足这些新的要求,高温合金中强化元素含量不断增加,成分越来越复杂,以致很难进行热加工变形,只能在铸态下使用。由于铸态合金存在严重的偏析,导致显微组织的不均匀性和性能的不稳定。

20世纪60年代初,人们开始研究用粉末冶金工艺制备高性能的高温合金。1972年美国最先研制成 In100 和 Rene95 粉末高温合金,分别用于制作发动机上的部件。之后不断发展,其他国家如苏联、法国、英国亦研制出新的粉末冶金高温合金涡轮盘,应用在各种先进发动机上。表 10.82 为国外一些轮盘用镍基高温粉末高温合金的主要化学成分。

表 10.82　国外一些涡轮盘用粉末冶金镍基高温合金的主要化学成分[2,109]

(单位:%)

牌　号	C	Cr	Co	W	Mo	Al	Ti	Nb	V	Hf	Zr	Ta	B	Ni
In100	<0.10	10	14	—	3.5	5.5	4.5	—	1.0	—	0.05	—	0.01	余
Rene95	<0.10	14	8	3.5	3.5	3.5	2.5	5.5	—	—	0.05	—	0.01	余
MERL76	0.025	12.5	18.5	—	3.0	5.0	4.3	1.4	—	0.4	0.06	—	0.02	余
Rene88DT	0.03	16	13	4	4	2.1	3.7	0.7	—	—	0.03	—	0.015	余
ЭП741НП	0.05	9.0	16	5.3	3.7	5.0	1.8	2.6	—	0.25	≤0.015	—	<0.015	余
Rene104	0.03	13	18	1.9	3.8	3.5	3.5	1.4	—	—	0.5	2.7	0.03	余
Alloy10	0.04	11	15	5.7	2.5	3.8	1.8	1.8	—	—	0.1	0.9	0.03	余
RR1000	0.03	15	18.5	1	5.0	3.0	3.6	—	—	0.75	0.06	2.0	0.02	余

我国在 20 世纪 70 年代末开始研究粉末冶金高温合金,1984 年已可生产性能指标达到要求的 $\phi420mm$ 涡轮盘,并不断取得进展。表 10.83 为我国研制的一些粉末冶金镍基高温合金的主要化学成分。

表 10.83　我国一些粉末冶金镍基高温合金的化学成分(GB/T 14992—2005)

(单位:%)

牌号	C	Cr	Co	W	Mo	Al	Ti	Nb	Ta	Zr
FGH4095	0.04~0.09	12.00~14.00	7.00~9.00	3.30~3.70	3.30~3.70	3.30~3.70	2.30~2.70	3.30~3.70	≤0.020	0.030~0.070
FGH4096	0.02~0.05	15.00~16.50	12.50~13.50	3.80~4.20	3.80~4.20	2.00~2.40	3.50~3.90	0.60~1.00	≤0.020	0.025~0.050
FGH4097	0.02~0.06	8.00~10.00	15.00~16.50	4.80~5.90	3.50~4.20	4.85~5.25	1.60~2.00	2.40~2.80		0.010~0.015

注:FGH4096 合金含有 0.005%~0.010%Ce,FGH4097 合金含有 0.100%~0.400%Hf、0.002%~0.050%Mg、0.005%~0.010%Ce。

各合金含有:0.006%~0.015%B、≤0.50%Fe、≤0.20%Si、≤0.15%Mn、≤0.015%P、≤0.015%S(FGH4097 合金中含 0.009%S)。

FGH4095 合金的化学成分类似于 Rene95 合金,属高强合金,最高使用温度达 650℃;FGH4096 合金的化学成分与 Rene88DT 合金相似,具有高的抗裂纹扩展能力,最高使用温度可达 750℃;FGH4097 合金具有优异的高温持久强度和蠕变性能,其化学成分与 ЭП741НП 合金相同,最高使用温度也可达 750℃[2]。

氧化物弥散强化高温合金是另一类粉末高温合金,其突出特点是在高温(1000～1350℃)下仍具有比较高的强度。γ' 相析出和碳(氮)化物强化是传统镍基高温合金及前述的粉末高温合金主要强化相手段之一,但在高温下这些强化相发生粗化和重新溶于基体而失去了强化作用。氧化物弥散强化高温合金是将细小的氧化物颗粒(一般选用 Y_2O_3)均匀地分散于高温合金基体中,通过阻碍位错运动而产生强化效果。Y_2O_3 具有很高的熔点(2417℃),不与基体发生反应,具有非常好的热稳定性和化学稳定性,其强化作用可以维持到接近合金的熔点温度。氧化物弥散强化高温合金的使用温度可以达到或超过 $0.9T_{熔}$。

人们研究氧化物弥散强化合金起步较早,当时采用传统的粉末冶金工艺,很难将超细的氧化物颗粒均匀地分散于合金基体中。直到 20 世纪 70 年代初,机械合金化工艺问世,才使氧化物弥散强化合金快速发展起来,并相继开发出一些牌号的氧化物弥散强化合金,并在航空发动机中得到应用[109]。表 10.84 为国外一些氧化物弥散强化高温合金的主要化学成分,其中,MA754 合金用于导向叶片、层板等,MA6000 合金用于工作叶片,MA956 合金用于燃烧室等。

表 10.84　国外一些氧化物弥散强化高温合金的主要化学成分[109]　（单位：%）

牌　号	C	Cr	W	Mo	Al	Ti	Ta	B	Zr	Y_2O_3	Fe	Ni
MA6000	0.05	15	2	4	4.5	2.5	2	0.01	0.15	1.1	—	基
MA754	0.05	20			0.3	0.5				0.6	1.0	基
MA753	0.06	20			1.5	2.3		0.01	0.07	1.4	—	基
MA757	—	16			3.9	0.6				0.7	0.5	基
MA956	—	20			4.5	0.5				0.5	基	
MA957	—	13.5	0.3		—	1				0.4	基	

1985 年以来,我国先后研制成十余种牌号的氧化物弥散强化高温合金,其力学性能达到国外同类合金水平。表 10.85 为我国研制成的一些弥散强化铁基和镍基高温合金的化学成分。

表 10.85　我国氧化物弥散强化铁基和镍基高温合金的化学成分（GB/T 14992—2005）

（单位：%）

牌　号	C	Cr	Ni	W	Mo	Al	Ti	Y_2O_3	Fe
MGH2756	≤0.10	18.50～21.50	<0.50	—	—	3.75～5.75	0.20～0.60	0.30～0.70	余
MGH2757	≤0.20	9.00～15.00	<1.00	1.00～3.00	0.20～1.50	—	0.30～2.50	0.20～1.00	余
MGH4754	≤0.05	18.50～21.50	余	—	—	0.25～0.55	0.40～0.70	0.50～0.70	<1.20

续表

牌　号	C	Cr	Ni	W	Mo	Al	Ti	Y₂O₃	Fe
MGH2755	≤0.10	25.00~35.00	余	—	—	—	—	0.10~2.00	≤4.0
MGH2758	≤0.05	28.00~32.00	余	—	0.25~0.55	0.40~0.70	0.50~0.70	<1.20

注:MGH2757 合金中钨、钼元素可任选一种加入。MGH2758 合金中铜含量在 0.50%~1.50%。MGH4754 合金和 MGH2758 合金中含<0.50%[O]、<0.005%S。

粉末高温合金的性能与粉末的质量、粉末的成形工艺密切相关。高温合金粉末的制备方法有多种,常采用的有气体雾化法、旋转电极法和真空雾化法[109,122]。

由于粉末高温合金对粉末的质量要求十分严格,气体含量低,其中氧含量小于 100ppm,氮含量小于 50ppm,氢含量小于 10ppm。粉末粒度控制在 50~150μm,夹杂物含量小于 20 粒/kg 粉,所以用各种工艺制备出的粉末必须经过系列的处理后才能使用。这些处理包括粉末的筛分和混料、夹杂物的去除及表面吸附气体的去除等。有关高温合金粉末形貌、组织、析出、尺寸及夹杂物控制等问题的深入分析可参阅文献[122]。

氧化物弥散强化高温合金粉末的制备方法亦有多种,其关键是将超细的氧化物质点均匀分散于合金粉末中,其中最常用也是最适合于生产使用的方法是机械合金化法。机械合金化是在高能球磨机内完成的,将合金成分所要求的各种金属元素粉末、中间合金粉末、超细氧化物粉末(一般小于 50nm)装入球磨桶内,按照一定的球料比装入钢球,在惰性气体保护下进行长时间的干式球磨,使合金元素粉末完全固溶于基体粉末颗粒中,氧化物颗粒也均匀地分散在基体粉末颗粒内,最终得到含有均匀分布的氧化物质点,成分与合金成分完全相同的合金化粉末。机械合金化工艺除用于制备氧化物弥散强化高温合金外,还广泛用于制备非晶、纳米晶、过饱和固溶体、金属间化合物等[109]。

松散的高温合金粉末需经固实工艺处理,一方面可获得具有一定形状的部件或预成型坯,同时通过控制固实工艺参数得到所希望的组织。固实的主要方法有真空热压(HP)、热等静压(HIP)、热挤压和锻造。

真空热压一般适用于较小尺寸的坯件。热等静压工艺是通过高温高压对粉末坯体的作用,使其达到完全致密化的目的。在热等静压工艺中,通常用氩气作为压力的传递介质,粉末坯体在热等静压力的作用下发生收缩、烧结。现代热等静压设备的最高使用温度和压力达到 2000℃和 202MPa,炉膛有效直径达 1250mm,可以一次制出几吨重的坯体合金[109]。用热等静压工艺固实粉末高温合金的一般步骤为:将处理好的高温合金粉末装入洁净的碳钢或不锈钢包套中,在 500~600℃抽真空除去包套内的气体和颗粒表面吸附的气体,包套密封后进行热等静压处理。热等静压后的坯料可以继续进行热挤压或锻造,并配合适当的热处理,以改善合金的组织和性能。热挤压是用得较多的固实化工艺,热挤压后的材料可以继续进行锻造或轧制。

　　氧化物弥散强化高温合金的主要固实方法是热挤压,通过控制挤压温度、挤压比和挤压速率等工艺参数,可以达到固实的目的,又在合金内建立足够的储能,以便在随后的必须采取的再结晶退火工艺中得到粗大的柱状晶组织。一般要求采用尽量低的挤压温度、高的挤压比和高的挤压速率。挤压温度一般选择 1000～1200℃,挤压比在 10:1 到 20:1 之间,挤压速率随挤压温度和挤压比而变。如 MA753 合金在 1066℃以 16:1 挤压比挤压,挤压速率为 15.2cm/s,经再结晶处理后,晶粒完全长大成粗大的柱状晶,合金具有最高的高温持久性能。

　　粉末高温合金的组织特征之一是无偏析、均匀、晶粒细小,晶粒尺寸一般在 7～12 级范围内。夹杂物、原始颗粒边界、热诱导空洞等是粉末冶金工艺带来的另一组织特征。粉末冶金高温合金的组织与性能强烈地受制粉、固实化和热机械处理等工艺因素的影响。表 10.86 为制粉和固实化工艺对 In100 合金室温拉伸性能的影响。

表 10.86　制粉与固实化工艺对 In100 合金室温拉伸性能的影响[109]

压实工艺	制粉工艺	σ_s/MPa	σ_b/MPa	δ/%	ψ/%
热等静压	氩雾化	943.7	1123.1	8	10
挤压	氩雾化	1205.4	1680.7	20	16
挤压	旋转电极	1176	1633.7	21	17
铸态	—	936.9	984.9	4	8

　　粉末高温合金的中低温持久性能高于普通铸造或变形合金,但随着温度的提高,其持久性能下降较快。这是因为粉末高温合金的晶粒细小,在中低温度范围内,蠕变不起主要作用,因而具有较高的强度和抗疲劳性能,而高温时由于晶界的滑动使细晶对持久性能产生不利的影响。通过适当的热机械处理,使晶粒粗化,持久性能可以大大提高。

　　氧化物弥散强化高温合金的组织特点是:①超细氧化物颗粒直径一般为 15～50nm,均匀分布在基体中,间距为 100nm 左右,如此细小、弥散的氧化物颗粒不会影响合金的塑性;②粗大的柱状晶粒,其尺寸随合金成分和热机械工艺的不同而有所变化,长径比一般为 5～10 或更大;③有强烈的织构特征,其形成受热机械处理和弥散相的影响,但其机制尚不完全清楚。

　　氧化物弥散强化高温合金的组织特点决定了其性能的各向异性,沿平行于加工方向的纵向具有很高的强度和塑性,而垂直于加工方向的横向性能相对较低。这种合金的各向异性可加以利用,如 MA754 合金导向叶片的纵向平行于加工方向且具有[100]类型的织构,而面心立方金属的[100]方向的弹性模量小,在一定的热变形量下,产生较小的热应力,有利于合金的抗疲劳性能[109]。

　　目前得到较广泛应用的氧化物弥散强化高温合金主要有三类[2,109]:

(1) 含有 γ' 强化相的合金,如 MA6000,其中 γ' 相的体积分数为 50%~55%,保证合金在中温具有较高的强度。在高温下,虽然 γ' 相的强化作用消失,但弥散相 Y_2O_3 的强化作用使其强度远远高于普通的铸造或变形高温合金。MA6000 合金高中温性能良好,抗腐蚀性能优良,适于制作涡轮动叶片,其工作温度可达 1150℃。

(2) 不含 γ' 沉淀强化相的合金,如 MA754,是一种单相奥氏体合金,在 1000℃ 以上,其强度高于普通高温合金,可做发动机涡轮导向叶片,其工作温度可达 1100℃。

(3) 铁基氧化物弥散强化高温合金,如 MA956,其特点是熔点高,密度小,较高的高温强度,优良的抗氧化性、耐腐蚀性,其抗氧化温度可高达 1350℃,已制成高温燃烧室,在先进的燃气轮机上使用。

10.5.2.6　喷射成形高温合金

在第四分册 8.2.10 喷射成形高速钢一节中已简要论述了喷射成形技术的发展。喷射成形高温合金是随着喷射成形技术的应用而发展起来的,喷射成形制备高合金化高温合金可以克服常规铸锭冶金工艺和粉末冶金工艺制造高温合金存在的许多缺点,因而得到迅速的发展。目前实际形成大口径壁厚管、宇航环形件、航空发动机涡轮盘坯等三个主要应用方向[123]。

美国在 20 世纪 80 年代率先开始镍基高温合金的喷射成形试验。一些厂家联合成立了喷射成形国际公司,专门从事航空发动机环形坯生产,设备容量达 2.7t,沉积坯重达 2.2t,环件直径达 1.4m,壁厚 0.4m。美国通用电气公司在 1995 年建成 1t 级雾化沉积装置,以电渣重熔方式获得了纯洁的液体金属流,成功地制备了 Rene88DT 等高性能涡轮盘合金喷射成形高纯度沉积坯。其他一些国家也相继投入研究[123,124]。

我国自 1990 年起开展了喷射成形高温合金制备的科学问题、工艺技术及合金应用研究,2005 年建成代表当前喷射成形技术先进水平的装置,可制备高品质 $\phi400mm \times 600mm$ 柱形沉积坯、管坯及环形件,并制备了喷射成形的难变形涡轮盘合金(GH4742、GH4710 等)、环形件变形高温合金(GH4169、GH4141 等)、粉末高温合金(FGH4095、Rene88DT 等)、铸造高温合金(K403、K417 等)。研究工作表明,喷射成形高温合金成分均匀、无宏观偏析、晶粒细小、气体夹杂含量低、力学性能与粉末合金相当、高于变形合金、冷热加工性能明显改善,部分产品已交付使用。喷射成形的 GH4742 涡轮盘与常规铸锻涡轮盘相比,其抗拉强度与屈服强度均提高 10% 以上,断面收缩率提高 50% 以上[123]。表 10.87 为喷射成形与常规工艺生产的高温合金持久寿命对比,表 10.88 为喷射成形与常规工艺生产的高温合金的高温持久寿命对比。

表 10.87　喷射成形与常规工艺生产的高温合金持久寿命对比[123]

牌号	状态	试验温度/℃	力学性能			
			$R_{p0.2}$/MPa	R_m/MPa	A/%	Z/%
GH4742	喷射成形盘形件	20	1060	1449	18.9	41.2
	常规工艺盘形件	20	864	1329	17.7	—
	喷射成形盘形件	650	957	1326		
	规定	650	686	1127	—	—
GH4169	喷射成形环形件	20	1228	1446	18.6	31.7
	规定	20	1035	1275	12	15
	喷射成形环形件	650	1039	1190	22.0	36.6
	常规工艺环形件	650	960	1142	19.3	21.8

表 10.88　喷射成形与常规工艺生产的高温合金高温持久寿命对比[123]

	GH4742		GH4169	
状态	650℃/834MPa	750℃/539MPa	状态	650℃/690MPa
喷射成形钢坯	165h	90h	喷射成形环形件	146h
喷射成形盘形件	274h	63h	喷射成形轧制环形件	235h
常规铸锻成形	>50h	>50	常规铸锻成形	>25h

　　GH4738 合金的使用温度在 815℃ 以下,是国内外广泛使用的高温合金,用于制作航空发动机的涡轮盘、密封环件、叶片,以及石油、化工等设备中承受高温的旋转部件[125]。我国有关单位研究了喷射成形 GH4738 合金的组织特征和力学性能[122]。用氮气雾化喷射成形的合金坯各处的致密度基本在 99% 以上,热轧成环形件,致密度提高至 100%,低倍显示组织细密,无宏观偏析和夹杂,热处理后未见晶粒异常长大。加热温度在 1000~1200℃ 范围内,保温 4h,晶粒尺寸在 25~33μm,具有较好的抗晶粒长大特性。喷射成形高温合金由于晶粒细化等原因使其抗拉强度和塑性提高。表 10.89 为两种工艺生产的 GB4738 合金的高温拉伸和持久性能对比[122]。

表 10.89　喷射成形与常规工艺生产的 GH4738 合金的高温拉伸和持久性能对比[122]

合金	815℃拉伸性能				815℃/328MPa 持久性能	
	$R_{p0.2}$/MPa	R_m/MPa	A/%	Z/%	t/h	A/%
喷射成形 GH4738	654	689	38.5	39.5	31.50	17
常规工艺 GH4738	634	651	23	33	—	—

10.5.2.7　镍基高温合金的力学性能

Inconel 718(GH4169)合金在 20 世纪 60 年代开始获得应用,由于其具有优异的力学性能、良好的热处理工艺和焊接性能,在世界众多变形高温合金中占有一定的优势,广泛应用于航空、航天、石油、化工等各个领域。用于涡轮盘的最高使用温度为 650℃。GH4169 属于镍基高温合金,由于该合金含约 18.5%的 Fe,有时亦归之为镍铁基高温合金[114,126]。该合金在 650℃时瞬时拉伸试验时的 σ_b=1164MPa、$\sigma_{0.2}$=1019MPa、δ=26%,650℃、1000h 时的持久强度为 481MPa。但 Inconel 718 合金在高温服役条件下的组织的稳定性不如其他镍基合金,其 γ'' 沉淀强化相向 δ 相转变,且以片状形式在晶界上析出,导致性能恶化(图 10.69)。同时,δ 相含量与时间相关,使用时间越长,δ 相含量越高,性能越差。图 10.76 为 Inconel 718 合金组织转变前后蠕变应变性能比较[114]。图中曲线 1 表示的热处理工艺为经过 1095℃×1h 固溶处理,再经 720℃×8h 缓冷至 620℃×8h 时效,析出的强化相为均匀分布的 γ' 相和 γ'' 相。曲线 2 和 3 表示的热处理工艺为固溶处理后增加一次 955℃的高温时效,时间分别为 1h 和 3.5h,此时将析出 δ 相,时间越长,δ 相析出越多。可见,出现 δ 相后合金的寿命减少,为无 δ 相析出合金寿命的一半,而蠕变断裂塑性由 5.6%缩减为 1%。图 10.77 为 Inconel 718 合金出现 δ 相前后的断口形貌。从图中可以看出,组织变化前为穿晶断裂,存在韧窝,属典型韧性断裂;而在晶界析出 δ 相后,产生沿晶断裂,基本没有韧窝,属脆性断裂。

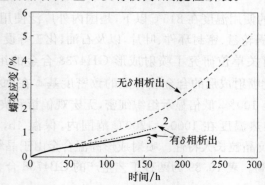

图 10.76　Inconel 718 合金组织转变前后蠕变应变性能比较[114]

650℃拉伸应力 625MPa

为了提高 GH4169 合金的使用温度,能在 680℃或者更高温度下稳定使用,一些学者对此进行了大量的研究,认为通过调整 Al、Ti、Nb 的含量和微合金元素 B、Mg 等的含量可以改善合金的高温组织稳定性,提高其使用温度[126]。

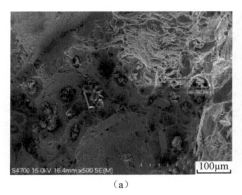

（a） （b）

图 10.77 Inconel 718 合金断口形貌[114]

（a）未出现 δ 相；（b）出现 δ 相后

固溶强化镍基高温合金的高温强度随固溶强化元素 W、Mo、Co 和 Nb 等含量的增加不断提高。GH3030 为最简单的固溶强化镍基高温合金，它在 80Ni-20Cr 基础上，加入了少量的 Ti（0.25%），它的高温持久强度（800℃/1000h）只有 30MPa；合金中加入 2%Mo、1%Nb、0.55%Al 进行固溶强化，发展成 GH3039 合金，其持久强度提高到 32MPa；加入 14.5%W，研发出 GH3044 合金，其持久强度提高到 75MPa，是 GH3030 合金的 2～3 倍。随后采用微合金化技术，加入微量 B、Zr、Ce 进行晶界强化，形成 GH3128 和 GH3170 合金，其高温持久强度分别提高到 90MPa 和 120MPa，较 GH3044 合金提高了 50% 以上[110]。由于 GH3170 合金的综合力学性能良好，可用于制作新型航空发动机燃烧室和加力燃烧室，以及其他高温承力件。

沉淀强化镍基变形高温合金通常加入有 3.5% 以上的沉淀强化元素 Al、Ti、Nb 等，γ' 相含量在 15% 以上，最高可达 45% 左右。沉淀强化对合金高温强度的贡献最大，其拉伸强度和持久强度通常都远高于固溶强化镍基合金。随沉淀强化合金中 Al+Ti 含量或者 Al+Ti+Nb 含量的增加，也就是 γ' 或 $\gamma'+\gamma''$ 含量的增加，合金的持久强度和使用温度不断提高，如图 10.78 所示。Al+Ti 含量 7.0%，γ' 相含量 45% 的 GH4220 合金，其 800℃/1000h 的持久强度可达 363MPa，远远优于 Al+Ti 含量仅为 3.4% 的 GH4033 合金。前者使用温度可达 950℃，后者使用温度为 750℃，提高了 200℃。沉淀强化铸造镍基高温合金通常加入 6% 以上的沉淀强化元素，γ' 相含量更高，最高可达 67%，使用温度为 900～1000℃。

图 10.79 为 GH4199 合金经标准热处理后拉伸性能随应变速率的变化曲线[127]。从图中可见，应变速率范围在 $3.3\times10^{-4}\sim3.3\times10^{2}\mathrm{s}^{-1}$ 时，其弹性模量随应变速率的增加而升高，强度随应变速率的增加呈上升趋势。当应变速率小于 $3.3\times10^{2}\mathrm{s}^{-1}$ 时，合金强度随应变速率的增加而升高，但升高幅度不大。当应变速率超

过 $3.3 \times 10^2 \mathrm{s}^{-1}$ 时,合金强度迅速增大,从 1517MPa 增加到 2158MPa。应变速率在 $3.3 \times 10^{-4} \sim 3.3 \times 10^2 \mathrm{s}^{-1}$ 时,合金延伸率随应变速率的增加呈下降趋势。

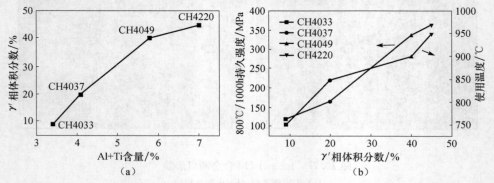

图 10.78　(a) Al+Ti 含量与 γ' 相体积分数关系;
(b) γ' 相体积分数与 800℃/1000h 持久强度、使用温度的变化曲线[110]

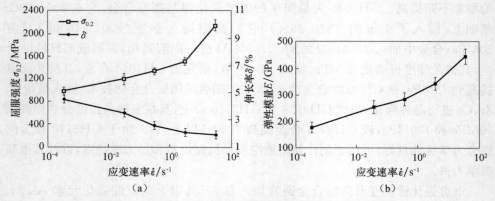

图 10.79　GH4199 合金拉伸性能随应变速率的变化曲线[127]

　　γ' 相含量对镍基高温合金的使用性能也有重要影响。最近,Heckl 等通过添加一定量的元素 Ru、Re 来稳定化 γ' 相,在系列镍基单晶高温合金中大范围调控 γ' 相的体积分数,研究 γ' 相的体积分数与高温力学性能之间的规律,以获得最佳 γ' 相体积分数。图 10.80 为镍基单晶高温合金蠕变断裂时间随 γ' 相体积分数和尺寸变化曲线[113]。该图综合了论文作者的研究结果和已有的文献数据。该图中的 TMS-75 和 TMS-82$^+$ 为日本的单晶镍基高温合金牌号,CMSX-4 为去掉 Hf 和 Ti 的美国单晶镍基高温合金牌号,Astral 系列为论文作者设计的含 Re 为 0%、3%、6% 和含 Ru 为 0%、1.6%、3.2% 的镍基单晶高温合金系列。从图中可以看出,无论何种镍基高温合金,随着 γ' 相体积分数的增加其蠕变断裂时间先增加,在 60%~70% 时达到最大;继续增加 γ' 相体积分数,其蠕变断裂时间随之下降。蠕变断裂时间随 γ' 相粒径变化规律与 γ' 相体积分数的变化趋势类似。由此可见,镍基高温

合金 γ' 相体积分数和粒径分别控制在 $60\%\sim70\%$ 和约 $0.3\mu m$ 时性能最佳。

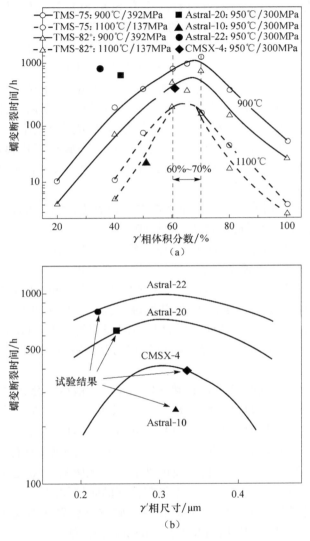

图 10.80　镍基高温合金蠕变断裂时间变化曲线[113]

(a) 随 γ' 相体积分数的变化曲线；(b) 随 γ' 相尺寸的变化曲线

10.5.2.8　高温合金热腐蚀和涂层防护[2,109]

高温合金的热腐蚀是在高温燃气中含硫燃料和含盐环境中由于燃烧而沉积在表面的硫酸盐引起的加速氧化现象。热腐蚀对高温合金零件的破坏作用比单纯氧化要严重得多。

　　航空发动机或工业燃气轮机中的涡轮叶片和导向叶片,在高温环境中工作。由于燃气中含有硫、钠等杂质,在燃烧时生产 SO_2、SO_3 等气体,与空气中的氧和 NaCl,特别是沿海或海洋上空高含量的 NaCl 等反应:

$$2NaCl + SO_2 + 1/2O_2 + H_2O \longrightarrow Na_2SO_4 + 2HCl \qquad (10.16)$$

$$2NaCl + SO_3 + H_2O \longrightarrow Na_2SO_4 + 2HCl \qquad (10.17)$$

在零件表面沉积一层 Na_2SO_4 熔盐膜(纯 Na_2SO_4 的熔点为 884℃)。高温合金零件表面往往都有 Cr_2O_3、Al_2O_3 氧化保护膜,在开始的短时期内,腐蚀速率较慢,硫刚开始扩散。此后由于硫酸钠中的硫穿透氧化膜扩散到合金中形成硫化物,而氧化物溶解到盐中并在氧化膜中产生很大的生长应力而破坏氧化膜,使之变得疏松多孔,同时也使盐的成分更富于腐蚀性,因而引起高温合金零件的加速腐蚀。对于硫酸钠热腐蚀机理已提出了一些模型。

　　热腐蚀过程是一种在熔融盐膜下的高温加速氧化,因此,温度、盐膜成分、环境条件及高温合金成分等因素均对其产生影响。

　　温度对热腐蚀的影响有不同方式,在一般情况下随温度的增加,热腐蚀速率加快,而对某些合金热腐蚀速率在某一高温有一个最大值。

　　Na_2SO_4 是盐膜的主要成分,但纯 Na_2SO_4 的腐蚀性并不强,往往因其混有少量的 NaCl,腐蚀性才大为增强。因此,热腐蚀试验往往都要加入一定量的 NaCl 以模拟零件在高温的热腐蚀。其他杂质也有不同程度的影响。O_2 是参与氧化的主要物质,SO_2、SO_3 等杂质也参与反应过程,它们存在数量的多少或分压的大小对热腐蚀过程有很大影响。

　　合金元素中 Cr 是非常重要的抗热腐蚀元素。一般认为合金中的 Cr 含量至少要有 15%,含量越高,抗热腐蚀性越好。Cr 含量大于 15%,Al 含量小于 5% 就可以在合金形成致密而黏附性好的 Cr_2O_3 保护膜。Ti 对抗热腐蚀性有利,合金中 Cr 含量越低,Ti 的加入量就应越多。Ta 通常没有有害影响,对有些高温合金的抗热腐蚀性能有良好影响。Co 对抗热腐蚀性能基本无影响。Al 是重要的抗高温氧化的元素,但 Al_2O_3 对液态 Na_2SO_4 不能起良好的防护作用。

　　微量稀土元素与氧的亲和力高,易在氧化膜与合金界面形成垂直于表面的条状稀土氧化物,起钉扎作用,从而改善合金的抗腐蚀性能。

　　高温合金在热腐蚀环境中经受严重腐蚀后,不仅承载截面减少,而且引起晶界热腐蚀,造成力学性能严重恶化,使持久强度和持久塑性显著降低。

　　为了消除或降低氧化和热腐蚀对高温合金热端零件的环境损伤的影响,需要采取防腐涂层措施。自 20 世纪 50 年代开始,高温防护涂层得到了迅速的发展。

　　20 世纪 50 年代开始使用简单的铝化物涂层,称为第一代涂层,目前仍在广泛使用。铸造镍基高温合金 K417、K419、K412、K403、DZ405、DZ422 和铁基高温合金 GH2135、GH2302、GH2130 等合金制作的涡轮叶片都采用固体渗铝。零件渗铝后表层主要成分为 NiAl、CoAl 或(Fe,Ni)Al,分别对应于镍基、钴基和铁基高温合金。这些铝化物在高温氧化时生成致密而牢固的 Al_2O_3 膜,有力地阻碍高温氧化继续进行。GH2135 合金表面渗铝层深度为 $5\mu m$ 时在 $750\sim1000℃$ 的高温氧化速率明显降低。在 $75\%Na_2CrO_4+25\%NaCl$ 混合盐中的热腐蚀试验结果表明其腐蚀失重仅为不渗铝时的 $1/8\sim1/4$。但 NiAl 相涂层脆性大,易开裂,在高温 Al 原子向基体扩散快,寿命较短,其抗热腐蚀性能不够,因而发展了多元共渗铝化物涂层。

多元铝化物涂层为第二代涂层,如 Cr-Al 涂层、Si-Al 涂层、Pt-Al 涂层、RE-Al 涂层等。

Cr-Al 涂层主要用于改善简单铝化物涂层的抗热腐蚀性能,因为在 Na_2SO_4 中通过形成 Na_2CrO_4 溶去铬比形成 $NaAlO_2$ 溶去铝困难得多。铸造镍基 In738 合金涡轮叶片先镀 $7\mu m$ 铂层后,再渗 Cr-Al 涂层,可使合金的抗热腐蚀性能提高一倍以上。

在镍基高温合金表面扩散渗 Si-Al,渗层外层由体心立方的 β-NiAl 为主相,还含有少量$(Cr,Ni)_3Si$ 或 Cr_3Si,甚至富 Si 的 M_6C 和 G 相($A_6B_{13}Si_7$,复杂面心立方)等相构成,而内层由 γ'-Ni_3Al 构成,前者 Si 含量约 8.2%,而后者 Si 含量约 0.8%。Si 抑制 β 相,促进 γ' 相生长,富硅的 γ' 相抗热腐蚀能力随硅含量增加而大幅度提高。我国使用 Si-Al 涂层成批生产定向凝固镍基高温合金 DZ404 涡轮叶片,其抗氧化和抗热腐蚀性能均获明显改善。DZ438G、DZ422、K403、K405、K409、K438 等合金利用料浆法渗 Si-Al。

Pt-Al 涂层有向内生长的两相涂层 $PtAl_2+(Ni,Pt)Al$ 和向外生长的单相涂层$(Ni,Pt)Al$ 两种。两相涂层在国外一些航空工业中大量使用,作为高压涡轮叶片和导向叶片的标准扩散涂层,其高温抗氧化能力比其他铝化合物涂层提高 $2\sim5$ 倍。主要原因是 $PtAl_2$ 相深入到氧化膜中增加 Al_2O_3 膜的附着力。之后发现两相涂层存在一些缺点,两相涂层是亚稳的,对热机械疲劳裂纹敏感,在循环氧化时涂层起皱,硬而脆易剥落。用向外生长的单相涂层(CVD 法)可以克服这些缺点。我国发展的 DD403 合金单晶涡轮叶片表面渗 Pt-Al 涂层,在 900℃ 经 100h 热腐蚀试验后的腐蚀失重由不涂层的 $5.95mg/cm^2$ 降低至 $1.33mg/cm^2$。

RE-Al 涂层是通过稀土元素 RE 改善氧化膜的黏附性、增强抗高温腐蚀能力,并已获得应用。

此外,还有一些其他一些涂层工艺,如 Pd-Al、Ti-Al、Ti-Si、Si-Cr 等涂层。

第三代涂层即 MCrAlY(M=Fe,Co,Ni,Co+Ni)包覆涂层。这类涂层是将一种抗氧化腐蚀的合金通过物理方法沉积到试样或零件表面上。MCrAlY 中相组成主要为 γ 相+β-NiAl。高温下形成热生长氧化物 Al_2O_3 膜后,Al 含量减少,β-NiAl 转变为 γ' 强化相。当涂层中 β 相消失后,黏结层的抗氧化性降低。MCrAlY

涂层中,Al 的作用是形成 Al_2O_3 氧化膜。Al 含量相对较高对提高涂层抗高温氧化性能是有益的,但 Al 含量不宜过高,不然会导致涂层脆性增大,Al 含量常选择在 5%~12%。添加 Cr 可降低形成完整 Al_2O_3 膜所需临界 Al 含量。涂层中的 Cr 含量对热腐蚀性能影响很大。航空发动机叶片主要发生高温氧化腐蚀,要求涂层中的 Cr 含量高于 20%;而陆用及海用燃气轮机,低温热腐蚀是叶片的主要破坏形式,要求涂层中的 Cr 含量一般为 30%~40%。研究表明,表面 Ni+Cr 的组合有利于涂层的综合抗热腐蚀和抗氧化性能。Co 含量在 20%~26%时,Ni+Co 的组合具有最佳的韧性。在 MCrAlY 涂层中加入 RE(Y、Ce、La 等)是黏结层材料的重要进步。RE 的加入主要是降低氧化物的生长速率以及改善氧化膜的黏附性。在实际应用中,主要采用 Y、Ce 和 La 等。RE 的添加量一般为 0.1%~1.0%,低于此量,起不到作用,而高于此量反而会加快氧化膜的剥落速率。还发现在 NiCoCrAlYSi 涂层中加入了 Si 之后,由于 SiO_2 本身抗氧化和热腐蚀,提高了涂层的抗氧化和热腐蚀性能[128]。

　　MCrAlY 的抗氧化和腐蚀作用是基于在涂层表面形成致密的 Al_2O_3 或 Cr_2O_3 氧化膜,成为氧的障碍层而阻止基体进一步氧化或腐蚀。Al_2O_3 或 Cr_2O_3 是否形成取决于这两种元素在涂层中的浓度。M 的选择取决于涂层的工作环境[128]。NiCrAlY 涂层抗氧化和腐蚀性很强,对镍基合金的内扩散行为很小,能承受 980℃ 的高温,适用于燃气腐蚀环境不太恶劣的涡轮机构件。NiCoCrAlY 涂层有极好的塑性,具有很强的抗氧化性和抗腐蚀性,适用于采用 NiCrAlY 涂层抗燃气腐蚀性不够的地方,可添加 Si、Ta、Hf、Mo 等,以改善其力学性能和抗腐蚀、抗氧化性能。CoCrAlY 涂层的抗含硫燃气腐蚀性能好,抗氧化性能不如 NiCrAlY 涂层,最高只能承受 900℃ 的温度。FeCrAlY 涂层适用于含硫气体,同大多数高温合金存在较高的内扩散,能承受 700℃ 的高温。

　　第四代涂层称为热障涂层。热障涂层不仅有防氧化、抗腐蚀能力,还可以保证在高的环境温度下保持低的基体零件温度。这种涂层一般由金属连接层和陶瓷层组成。有代表性的热障涂层是 MCrAlY 连接层加氧化锆 ZrO_2(包括 Y_2O_3、MgO、CaO 全稳定或部分稳定)表面层,其中以含 6%~8%Y_2O_3 部分稳定 ZrO_2(YPZ)效果最佳,应用最多。热障涂层可用电子束物理气相沉积(EB-PVD)、溅射、热喷涂等方法制备。

　　热障涂层的隔热作用可使金属基体表面温度降低 200℃ 左右,这样用同样的涡轮叶片材料可相应提高使用温度,从而大大提高发动机的推力。在氧化物涂层和金属基体之间的 MCrAlY 结合层,可以提供足够的抗高温环境腐蚀能力,并使氧化层与合金基体的力学性能相匹配。1986 年美国已将热障涂层用于某型号燃气涡轮的导向叶片。这种技术具有设备简单、成分易控制、成本低等优点,是未来发动机热端部件高温防护涂层的发展方向。

10.5.2.9　镍基高温合金典型应用:涡轮叶片

涡轮及其叶片是燃气涡轮发动机关键零件,见图 10.81[129],其工作条件十分苛刻,在高温、高转速、高应力、高速气流下工作,承受着高的离心负荷、热负荷、气动负荷、振动负荷和环境介质的腐蚀及氧化作用。飞机每次飞行还要经受起动、加速巡航、减速停车等循环的机械应力和温差引起的热应力的联合作用,各部位承受不同的交变负荷,其工作状况直接影响发动机的使用性能、可靠性、安全性和耐久性。

图 10.81　涡轮、导向器及涡轮叶片[129]

我国 K403 合金研制始于 20 世纪 60 年代初,1978 年开展应用研究。目前,K403 合金是国内使用最广泛的制造航空燃气涡轮发动机导向叶片用铸造镍基高温合金。K403 合金在铸态下的主要组成相是 γ 固溶体、γ′ 相、γ+γ′ 共晶、MC 型碳化物。γ′ 相是合金的主要强化相,占合金质量的 58%～59%。同时用微量 B、Zr、Ce 进行晶界强化。合金在 850℃ 长期时效过程中,MC 型碳化物分解,析出 $M_{23}C_6$ 型碳化物,γ′ 相聚集与长大。铸造高温合金的承温能力一般比变形高温合金高,作为其中涡轮及其叶片用材料,K403 合金的最高使用温度高达 1000℃,比 GH4033 合金高近 300℃。图 10.82 是 K403 和 GH4033 合金热强参数综合曲线(Larson-Miller 曲线)图[110]。从该图可以明显看出,K403 合金的高温强度比 GH4033 合金好,持久性能更优异。K403 合金在 900～1000℃ 温度下,100h 的氧化速率是 GH4033 合金的 1/3,800℃ 下的抗氧化性能较 GH4033 合金更好。

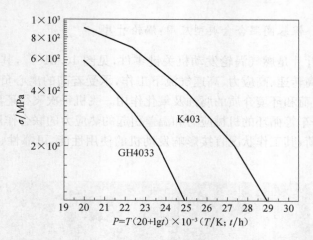

图 10.82   K403 和 GH4033 合金热强参数综合曲线（Larson-Miller 曲线）图[110]

更为重要的是，K403 合金铸造性能良好，可铸出形状复杂的精铸件，适于制作 1000℃以下工作的燃气涡轮导向叶片和 900℃以下工作的涡轮转子工作叶片及其他零件。K403 合金目前已在 WP-7 等十多种航空发动机上做导向叶片，在 WJ 等发动机上做涡轮工作叶片，并批量生产。

由于 K403 合金 Co 含量仅约 5％，且合金 Cr 含量较低，抗氧化和抗热腐蚀性能较差，需采用防护涂层。后续研发出含 Co 高（10％～15％），性能更加优异的镍基铸造合金 K418、K465 等，用于燃气涡轮叶片的制造。但是，由于铸锭凝固过程中产生的枝晶偏析无法消除，该类材料已难以满足高推重比/功重比航空发动机燃气涡轮叶片选材要求，粉末冶金高温合金（如 FGH4095）可以取代铸造高温合金，成为制造高性能燃气涡轮叶片的理想材料，是今后发展趋势之一。

10.5.3   钴基高温合金

钴基高温合金的发展始于 20 世纪 40 年代。钴基高温合金是指以 35％～70％Co 为基体，加入 5％～25％Ni 稳定 γ 奥氏体，并加入 20％～25％Cr 以改善抗氧化和抗腐蚀性能的高温合金，为 Co-Ni-Cr 三元系合金。一般以固溶强化和碳化物强化作为钴基高温合金的主要强化手段。该合金可以分为变形合金和铸造合金。该合金在化学成分、组织结构和物理性能、化学性能、力学性能和工艺性能等方面具有一系列特点，使其特别适合制作航空发动机和燃气轮机的导向叶片等高温静止构件。

10.5.3.1   钴基高温合金的特点

金属 Co 在 400℃以下具有密排六方结构，在高温要发生同素异形转变，转变为面心立方结构,而且这种转变具有非热特性,在温度循环过程中具有可逆性。为了使钴基合金具有稳定面心立方结构的 γ 奥氏体,必须加入适量 Ni,通常在 5%～25%,也可加部分 Fe,用以稳定 γ 奥氏体,但铁含量太高,有形成 σ 相的倾向。为了使其具有良好的抗氧化、腐蚀性能,通常在钴基合金中加入约 20% 的 Cr,以便在合金表面形成致密的 Cr_2O_3 薄膜。同时,Cr 还是强碳化物形成元素,形成的碳化物起沉淀强化作用。

大多数钴基高温合金都以 W 为主要固溶强化元素,都含有 7%～15% 的 W。难熔金属 W 原子以置换方式溶入钴基 γ 固溶体,在钴基合金中溶解度大,可以提高熔化温度。W 原子半径远大于 Co,产生晶格畸变,引起长程应力场,提高位错在晶格中运动阻力;同时,W 元素与钴基固溶体原子结合力大,降低其扩散系数,提高扩散激活能,从而有效改善蠕变强度。但难熔金属元素的加入量不能超过其在钴基 γ 奥氏体的溶解度,否则将析出 TCP 相。有些合金已用 Ta 或 Nb 取代部分 W 作为固溶元素,而且对抗氧化性有所改善。

C 元素在钴基合金中是不可缺少的关键元素,因为钴基合金的强化机制主要是固溶强化和碳化物沉淀强化,碳含量高形成不同的碳化物,产生沉淀强化。形成碳化物的金属元素除 Cr 外,还有 Nb、Ta、Ti 和 Zr 等。

钴基高温合金的微观组织主要由 γ 奥氏体基体和在其上或晶界处分布着不同类型的碳化物构成。图 10.83 为一种定向凝固钴基高温合金 DZ640M 的铸态组织[130]。在长期时效或长期使用过程中,钴基高温合金还可能析出 TCP 相。其最大特点是不同种类的碳化物以不同形态分布于 γ 奥氏体基体中,产生第二相沉淀强化,作为其主要强化机制。钴基合金中的碳化物可分为两大类:①M_3C_2、M_7C_3 和 $M_{23}C_6$ 型碳化物,以 Cr 为主要元素的碳化物,其中 Cr 可以部分地被 W、Mo 和 Co 等取代;②MC 和 M_6C 型碳化物,是以难熔金属元素为主的碳化物,是钴基合金的主要强化相。

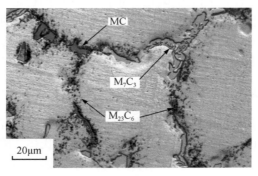

图 10.83　钴基合金 DZ640M 中的碳化物(光学照片)[130]

钴基合金中容易形成堆垛层错(staking fault,SF)。图 10.84 为一种钴镍基合金AEREX350[131]的试样经 1075℃固溶处理和 750℃×25h 和 900℃×4h 二次时效的 TEM 组织。该合金的成分为：25%Co、44.5%Ni、17%Cr、3%Mo、1%Al、2.2%Ti、1.2%Nb、4%Ta、2%W。堆垛层错沿 γ 奥氏体中密排方向排列，是堆垛顺序与 γ 基体不同的原子层。位错与层错交互作用，能够产生显著的强化效果。二次碳化物质点择优在位错和层错上形核。由于位错和层错具有较高能量，二次碳化物在其上形核可以降低反应激活能。这种层错上形成的二次碳化物强化效果更好。在钴基合金中，Cr、W、Mo 等元素都是降低层错能的元素，因此更容易形成层错。

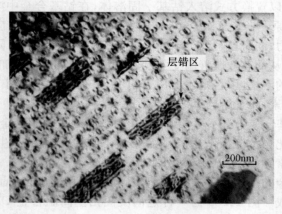

图 10.84　经 1040℃固溶处理后的钴基合金(AEREX350)中的层错(TEM)[131]

　　钴基合金的初熔温度都高于 1300℃，比镍基铸造高温合金的初熔温度(<1280℃)高。对于航空发动机和燃气轮机的导向叶片，常常由于初熔温度低，而出现烧伤、变形等故障。初熔温度高可以避免这类现象发生。同时，在高温下，钴基合金比镍合金强度高，因为钴基合金的持久强度取决于碳含量及碳化物的体积分数。与镍基合金中的 γ' 相相比，碳化物 M₆C 和 MC 的稳定性要好得多。这就是为什么钴基合金更适宜制作温度较高、应力较低的导向叶片的重要原因。钴基合金含有较多的 Cr(>20%)，抗氧化耐腐蚀性能良好。同时，其抗冷热疲劳性能良好，且焊接性能优于同水平镍基合金。

10.5.3.2　钴基高温合金的化学成分

　　我国钴基变形和铸造高温合金化学成分见表 10.90。从表中可以看出，钴基高温合金一般含有 10%～20% 的 Ni，以稳定钴基 γ 奥氏体。除 GH6783 合金因膨胀系数需要，仅含有 3% 的 Cr 外，其他合金均含有 20%～29% 的 Cr，以保证其具有良好的抗氧化耐腐蚀性能，并形成碳化物导致第二相强化。同时，大多数合金均用 7%～15% 的 W 进行固溶强化，GH6159 和 K610 合金分别采用 7% 和 5% 的 Mo 进行固溶强化。GH6159 和 GH6783 合金还同时用 9%～26% 的 Fe 稳定 γ 奥

第 10 章 耐热钢与高温合金 · 1669 ·

表 10.90 我国钴基变形和铸造高温合金的化学成分(GB/T 14992—2005)

(单位:%)

牌号	C	Cr	Ni	Co	W	Mo	Al	Ti	Fe	Nb	B	Si	Mn
GH5188	0.05~0.15	20.00~24.00	20.00~24.00	余	13.00~16.00	—	—	—	≤3.00	—	≤0.015	0.20~0.50	≤1.25
GH5605	0.05~0.15	19.00~21.00	9.00~11.00	余	14.00~16.00	—	—	—	≤3.00	—	—	≤0.40	1.00~2.00
GH5941	≤0.10	19.00~23.00	19.00~23.00	余	17.00~19.00	—	—	—	≤1.50	—	—	≤0.50	≤1.50
GH6159	≤0.04	18.00~21.00	余	34.00~38.00	—	6.00~8.00	0.10~0.30	2.50~3.25	8.00~10.00	0.25~0.75	≤0.030	≤0.20	≤0.20
GH6783	≤0.03	2.50~3.50	26.00~30.00	余	—	—	5.00~6.00	≤0.40	24.00~27.00	2.50~3.50	0.003~0.012	≤0.50	≤0.20
K605	≤0.40	19.00~21.00	9.00~11.00	余	14.00~16.00	—	—	—	≤3.00	—	≤0.030	≤0.40	1.00~2.00
K610	0.15~0.25	25.00~28.00	3.00~3.70	余	≤0.50	4.50~5.50	—	—	≤1.50	—	—	≤0.50	≤0.60
K612	1.70~1.95	27.00~31.00	≤1.50	余	8.00~10.00	≤2.50	1.00	—	≤2.50	—	—	≤1.50	≤1.60
K640	0.45~0.55	24.5~26.5	9.50~11.50	余	7.00~8.00	—	—	—	≤2.00	—	—	≤1.00	≤1.00
K640M	0.45~0.55	24.5~26.5	9.50~11.50	余	7.00~8.00	0.10~0.50	0.70~1.20	0.05~0.30	≤2.00	0.10~0.50Ta	0.008~0.040	≤1.00	≤1.00
K6188	0.15	20.00~24.00	20.00~24.00	余	13.00~16.00	—	—	—	3.00	—	≤0.015	0.20~0.50	≤1.50
DZ640M	0.45~0.55	24.5~26.5	9.50~11.50	余	7.00~8.00	0.10~0.50	0.70~1.20	0.05~0.30	≤2.00	0.10~0.50Ta	0.008~0.018	≤1.00	≤1.00

注:GH5188 合金中含有 0.03%~0.120%La,GH6783 合金中含有 0.03%~0.300%Zr。各合金中的杂质元素 S,P,Cu 含量的规定见 GB/T 14992—2005。未列入标准的 K640S 合金为 K640+0.005B%,B 提高持久性能,Si 和 Mn 作为合金元素,含量均为 0.75%[2]。GH6159 合金中的 Ta 含量不大于 0.050%,K640 合金和定向凝固 DZ640M 合金中含有 0.100%~0.300%Zr。

氏体,并改善热加工性能。低膨胀高温合金 GH6783 中加入有 5.5% 的 Al 以形成
γ′ 和 β-NiAl 相,后者可提高合金的抗氧化能力。铸造钴基高温合金中碳含量在
0.2%~2%,较变形钴基高温合金≤0.03%~0.10%要高很多。前者碳含量高是
为了形成大量的不同类型的碳化物进行第二相强化。钴基合金中加入 B 可以提
高持久强度和持久塑性,其作用机理为偏聚于晶界,强化晶界,还能提高其高温抗
氧化能力[132]。加入稀土元素 Y 和 La,可以改善钴基合金 Cr₂O₃ 氧化膜的附着
力,降低氧化增重。

10.5.3.3 钴基高温合金的组织

变形钴基合金的组织基本上为单相奥氏体组织加少量碳化物,但在高温时效
或长期使用过程中析出较多碳化物或金属间化合物。钴基变形高温合金 L605(成
分相当于 GH5605)经 1225℃、30min 水冷处理的试样,经不同温度长期时效后的
时间-温度-组织转变曲线见图 10.84[133]。由图可见,合金在 800℃ 时效时析出顺
序为 M_7C_3、$M_{23}C_6$、M_6C、Laves-Co_2W 和 μ-Co_7W_6。700℃ 时效时析出顺序为
M_7C_3、$M_{23}C_6$、M_6C、α-Co_3W、β-Co_3W 和 Laves-Co_2W。在 800℃ 和更高温度时效
时,时效硬化主要是由于析出 $M_{23}C_6$、M_6C、Laves-Co_2W 相。在 700℃ 或更低温度
时效,主要析出碳化物和 β-Co_3W。α-Co_3W 为有序面心立方体结构,与基体共格,
在长期时效后转变为有序密排六方的 β-Co_3W,使合金强化[110]。

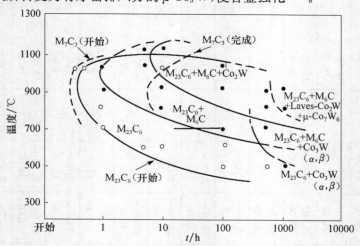

图 10.85　L605 合金的时间-温度-组织转变曲线[133]

铸造钴基合金的组织由 γ 奥氏体基体和分布其上及晶界的多种复杂碳化物组
成,在高温使用过程中这些碳化物可能转变为其他类型的碳化物,以定向凝固钴基
合金 DZ640M 为例加以说明[130,134]。DZ640M 合金铸态组织为 γ 奥氏体基体,以
及基体上分布于枝晶间和晶界的片状 Cr_7C_3、$M_{23}C_6$ 相共晶组织。经压应力变形

后,DZ640M 合金在 1040℃×90min 退火,其再结晶组织见图 10.86。在压应力的作用下,树枝晶组织发生明显变形,树枝晶心部发生不连续的再结晶(图 10.86(a))。在再结晶区域可以观察到退火孪晶(图 10.86(b))。偶尔发现在二次树枝晶轴上生成包含退火孪晶的细小晶粒,同时细小 $M_{23}C_6$ 型碳化物从附近滑移带上有序析出,排列成排(图 10.86(c))。在未变形区域,MC 和 Cr_7C_3 周围析出无序、细小的 $M_{23}C_6$(图 10.86(d))。

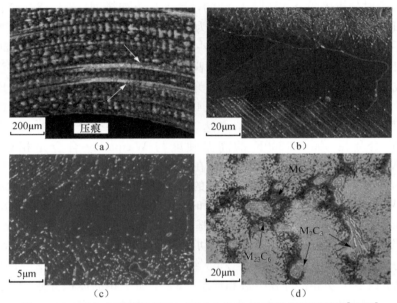

图 10.86　压应力变形后 DZ640M 合金 1040℃再结晶组织形貌[130,134]

(a) 弯曲的树枝晶轴上出现再结晶晶粒(箭头所示);(b) 一次树枝晶轴上再结晶晶粒中的退火孪晶;
(c) 二次树枝晶轴上的再结晶晶粒;(d) 未变形区域 $M_{23}C_6$ 在 MC 和 M_7C_3 周围析出

Cr_7C_3 为亚稳态相,在高温时效时转变为二次 $M_{23}C_6$。经长期时效后共晶周围形成的 $Cr_{23}C_6$ 二次沉淀颗粒,是 $Cr_{23}C_6$ 与 γ 相共晶及周围 Cr_7C_3 的分解产物。同时,在晶内普遍沉淀的 $Cr_{23}C_6$ 二次强化颗粒,是 γ 固溶体直接形成的。二次碳化物可以强化 K640S 合金[2]。

钴基合金主要靠碳化物进行第二相强化。共晶碳化物可以起骨架强化作用,增强枝晶间和晶界区的变形阻力,二次碳化物颗粒起沉淀强化作用,其形态及分布取决于合金化学成分、铸造工艺及热处理,对合金力学性能有十分重要的影响。晶界沉淀的碳化物可以阻止晶界滑动,提高晶界强度。

γ' 相是镍基高温合金中非常有效的强化相,但在钴基合金中用 γ' 相进行沉淀强化是不成功的。虽然研发出 γ'-$(Ni,Co)_3Ti$ 强化的钴基合金 J-1570 和 J-1650,在钴基合金中加入了大量镍(28%),使 γ' 相保持了稳定性,但超过 760℃,其转变

为密排六方结构的 Ni_3Ti 相或 A_2B 型 Laves 相,都沿 γ 基体的{111}面或层错呈片状析出,使蠕变强度急剧降低。

日本学者 2006 年在测定 Co-Al-W 系三元相图 1173K 和 1273K 等温截面的基础上,发现了一个稳定的具有 $L1_2$ 结构(简单立方超结构)的三元化合物 $Co_3(Al,W)$[135]。Co-9Al-7.5W(原子分数)合金经 1573K×2h 固溶处理后,于 1173K 时效 72h,钴基 γ 奥氏体基体中均匀、弥散分布着立方 γ' 相,与镍基合金类似。选区衍射分析表明,γ' 相属 $L1_2$ 结构,沿[001]方向排列(图 10.87(a)和(b))。用能谱(EDS)分析立方 γ' 相的化学成分为三元化合物 $Co_3(Al,W)$,其中 Al 和 W 含量几乎相等。在 Co-Al-W 三元系中,γ'-$Co_3(Al,W)$ 相的溶解温度为 1263K,如果加入 Ta,γ' 相的溶解温度可达 1373K,高于 Waspalloy 合金 γ' 相的溶解温度,加入 Nb 或 Ti 有类似结果(Waspalloy 是美国的一种变形镍基高温合金,成分为:0.08%C、58%Ni、19.5%Cr、13.5%Co、4.3%Mo、1.3%Al、3.0%Ti、0.06%Zr、0.006%B)。Co-Al-W 基合金的熔点达 1673K,比镍基合金高 50~100K。Co-9.2Al-9W 合金在 300~1300K 的高温硬度与 Waspalloy 合金是相近的,Co-9.2Al-9W 和 Co-8.8Al-9.8W-2Ta 合金在 1143K 的屈服强度分别为 473MPa 和 674MPa,与 Waspalloy 合金在同一温度的屈服强度 520MPa 处于同一水平。Co-9.2Al-9W 合金在 1173K 热处理后,γ 和 γ' 相的晶格常数分别为 0.3580nm 和 0.3599nm,点阵错配度为 0.53%,与镍基合金类似。点阵错配度影响 γ' 相的形态,因为错配度是 γ' 相长大和聚集的驱动力。图 10.87(c)、(d)给出了 Co-8.8Al-9.8W 基合金在 1273K 时效后典型 $\gamma+\gamma'$ 结构的照片。合金中加入 2%Ta(原子分数)和 Mo,改变了 γ' 相的体积分数和形态。Ta 增加 γ' 相的体积分数,因为它提高了 γ' 相的溶解温度。球形 γ' 相说明 γ/γ' 相界面是共格而稳定的。上述结果说明,Co-Al-W 基合金显示出良好的高温强度,并且优于常规镍基合金。这种合金利用具有 $L1_2$ 结构的三元化合物 γ'-$Co_3(Al,W)$ 相进行沉淀强化,γ' 相是稳定的,并与 γ 相基体共格,为新型钴基合金研发拓展了一条新途径[135]。

10.5.3.4　钴基高温合金的力学性能

变形钴基合金以固溶强化为主,并有少量 M_6C 和(或)$M_{23}C_6$ 型碳化物进行沉淀强化。由于 GH5188 合金用约 20%Cr 和约 15%W 进行固溶强化和沉淀强化,加入微量元素 La 和 B 强化晶界,且 Ni 含量大于 10%,其在 1000℃高温下拉伸强度和持久强度(1000h)分别为 163MPa 和 25MPa,且具有良好塑性,其综合力学性能优于镍基固溶强化高温合金 GH3044。同时,GH5188 合金由于含有适量 La,与高含量的 Cr 相配合,抗氧化性能良好,而且还具有满意的成形性能和焊接性能。该合金适于制作航空发动机在 980℃以下要求高强度和 1100℃以下要求抗氧化的零部件[2]。

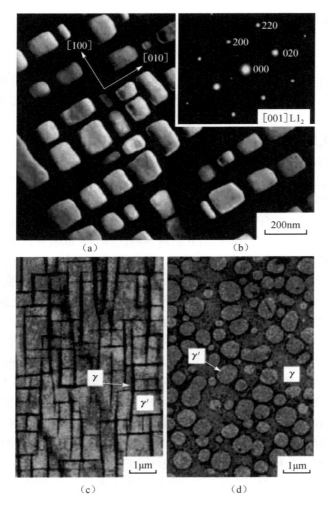

图 10.87　(a)Co-9Al-7.5W 合金的 TEM 暗场像及(b)选区电子衍射花样；
(c) Co-8.8Al-9.8W-2Ta 和(d)Co-8.8Al-9.8W-2Mo 合金的场发射 SEM 像[135]

　　与钴基变形高温合金比较,钴基铸造高温合金碳含量较高,大多数钴基铸造合金碳含量在 0.4%～2.0%,导致其含有大量各类的碳化物,如 M_7C_3、$M_{23}C_6$、M_6C 型碳化物等,使在役条件长期使用,能分解转变成低碳含量的碳化物或 TCP 相。钴基铸造高温合金以固溶强化和碳化物强化共同作用,保持合金具有良好的高温强度(980℃ 时,$\sigma_b = 200\sim275MPa$)。国产典型钴基铸造高温合金为 K640 和 K640S。由于 K640S 合金把 Si 和 Mn 作为合金元素,并加入微量 B 强化晶界,具有良好的疲劳性能。在 700℃ 和 900℃ 条件下,K640S 合金的高温低周疲劳性能明显优于 K640(X-40)合金,适于作为发动机涡轮导向器叶片。但由于钴资源缺乏,价格昂贵,应限制使用。

10.5.3.5　钴基高温合金典型应用:超高强度紧固件

MP(multiphase alloy)系列合金是美国杜邦公司于 20 世纪 70 年代研制成功的 Co-Ni-Cr-Mo 四元多相合金,此类合金含有 10%Mo 和 20%Cr,如 MP35N(Co:Ni=35:35)、MP20N(Co:Ni=50:20)等。此类合金具有良好的综合性能(高强度、高塑性和优良的抗腐蚀性能与抗应力腐蚀性能),尤其是在 MP35N 合金基础上发展了一种使用温度更高,价格更便宜,不过分依赖冷加工强化的新合金 MP159 多相钴基合金,是一种具有超高强度、高塑性及良好的抗应力腐蚀的钴合金,是航空紧固件的理想材料。

我国于 20 世纪 80 年代研制出成分类似于 MP159 的钴基高温合金 GH6159,其基本成分为:加入 25%Ni 和 9%Fe 稳定 γ 奥氏体,Fe 也改善热加工性能和降低合金的成本;加入 19%Cr 增强抗氧化耐腐蚀;加入 7%Mo 有效固溶强化;加入 Ti、Al 和 Nb 产生 Ni_3X 沉淀强化。GH6159 合金采用的低温形变热处理制度:1040~1055℃(4~8h),水冷+在室温进行 48%冷拔变形+时效处理 650~675℃(4~4.5h),空冷。GH6159 合金形变热处理状态的组织为 γ 基体上形成大量形变孪晶,并有少量片状 ε 相(密排六方结构)和 Ni_3X 相。此外还有时效时析出的二次 ε 相。经 650℃×1000h 长期时效,二次 ε 相增多,沿晶界和孪晶界析出块状 μ 相。

低温形变热处理后,GH6159 合金的特点是高温强度极高且具有良好塑性(705℃时,σ_b=1407MPa,$\sigma_{0.2}$=1282MPa,δ=46%)和高温抗应力松弛性能,主要是冷加工强化和 ε 相强化所致。该合金还具有极好的抗缝隙腐蚀和应力腐蚀开裂的能力:在典型的氯化铁实验中未发现缝隙腐蚀和点蚀;交替浸渍证明该合金具有良好的抗氢脆和应力腐蚀开裂的能力。因此,它不仅可以广泛用于航空发动机制作高温紧固件等零件,也可以用于应力腐蚀环境下服役的飞机用超高强度紧固件,如应用于我国推重比为 8 的航空发动机用 D 型头螺栓等零件[2,110]。

10.5.4　Ti-Al 系金属间化合物高温结构材料

在 Ti-Al 二元系中有三种金属间化合物的研究受到重视,即 Ti_3Al、TiAl 和 $TiAl_3$。以 Ti_3Al 为基的合金称为 Ti_3Al 基合金。以 TiAl 为基的合金称为 γ-TiAl 基合金或简称为 TiAl 基合金,均属于 Ti 基合金。以 $TiAl_3$ 为基的合金属于 Al 基合金,因其脆性问题尚未解决,故不作介绍。图 10.88 为新的 Ti-Al 二元相图(2000 年)[136]。

表 10.91 给出了 Ti 基合金、Ni 基合金与 Ti_3Al 和 TiAl 基合金的性能对比部分数据。由此表可见,Ti_3Al 基合金与 TiAl 基合金具有与 Ti 基合金相近的密度和与 Ni 基合金相近的优良高温性能,20 世纪 90 年代重新引起材料界的广泛

关注。

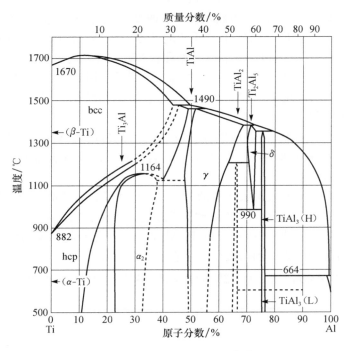

图 10.88　Ti-Al 二元相图[136]

表 10.91　Ti₃Al 基合金、TiAl 基合金与常规 Ti 合金、Ni 基高温合金性能对比[137]

性　　能	Ti 基合金	Ti₃Al 基合金	TiAl 基合金	Ni 基高温合金
密度/(g/cm³)	4.5	4.1~4.7	3.7~4.3	7.9~9.1
模量/GPa	96~115	100~145	160~180	195~220
屈服强度/MPa	380~1150	700~990	400~800	250~1310
拉伸强度/MPa	480~1200	800~1140	450~1000	620~1620
蠕变极限温度/℃	600	760	1000	1090
氧化极限温度/℃	600	650	1000	1090
室温伸长率/%	10~25	2~10	1~4	3~50
高温伸长率/%	很高	10~20(660℃)	10~60(870℃)	20~80(870℃)
室温 K_{IC}/(MPa・m$^{1/2}$)	高	13~43	10~20	25

　　TiAl 基金属间化合物是该系列中前景最为广阔的一种。TiAl 基合金因具有优良的高温性能和较低的密度而成为目前研究最为热门的高温结构材料之一,其性能与显微组织密切相关。由于高温蠕变性能好和密度低,TiAl 基合金可在900℃左右长期使用,在超音速及超高音速飞行器中具有很好的应用前景,也由于其在超耐热钛合金使用的温度范围内,显示出了高比强度和高比刚度,可望用做航空飞机发动机和机体材料,以及汽车阀摇杆等。然而,TiAl 基合金属于难加工材

料,通常在 700℃ 以下范围内,其塑性极差,伸长率仅有 2%～3%,无法进行塑性加工。在 1100℃ 以上的高温下,虽然塑性有所改变,但变形抗力很大,其流动应力高达 200MPa,且要求变形时保持相当低的应变率(10^{-3} s^{-1}),因而很难对其进行塑性加工。室温塑性低、热塑性变形能力差和在 850℃ 以上抗氧化能力不足,这三大缺陷是 TiAl 基合金实用化的主要障碍。但是,因其应用领域宽广,不管是在航空、航天,还是在军工、民用等,TiAl 基合金作为轻质耐热结构材料一直备受关注,目前已经进入实用化阶段。

Ti_3Al 基合金的研究已经成熟,脆性问题已解决,已进入工业应用。在 Ti_3Al 基合金基础上发展起来的 Ti_2AlNb 为基的合金比 Ti_3Al 基合金有更高的使用温度和更好的高温性能。

表 10.92 为已经列入国家标准的 Ti-Al 系金属间化合物高温合金结构材料牌号及其化学成分,牌号前缀英文字母"JG"为金属间化合物高温合金的拼音缩写,阿拉伯数字中第一位数字"1"表示为 Ti-Al 系金属间化合物,4 表示 Ni-Al 系金属间化合物高温合金。第二到第四位数字表示合金编号。

表 10.92　Ti-Al 系金属间化合物高温合金结构材料牌号及其化学成分(GB/T 14992—2005)

(单位:%)

牌　号	原牌号	Cr	Ni	Mo	Al	Ti	Nb	Ta	V
JG1101	TAC-2	1.20～1.60	—	—	32.30～34.60	余	—	—	3.00～3.60
JG1102	TAC-2M	1.20～1.60	0.65～0.85	—	32.10～33.10	余	—	—	2.30～2.90
JG1201	TAC-3A	—	—	—	9.90～11.90	余	41.60～43.60	—	—
JG1202	TAC-3B	—	—	—	9.70～11.70	余	44.20～46.20	—	—
GJ1203	TAC-3C	—	—	—	9.20～11.20	余	37.50～39.50	9.00～9.60	—
JG1204	TAC-3D	—	—	—	8.60～10.60	余	29.20～31.20	20.10～21.10	—
JG1301	TAC-1	—	—	0.80～1.20	12.10～14.10	余	25.30～27.30	—	2.80～3.40
JG1302	TAC-1B	—	—	—	11.20～13.20	余	30.10～32.10	—	—

注:各牌号中含≤0.100%O,≤0.020%N,≤0.010%H。

10.5.4.1　TiAl 基合金的特点

TiAl 基合金的研究始于 20 世纪 50 年代,经过多年的研究,取得了大量的研究成果,现在已可以生产铸锭、锻件、挤压件和薄板材,是一种具有巨大应用潜力的轻质高温结构材料,有望用于制作旋转件或摆动零部件,如航空航天器发动机叶片[138]、车用发动机的排气阀[139,140]、增压器涡轮转子[141]等。TiAl 基合金的一般特性包括:密度低,仅为 $4g/cm^3$;刚度高,20℃时,弹性(杨氏)模量 $E=175GPa$;在750℃下具有高的高温强度和优良的耐氧化性;低的线膨胀系数和高的热传导性。然而,常规的 TiAl 基合金尚不能满足在 $760\sim800$℃高温下的使用要求。TiAl 基合金的高温强度非常敏感于应变速率,其位错的滑动和攀移、孪晶的开动具有强烈的热激活特性,所以开发使用温度更高的新型超强金属间化合物已经成为金属间化合物的发展方向。

与一般钛合金相比,钛铝化合物为基的 $Ti_3Al(\alpha_2)$ 和 $TiAl(\gamma)$ 金属间化合物的最大优点是高温性能好(最高使用温度分别为 816℃ 和 982℃)、抗氧化能力强、抗蠕变性能好和质量轻(密度仅为镍基高温合金的 1/2),这些优点使其成为未来航空发动机及飞机结构件具有竞争力的材料。

$TiAl(\gamma)$ 为基的钛合金受关注的成分范围为 Ti-(46%~52%)Al-(1%~10%)M(原子分数),此处 M 为 V、Cr、Mn、Nb、Mn、Mo 和 W 中的至少一种元素。

TiAl 基合金具有密度低、弹性模量高、高温力学性能好和抗氧化等特点,当其作为导弹、飞船、超音速飞机和坦克等发动机的涡轮材料使用时,可大大提高发动机的工作性能和使用寿命。TiAl 基合金的室温延性低和难于加工成形的问题,已通过采用合金化和显微组织控制等手段得到了一定的改善。采用等温轧制技术已生产出 $1.27mm\times2440mm\times3050mm$ 的 TiAl 基合金薄板,某些 TiAl 基合金已经用于 CF6-80C2 发动机的低压涡轮叶片和燃油发动机的翼面及压气机套筒上,而且 TiAl 基合金已列入美国国家航空航天局(NASA)高速飞机和起动推进器的材料计划中。

TiAl 化合物在室温下随 Al 含量的变化可以形成 $Ti_3Al(\alpha_2)$ 相、$TiAl(\gamma)$ 相或 $TiAl_3(\beta)$ 相(图 10.88)。作为高温合金使用的 Ti_3Al 和 TiAl 的结构分别为 DO_{19} (具有简单六方结构)和 $L1_0$ (具有正方超结构)。由于它们具有密度小、弹性模量高、抗蠕变性能和氧化抗力好、高温强度保持能力强等优点,利用它们制造的发动机部件可在更高温度下工作,有利于提高效率、节省燃料和减轻发动机重量,对提高盘、轴类零件的刚度和支承构件的工作寿命也有好处,关键是要解决好室温延性低、断裂韧性差的问题。

TiAl 与 Ti_3Al 相比,在密度、弹性模量、蠕变性能、氧化抗力等方面显示出作为高温结构材料的潜力,其研发虽较晚,仍称得上是"后起之秀",受到航天工业和汽车工业的青睐;目前已在 Ti-(45%~48%)Al(原子分数)基础上开发出了系列两相(TiAl+Ti$_3$Al)TiAl 基合金,在双相显微组织状态下,可以满足某些燃气涡轮发动机转动部件及汽车排气阀的性能要求(≤750℃)。

10.5.4.2　TiAl 基合金的显微组织

TiAl 基合金缓慢冷却接近平衡的组织随成分而异,Al 含量大于 50%(原子分数)的 TiAl 合金热处理时多处于单相 γ 区,冷却至室温得到单一的 γ 组织。Al 含量为 46%~50%(原子分数)的合金在 α+γ 两相区处理后缓冷至室温将得到两相组织,该组织由 γ 晶粒和板条晶粒组成,其中板条晶粒是由高温 α 相中析出的 $α_2$ 和 γ 层片所构成,该类组织被称为双态组织。第三种组织是 Al 含量小于 46%(原子分数)的合金在单相 α 区处理后缓冷所得到的 $α_2$+γ 相的全片层组织,但冷却较快也会得到魏氏组织、羽毛状组织等。$α_2$+γ 相板条组织可以通过 α 相的共析反应 $α→α_2+γ$ 生成,但通常是通过由 α 相或有序 $α_2$ 相析出 γ 相形成。

目前具有工业应用前景的合金为含铝较低的 $α_2$+γ 两相的 TiAl 基合金。根据研究,$α_2$ 相对氧具有很高的溶解度(约 $2×10^{-3}$),所以正常纯洁度(氧含量小于 $9×10^{-4}$)的两相 TiAl 基合金,其杂质氧主要被 $α_2$ 相溶解,从而保证了 γ 相的低氧含量。试验证明,双相 γ-TiAl 合金的强度和韧性都明显优于单相的 γ-TiAl 合金。

双相 γ-TiAl 合金的组织控制是影响其宏观力学性能的一个重要因素,应根据使用条件优选 TiAl 合金组织。

通常将铝含量为 46%~50%(原子分数)的铸态或热加工双相 TiAl 合金在不同温度区间进行热处理(HT)所获得的典型组织分为四种(图 10.89):等轴近 γ 组织(near gamma,NG)、双态组织(duplex,DP)、近层片组织(nearly lamellar,NL)和全层片组织(fully lamellar,FL)[52,137]。

(1) 等轴近 γ 组织。在刚高于共析温度的 α+γ 两相区处热处理,得到近于完全由等轴 γ 晶粒所组成的组织,通常还含有少量的晶界细小的 α 相颗粒。这种组织晶粒度一般较小,调整处理温度可获得更细的晶粒。

(2) 双态组织。在 Ti-Al 相图上 α+γ 两相区内,在体积分数大致相等的温度(约为 $T_α-60℃$)进行热处理可以获得 DP 组织。高温下是等轴的 α 和 γ 两相,此时高温是无序的,经空冷或炉冷则得到 γ/$α_2$ 层片团(L 晶粒或 LG),最后得到等轴 γ 晶粒加 γ/$α_2$ 层片团的双态组织。由于 α 和 γ 两相在处理温度保温时相互钉扎,双态组织的晶粒尺寸一般较小,为 $10～50μm$。

(3) 近层片组织。在刚低于 $T_α$ 温度不多的 α+γ 两相区进行热处理,经空冷或炉冷均可得到由 γ/$α_2$ 层片团和少量分布于层片团间的等轴 γ 晶粒组成的近全层片组织。由于 γ 相较少,对 α 相长大的钉扎作用减弱,故产生的层片团较大,为 $200～500μm$,γ 晶粒一般小于 $20μm$。

(4) 全层片组织。在刚高于 $T_α$ 温度的 α 相区进行热处理,高温下的 α 单相经炉冷即可以得到完全由 γ/$α_2$ 两相层片团构成的全层片组织。因处理温度较高,而且没有 γ 相的钉扎,α 晶粒长大速率快,所以全层片组织一般较粗大。铸态 FL 合

金的晶粒尺寸多为 $600\sim1000\mu m$，合理选择热加工及处理工艺可将 FL 组织的晶粒控制在 $100\sim300\mu m$。

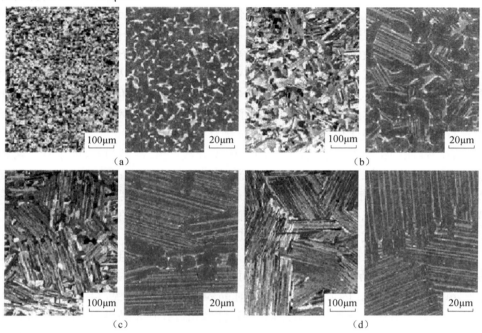

图 10.89　TiAl 基合金的四种典型组织[142]

(a) NG；(b) DP；(c) NL；(d) FL

双态组织具有最高的延性、较高的强度和较低的断裂韧性；近片层组织具有最高的强度和较好的延性；而全片层状组织强度和延性都较低，但断裂韧性却最好。在全片层组织合金中，细化晶粒可以提高强度和延性，并获得较好的断裂韧性。然而，单靠普通热处理获取全片层组织，其晶粒度减小受到一定的限制。

由此可见，TiAl 基合金的性能与合金成分、显微组织都有着密切又复杂的关系，对显微组织形态的变化尤为敏感。例如，对 Ti-($43\%\sim55\%$)Al(原子分数)成分的合金来说，在 Ti-51%Al 成分附近强度最低，而在两相成分 Ti-48%Al 的左右室温延性最好。找到一个室温延性好的成分范围对 γ 合金的开发是十分有意义的。现在一般认为，Ti-48%Al 具有最佳延性是因为合金中 α_2 相与 γ 相的体积比处于最佳数值范围 $5\%\sim15\%$(α_2/γ)，低于此值晶粒长大就会变得明显起来，对延性不利；高于此值脆性 α_2 相也会削弱微细组织的韧化效果，也不可能得到最佳的延性。在以 Ti-48%Al 为基的两相 γ-TiAl 合金中添加少量 V、Cr 或 Mn 可以改善延性，而对给定成分的两相合金来说，显微组织的变化则会直接影响合金的室温拉伸延性，其变化范围为 $0.5\%\sim4\%$(伸长率值)。同时，γ 合金中间隙杂质元素(如

O、C、N、B)的含量超过约 0.1％时会降低合金的延性;合金中的 α_2 相能清除 γ 相中的氧而提高纯度,因此可改善其延性。不仅如此,上述添加元素还会产生强化效应,Cr、V、Mn 的强化机制为置换固溶强化;添加少量 Nb、Mo、Ta 以及 Hf、Sn 则会产生更为显著的置换固溶强化效应。

对 γ 合金最有效的强化措施是在合金中引入第二相组分。例如,增加 γ 合金的 Ti 含量(只需降低含 Al 量)就可能引入 α_2 相,使强度水平显著超过单相材料的数值。另外,添加 W、B、C 和 N 则会十分有效地产生弥散强化效应或沉淀强化作用。目前对 γ 合金的强化行为及机制的了解还比较粗浅,显然,这方面的研究进展对现有合金成分的最优化及开发新的合金是至关重要的。

影响性能的组织参数包括:①α_2 相的体积分数;②L 晶粒(LG,即 $\gamma+\alpha_2$ 两相层状组织)的体积分数;③LG 和 γG(γ 晶粒)两者的细化程度;④LG 中两相的厚度及厚度比;⑤γ 相中有序畴的尺寸。主要方法是控制加热温度和保温时间、冷却速率等。鉴于一般组织控制方法难以得到细晶又细片的组织,发展了一些新的加工方法。下面是几种优化典型组织的加工工艺[137]:

(1) 热机械处理层状组织(TMTL)。热机械处理层状组织是将热变形 TiAl 基合金在单相 α 区保温较短时间缓冷而得到的组织,一般层片团尺寸为 100～300μm,有齿状界面。因 α 单相区保温时晶粒长大速率较快,合金中一般加入 0.05％～0.5％(原子分数)的 B,并以 TiB$_2$ 弥散相钉扎在 α 晶界上,在冷却过程中 α 晶粒转变为层片组织。0.2％B(原子分数)可使晶粒细化至 100μm 以下,但 B 含量高会使层片间距粗化,降低合金的强度水平,可以采用较高冷速或降低 Al 含量以改善强度。

(2) 细晶层片组织(RFL)。细晶层片组织是在 $\alpha+\beta$ 相区处理以获得较细小的 α 晶粒并用较快的冷速(分段)冷却而获得,因而层片团尺寸较细,片间距较小,层片团尺寸为 300μm,片间距为 0.5μm。细晶层片合金一般是添加一定量的合金元素以获得较低的 T_α、较窄的 α 相区及较宽的 $\alpha+\beta$ 相区。其热处理的关键是保证有少量的 β 相钉扎在 α 相界抑制其生长。高温 β 相冷却时转变为细小的 γ 相。

(3) 热变形层片组织(TMPL)。热变形层片组织是指在高温热挤压而得到各种形态及晶粒尺寸的全层片组织。若热挤压温度稍低于 T_α,则可得到细晶、均匀分布有极少量 γ 晶粒的热变形层片组织。若挤压温度高于 T_α,则得到有一定取向的粗晶层片组织。热变形层片组织具有优异的高温强度。

表 10.93 中把锻轧合金的显微组织分为标准型组织和设计型组织两大类。标准型组织是指标准合金经锻轧后热处理得到的显微组织,而设计型组织是指通过热机械加工(TMP)、热机械处理(TMT)等得到的具有较好的特定性能或综合平衡性能的显微组织。γ-TiAl 的性能对显微组织形态十分敏感,因此对工艺处理的要求很高,要得到综合平衡性能尤其困难。例如,一般来说,标准型组织中的全层

状组织是由大尺寸的层状晶粒组成的,其断裂韧性和蠕变性能相当好,但拉伸性能差,而由细小的 LG 和 γG 组成的两相复合组织则相反,前者差而后者好。另外,细化 LG 一方面对改善拉伸性能有利,另一方面却又不利于断裂韧性。研究设计型组织的目的,除了想得到较好的特定性能外,更重要的是争取获得综合平衡性能。

表 10.93　γ-TiAl 合金显微组织的分类和形态特点[143]

组织类型	组　别	形态特点	备　注
标准型	等轴近 γ(NG)	γG＋α₂-Pt	不均匀等轴晶
	双态组织(DP)	γG＋α₂-Pl/Pt	锻轧合金晶粒尺寸为 10～40μm
	近层片组织(NL)	γG＋LG	晶粒尺寸为 50～200μm(铸造合金)
		LG＋γG	中等 LG＋细小 GB-γG
			大尺寸 LG＋中等 γG(铸造合金)
	全层片组织(FL)	LG＋(GB-γG)	大尺寸(>400μm)LG＋少数(GB-γG)
设计型(层状)	TMP	层团状	层状团尺寸 50～150μm/锯齿形 GB
	TMT	层团状	层状团尺寸 100～300μm/锯齿形 GB
	变形 NL(MNL)	LG＋γG	带有不规则细小 γG 的 100～300μm LG
	细化(RFL)	仅 LG	100～400μm LG/细 L 间和 GB

注:TMP—热机械加工过的;TMT—热机械处理过的;G—晶粒;L—层状的;B—界面;GB—晶界;Pt—颗粒;Pl—片。

下面以 Ti-46.5%Al-2%Nb-2%Cr(原子分数)为例分析 NG 型与 NL 型的显微组织差异及其在不同温度和应变率下的力学行为和断裂特性[144]。对样品进行拉伸试验的具体方案为:从室温到 840℃,分别以 $320s^{-1}$、$800s^{-1}$ 和 $1350s^{-1}$ 的拉伸速率进行试验,而准静态拉伸试验则以 $0.001s^{-1}$ 的速率在不同的温度下进行,具体的试验方法详见参考文献[145]、[146]。试验结果见图 10.90 和图 10.91。

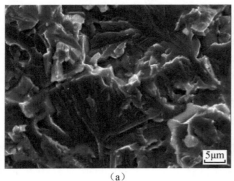

(a)

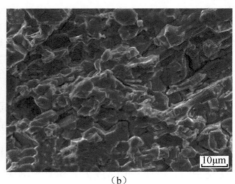

(b)

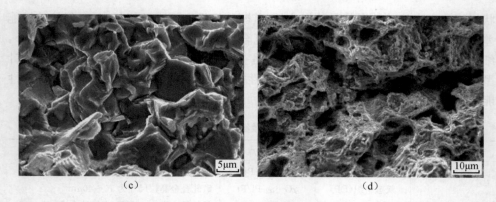

图 10.90　γ-TiAl(NG)的准静态拉伸断口形貌[144]

(a) 室温;(b) 650℃;(c) 840℃;(d) 950℃

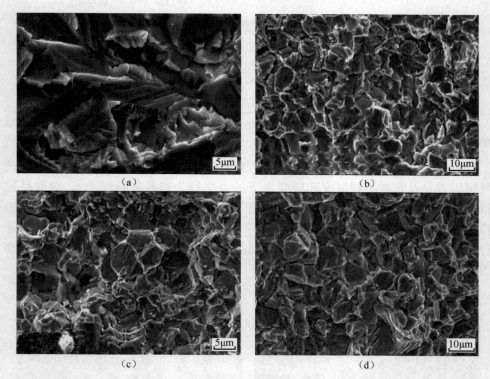

图 10.91　γ-TiAl(NG)不同加载速率下的断口形貌[144]

(a) 室温,320s⁻¹;(b) 350℃,1350s⁻¹;(c) 650℃,800s⁻¹;(d) 840℃,1350s⁻¹

NG 型 TiAl 在准静态加载中,脆性-韧性断裂转变温度(BDTT,其定义为塑性应变达到 7.5％时的温度)在 650~840℃,并且在 840℃下,很明显地看出断裂形式已经从韧性转变为脆性。然而,从实验数据看出,在动态加载的条件下,整个实验温度范围内,即从室温到 840℃,塑性应变的值都不到 4%。由此看出,动态加载条件下的 BDTT 要高于准静态加载条件下的 BDTT。

通过扫描电子显微镜观察,可看到明显的断裂面,如图 10.90(a)和图 10.91(a)所示。随着温度的上升,晶粒之间出现裂缝,一些平面的晶界也开始出现。断裂的模式为穿晶断裂和晶间断裂的混合形式,如图 10.90(b)、图 10.91(b)和(c)所示。840℃下的准静态拉伸样,除了平面晶界以外,还有少量的韧窝(图 10.90(c))。在动态加载条件下,断裂的形式均为晶粒间断裂(图 10.91(d))。不过,在 950℃下,因为高于 BDTT,所以表现为韧性断裂,如图 10.90(d)所示,存在大量的韧窝。

如图 10.92 所示,NL 型 TiAl 的断裂形式与 NG 型比较相似,但是,相对 NG 型 TiAl,随着温度的上升,NL 型 TiAl 有更多的晶粒间断裂。因为 NL 型 TiAl 有更大面积的特定表面,所以在机械加载条件下,晶界滑移表现得更为明显。从图 10.92 中可以看出,断裂面几乎都在一个平面上,而且都比较的平整。在 BDTT 以下,温度越高,出现平面晶界的同时,层与层之间分离得越明显。在 1050℃下,同样表现为韧性断裂,出现大量的韧窝(图 10.92(d))。

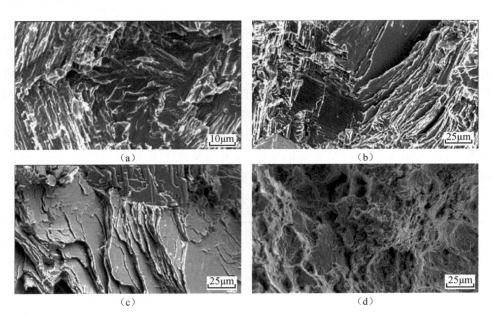

图 10.92　片层状 TiAl(NL)不同温度与不同加载速率下的断口形貌[144]

(a) 室温,0.001s⁻¹;(b) 700℃,320s⁻¹;(c) 840℃,320s⁻¹;(d) 1050℃,0.001s⁻¹

10.5.4.3　TiAl 基合金的力学性能

将 TiAl 基合金与常规的钛合金、镍基高温合金等作对比(表 10.91),即可发现 TiAl 基合金具有较低的密度、高的比强度和比模量,以及良好的抗高温蠕变和抗氧化等优良特性。从表中可以看出,TiAl 基合金的密度、蠕变极限温度和抗氧化极限温度等性能均优于常规钛合金,但延性相当差,力学性能虽然比镍基合金要差一些,不过密度只有其一半,这在航天工业方面是一项非常重要的指标。

近年来观察到,FL 组织中的晶粒度与屈服强度之间存在着反常的关系,霍尔-佩奇常数 K_y 达 5MPa 左右,而在细晶 DP 组织中,K_y 值仅为 1.0~1.2MPa。有人认为,这说明层状结构的强各向异性流变应力特性对 FL 材料具有反常高的 K_y 值起了重要作用。有人通过研究指出,由 γ 基体和少量 α_2 相组成的具有层状结构的 TiAl 基合金,其力学性能与组织中 α_2 相的变形方式密切相关。研究表明,在含有单一片层组织的 TiAl 晶体中添加 Nb 似乎可以抑制 α_2 相的塑性各向异性,从而使合金的延性得到改善。

定向凝固(DS)可形成一种柱型织构化片层组织,使 TiAl 合金的强度(也许还有延性)得到显著提高,因此这种工艺受到人们的重视。另外值得一提的是,对利用 DS 获得的单一取向的片层组织进行的力学试验表明,其力学性能与片层方向、应力轴向两者的夹角之间存在着强烈的依存关系。在软取向下(应力轴、片层走向两者夹角为 51°),室温伸长率和轧制面缩率分别可达 20% 和 50%。由于 TiAl 是片层组织中变形的主要承载者,上述结果说明 TiAl 的本质并不脆,这对有关材料科学工作者无疑是一种鼓舞。采用新的工艺技术研制成用 TiB_2 颗粒强化的 TiAl 基复合材料,蠕变性能提高了 4~5 倍之多[143]。

经过多年的研究和开发,TiAl 基合金已发展出第三代,见表 10.94。通过锻造变形,可以大幅度提高 TiAl 合金的塑性、强度和疲劳性能,而与铸造合金的工作温度相当。具有工程应用意义的部分 TiAl 基合金的力学性能见表 10.95。

表 10.94　TiAl 基合金的发展过程[52,137]

发展过程	合金成分(原子分数)/%	制备工艺	研究者
第一代	Ti-48Al-1V-0.3C	实验室研究	Blackburn
第二代	Ti-48Al-2(Cr,Mn)-2Nb	铸造合金	通用电气公司
	Ti-(45~47)Al-2Nb-2Mn-0.8(体积分数)TiB_2	铸造合金	Howmet 公司
	Ti-47Al-3.5(Nb,Cr,Mn)-0.8(Si,B)	铸造合金	GKSS 研究所
	Ti-47Al-2W-0.5Si	铸造合金	ABB 公司
	Ti-46.2Al-2Cr-3Nb-0.2W(K5)	锻造合金	Kim Y W

续表

发展过程	合金成分(原子分数)/%	制备工艺	研究者
第三代	Ti-45Al-(8/10)Nb Ti-46.2Al-2Cr-3Nb-0.2W-0.2Si-0.1C(K5SC) Ti-47Al-5(Cr,Nb,Ta) Ti-45Al-4Nb-4Ta Ti-(45~47)Al-(1~2)Cr-(1~5)Nb-0.2(W,Ta,Hf, Mo,Zr)-(0~0.2)B-(0.03~0.3)C-(0.03~0.2)Si-(0~ 0.05)N	锻造合金 锻造合金 铸造合金 锻造合金 锻造合金	— — 通用电气 — Kim Y W

表 10.95　部分工程 TiAl 基合金的力学性能[52,137]

合金成分 (原子分数)/%	处理和组织	温度 /℃	σ_b/MPa	σ_s/MPa	ψ/%	K_{IC} /(MPa·m$^{1/2}$)	蠕变或持久强度
Ti-48Al-1V-0.3C	锻造+HIP+ HT(DP)	室温	406	392	1.4	12.3	—
		760	470	320	10.8		
Ti-48Al-2Cr-2Nb	铸造+HIP+ HT(DP)	室温	413	331	2.3	20~30	760℃,105MPa 下 变形 0.5%, 时间 800h
		760	430	310	—		
	挤压+HT (DP/FL)	室温		480/454	3.1/0.5		
		760	460	350	2.5		
Ti-47Al-2W-0.5Si (ABB 合金)	铸造+HT(DP)	室温	520	425	1.0	22	760℃,140MPa 下 变形 0.5%, 时间 650h
		760	460	350	2.5		
Ti-47Al-2Mn-2Nb- 0.8TiB$_2$(47XD)	铸造+HIP+HT (NL+TiB2)	室温	482	402	1.5	15~16	—
		760	458	344	—		
Ti-46.5Al-2Cr- 3Nb-0.2W(K5)	锻造+HIP(DP)	室温	579/557	462/473	2.8/1.2	11/20~22	—
		800	468/502	345/375	40/3.2		
Ti-46.5Al-2.5V- 1Cr(TAC-2)	锻造+HIP(NL)	室温	598	513	3/5	21~29	$\sigma_{150h}^{800℃}$>200MPa
		800	593	464	4~8		

10.5.4.4　TiAl 基合金的典型应用[147]

　　国外对 TiAl 基合金的研究已经进行了很多年,截至目前,在航空发动机领域,国外已有十多例 TiAl 零部件完成地面装机试验的报道,试验结果非常理想,为 TiAl 合金在航空发动机上的应用奠定了技术基础。

　　由于 TiAl 合金具有高比模量、高蠕变抗力和抗燃烧的特点,其在航空发动机最佳的应用部位是高压压气机叶片和低压涡轮叶片(图 10.93)。采用 TiAl 基合金制造叶片可以通过降低叶片零件的质量来显著降低轮盘的载荷,从而实现系统的减负效果。通用电气公司为波音 787 客机研制的 GEnx 发动机低压涡轮第 6、7级叶片采用了铸造 TiAl 基合金叶片,取代镍基高温合金,实现减少质量约 363kg。

这是 TiAl 基合金首次应用于航空发动机,而且是最新型的民用航空发动机,证明了 TiAl 基合金在航空发动机上应用的良好前景。

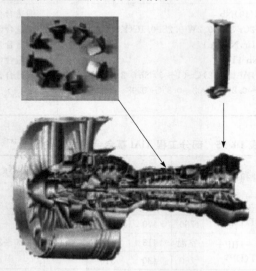

图 10.93　TiAl 基合金高压压气机叶片和低压涡轮叶片在航空
发动机上的应用[147]

　　目前 TiAl 基合金低压涡轮叶片主要采用精密铸造工艺制备。从 2000 年开始,国外开始采用锻造工艺制造 TiAl 基合金高压压气机叶片。锻造 TiAl 基合金叶片性能比铸造叶片力学性能大幅提高,可靠性也显著提高,但成本昂贵。图 10.94 所示为劳斯莱斯(Rolls-Royce)公司研制的锻造 TiAl 基合金叶片。

图 10.94　劳斯莱斯公司研制的锻造 TiAl 基合金高压压气机叶片[147]

　　近年来,美、日等发达国家都十分重视燃烧合成 TiAl 金属间化合物及其复合材料的开发,主要是看好它在航空、航天等领域的应用前景。可以预料,这种具有陶瓷与耐热合金中间性能的新型高温结构材料除上述航空工业中的应用以外,在其他领域也会得到应用。例如,就兵器行业而言,在装甲车辆发动机上使用 TiAl 基合金代替现用镍基耐热合金制造增压器叶轮等耐热部件,不仅可大大提高发动机的性能、减轻重量,而且可以节约 Cr、Ni 等战略物资并降低成本。再如,新研制大功率发动机用耐热钢顶活塞,其钢顶要靠特种焊接技术与活塞体焊合,若采用 TiAl 金属间化合物高温合金活塞顶则可在活塞压铸时一次完成,不仅会简化工艺、降低成本,而且大大减轻活塞重量,提高发动机输出功率。TiAl 金属间化合物还可用做弹箭耐热结构件,如重型导弹的喷管、舵片、尾翼等。由于其密度仅为耐热钢的一半,可大大减轻弹体自重,增加有效装药量,这对提高弹箭的战术性能,增加战斗部威力具有重要意义。另外,当前速射武器身管随着性能提高,烧蚀日益严重,而陶瓷衬管由于陶瓷性能与钢质身管差异较大,较难用于生产。因此,若采用 TiAl 基合金并涂镀难熔合金镀层或采用纤维增强复合 TiAl 基合金衬管,将有可能使速射武器身管寿命大幅度提高。所以,就兵器行业而言,随着金属间化合物性能的改善和制备技术的日趋成熟,这类材料有着广泛的应用前景。

总之,TiAl 基合金是一种具有广阔应用前景的高温结构材料,其力学性能与显微组织密切相关。对 TiAl 基合金的晶粒长大、层片结构的形成和全层状组织的演变方面已有深入的研究,但在利用 TiAl 基合金的组织演变实现控制其显微组织方面还缺乏深入研究。只有对此有更深入的认识时,才能通过调节合金成分和加工工艺,控制 TiAl 基合金的显微组织,从而改善 TiAl 基合金的力学性能,推进 TiAl 基合金的实用化进程。

10.5.4.5　Ti$_3$Al 和 Ti$_2$AlNb 基合金相组成及相转变

Ti$_3$Al 金属间化合物是 α-Ti 结构的有序结构,亦称 α_2 相,具有六方点阵结构,其室温塑性和韧性很差,不能用做工程材料。20 世纪 50 年代,已发现添加铌可以提高其室温塑性。随后的研究表明,和一般钛合金类似,与 β-Ti 有相同体心立方点阵的 Nb、Mo、V、Ta 等元素是 β 稳定元素,能对 Ti$_3$Al 中的高温 β 相起稳定作用。β 相在较低温度一般通过有序反应变成 B2 结构的 β_0 相。B2 结构为有序的体心立方,具有较好的塑性。自此,研究人员广泛开展了 Ti$_3$Al 基合金的系统研究,取得很大进展。20 世纪 90 年代以来发展了高 Nb 的 Ti$_3$Al 基合金。

Ti$_3$Al 合金中往往含有较多的 β 相稳定元素,这些元素除了扩大 β 相区,降低 β⟺α 相转变温度外,还促进 β 相有序化,完全有序时为 B2 相,有时是不完整的有序的 B2 相,无序 β 相高温淬火时有马氏体转变,高温 B2 相冷却时有析出 α_2 和 ω 或 ω'' 相倾向,ω 和 ω'' 相是过渡相,正方点阵,点阵常数很接近。

Ti$_3$Al+Nb 是目前最有发展前景的 Ti$_3$Al 基合金,已发表了许多 Ti-Al-Nb 三元相图,但由于相图很复杂,仍存在许多不一致的地方。研究已发现存在一个稳定的平衡相 O 相,分子式为 Ti$_2$AlNb,具有正交结构。在较低温度下,O 相分别与 B2 相、α_2 相呈相平衡,并且存在 O+B2+α_2 三相区(图 10.95)。Ti$_3$Al(24%～25% Al)合金中加入 11%Nb(原子分数)后进入 α_2+B2 两相区,进一步增加 Nb 含量至 12.5%～15%(原子分数)时进入 O+B2+α_2 三相区,Nb 含量增至 23.5%(原子分数)时进入 B2+O 两相区,O 相区跨越很大的 Nb 成分范围。

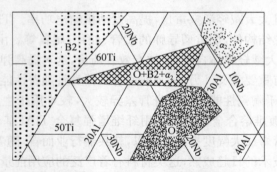

图 10.95　Ti-Al-Nb 系 900℃等温截面图[137]

图 10.96 为 Ti-22Al 合金随 Nb 含量变化的垂直截面图,图中对应于 27%Nb (原子分数)的竖线给出了一些学者的研究数据。由此图可见,当 Nb 含量小于约 25%时,$\alpha_2 + \beta$/B2＋O 三相区较宽,在此温区内处理得到三相组织,而更高 Nb 含量则使合金具有很宽的 β/B2＋O 两相区。

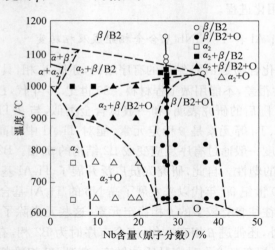

图 10.96　Ti-22Al-xNb 合金的垂直截面图[52]

关于合金元素对 Ti-Al-Nb 系相平衡的影响也有一些研究。Mo 在 O 相中比在 α_2 相中有较大的固溶度,有强烈的稳定 O 相的作用,而 Ta 则有利于 α_2 相的稳定。气体元素氧含量的增多有利于 α_2 相的存在,氢元素则有利于 O 相的存在。

图 10.97 为 Ti-22Al-25Nb 合金的 TTT 曲线。高温 β 相在 1090℃经有序反应转变为 β_0(B2)相。在 β 转变温度以下固溶处理可以得到 $\alpha_2 + \beta_0$ 两相。从 β_0 相区淬火(120K/s)可将 β_0 相保存到较低的温度(β_{OR})。空冷(9K/s)过程中则发生 β_0 相向过渡相 O′(具有 B19 结构,即简单正交结构)的转变。在 900℃ 以下时效,合金按以下顺序发生系列相变:$\beta_{OR} \rightarrow \beta_{OR} + O' \rightarrow O + \beta_0$。过渡相 O′ 经原子短程扩散

而形成的 O 相也是亚稳定的,它将进一步分解为 O+β_0。这两相组织也是不稳定的,其中 β_0 相将通过分解反应 $\beta_0 \rightarrow O+\beta$,又变成了无序的 β 相。这一无序转变一般在 875~700℃进行。图 10.97 还绘出了对应于 30%(体积分数,即 $f_\beta = 0.3$)的 β 的曲线。

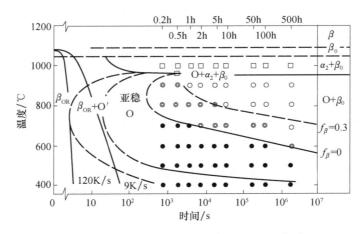

图 10.97　Ti-22Al-25Nb 合金的 TTT 曲线[148]

Ti₃Al-Nb 合金冷却过程中的相变相当复杂。O 相可以在不同温度与不同的相共存,它与 β(B2)和 α(α_2)相存在一定的位向关系。β 与 α 相之间也存在位向关系,因而 β 与 α 相变时易形成有一定惯析面的片状组织及魏氏组织。β 相在快速冷却时会出现成分不变的块状 α 转变。在含 12%Nb 合金中,O 相以极慢的速率从 α 相中析出,生成细小的特殊结构。在含 Nb 更高的合金中(接近 Ti₂AlNb),O 相可以在 β 相中大量形核、直接析出和均匀长大,其析出速率快。

从以上的分析可以看出 O 相 Ti-Al-Nb 基合金相变的复杂性,掌握这些相变规律是制定合理的热处理工艺的基础。

10.5.4.6　Ti₃Al 和 Ti₂AlNb 基合金的组织与性能特点

大量基于 Ti-Al-Nb 三元以及少量其他元素部分替代 Nb 的四元、五元成分的合金系,按其 β 稳定元素的含量,分为三类[52]。

第一类含有 10%~12%(原子分数)的 β 稳定元素,如 Ti-24Al-11Nb(美国 α_2 合金)、Ti-25Al-8Nb-2Mo-2Ta 等。这类合金的组织大多只含 α_2 和 B2/β 两相。

第二类含有 14%~18%(原子分数)的 β 稳定元素,主要有 Ti-24Al-(14~15Nb)、Ti-24Al-10Nb-3V-1Mo 和 Ti-24Al-17Nb 等。这类合金的显微组织取决于热处理工艺。固溶态的 α_2+B2 两相组织或稳态 α_2+B2+O 三相组织为其常见的使用状态。

第三类是具有高含量的 β 稳定元素,含量达 20%~30%(原子分数)。这类合金的显微组织中,α_2 相所占比例很少或完全消失,而是以 Ti_2AlNb 正交相(O 相)为主体,另含一定数量的 B2/β 相,故称之为 Ti_2AlNb 基合金或简称为 O 相合金。

提高合金的 Al 含量有利于提高强度。在不同 Al、Nb 含量的 Ti-Al-Nb 基础合金中加入其他 β 稳定元素(V、Mo 等)能进一步提高强度,不同元素复合强化效果更好。

表 10.96 为国外研发的一些 Ti_3Al 基合金、Ti_2AlNb 基(O 相)合金的化学成分。第一类合金因其室温塑性和韧性无法获得进一步改进,迄今未得到工程化应用。β 稳定元素含量适中的第二类合金比第一类具有更高的强度和蠕变抗力。第三类合金比第二类合金具有更好的高温屈服强度、蠕变抗力和断裂韧性,故在航空航天领域的应用具有较明显的优势,成为近年来的研究重点,但其密度较第二类合金的密度稍高,加工难度也稍大一些。

表 10.96 国外研发的一些 Ti_3Al 基合金、Ti_2AlNb 基合金(O 相)的化学成分[52]

牌 号	合金类别	合金成分(原子分数)/%
25-17 10-3-1 25-17-1	Ti_3Al 基合金 (第二类)	Ti-25Al-17Nb Ti-25Al-10Nb-3V-1Mo(美国超 α_2 合金) Ti-25Al-17Nb-1Mo
25-24 22-27 22-23	Ti_3Al 基合金 (第三类)	Ti-25Al-24Nb Ti-22Al-27Nb Ti-22Al-23Nb、Ti-22Al-20Nb-5V Ti-22Al-14Nb-4W

在美国已采用 Ti_3Al 基合金制成某型号发动机高压涡轮定子支撑环、高压压气机匣,还应用 O 相合金复合材料制成了航空发动机后面级压气机转子,既满足了压气机出口温度目标,又达到减重效果。

我国钢铁研究总院研制的 TAC-1、TAC-1B 以及北京航空材料研究院研制的 TD2、TD3 等 Ti_3Al 基合金均属于第二类 Ti_3Al 基合金。TAC-3 系列合金则属第三类,即 Ti_2AlNb 基(O 相)合金。表 10.97 示出这些合金的化学成分。

表 10.97 我国主要研发的一些 Ti_3Al 基合金、Ti_2AlNb 基(O 相)合金的化学成分[52]

牌 号	合金类别	合金成分(原子分数)/%
TAC-1 TAC-1B TD2 TD3	Ti_3Al 基合金 (第二类)	Ti-24Al-14Nb-3V-(0~0.5Mo) Ti-23Al-17Nb(JG1302) Ti-24.5Al-10Nb-3V-1Mo Ti-25Al-15Nb-1.5Mo
TAC-3A TAC-3B TAC-3C TAC-3D	Ti_3Al 基合金 (第三类)	Ti-22Al-25Nb(JG1201) Ti-22Al-27Nb Ti-22Al-24Nb-3Ta Ti-22Al-20Nb-7Ta

　　控制组织是得到最佳综合性能的关键,下面以 Ti-23Al-17Nb 合金为例,分析不同热处理条件下所形成的微观组织特征及其对力学性能的影响[149]。该合金由真空自耗电弧炉三次熔炼而成,铸锭在 B2 相区温度进行约 70% 变形量的开坯锻造,随后在 α_2＋B2 两相区进行约 80% 变形量的二次锻造并空冷至室温,其微观组织形态见图 10.98。该组织由 B2 相基体(白色)、颗粒和长棒状的 α_2 相(黑色)和板条状的 O 相(灰色)组成。三相因成分差异,在扫描电子显微镜的二次电子图像呈不同颜色。颗粒和长棒状的 α_2 相的形状和分布在一定程度上保持着热变形造成的方向性。O 相板条的尺寸不一,排列方向基本上为随机分布,表明 O 相板条是在变形后缓冷过程中通过 α_2＋O＋B2、O＋B2 和 O 相区时自 B2 相基体中析出的。

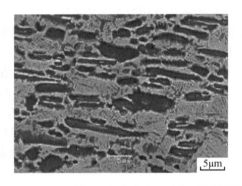

图 10.98　Ti-23Al-17Nb 合金在 α_2＋B2 两相区锻后
空冷状态的微观组织[149]

　　图 10.99 中的(a)、(b)、(c)分别为 Ti-23Al-17Nb 合金经 1060℃×2h 固溶处理并油淬、空冷及炉冷后的微观组织,三种冷却方式在经 1060～600℃温度范围的平均速率分别为 10℃/s、1℃/s 和 0.1℃/s。

(a)　　　　　　　　　　(b)　　　　　　　　　　(c)

图 10.99　Ti-23Al-17Nb 合金 1060℃×2h 固溶处理后连续冷却后的微观组织[149]
(a)油淬;(b)空冷;(c)炉冷

图 10.99(a)为 Ti-23Al-17Nb 合金固溶处理后经油淬得到的组织,为 α_2＋B2 两相组织,O 相板条的析出因油冷的快速冷却而被完全抑制。这种组织基本反映出合金在 1060℃×2h 固溶处理的效果,即初始状态中的 O 相板条完全溶解消失,B2 相基体发生再结晶而形成等轴晶粒,晶粒长大因 α_2 相的钉扎作用而受到限制,最终晶粒尺寸约与 α_2 相颗粒的间隙相当。较大的 α_2 相通过回复或再结晶演变成大小基本均等的等轴晶粒,均匀分布于 B2 相基体中,残留的一些较小的 α_2 相颗粒分布在 B2 相再结晶晶界,α_2 相总体积分数为 15％～20％。图 10.99(b)和(c)为该合金固溶处理后经空冷和炉冷得到的组织,因固溶处理后的冷却速率减缓而使 O 相板条从 B2 相基体中以魏氏体板条形态析出,形成双态组织,即具有等轴晶粒形态的 α_2 相,又具有魏氏体板条形态的 O 相。板条的尺寸及含量随冷却速率的减缓而增大,空冷组织和炉冷组织中 O 相板条的平均尺寸约为 0.3μm×2μm 和 1μm×5μm,体积分数分别达到 30％和 60％左右。同时,炉冷组织中 α_2 相颗粒有较为明显的长大,其体积分数也有所增加。

图 10.100(a)和(b)为 Ti-23Al-17Nb 合金 1060℃固溶处理并油淬后在经 850℃×24h 空冷和 800℃×24h 空冷的两种时效组织。两种时效处理使固溶并油淬组织的 B2 相基体中析出均匀细小的 O 相板条,形成双态组织。板条尺寸随时效温度的提高而增大,850℃时效和 800℃时效的板条平均尺寸分别为 0.7μm×4μm 和 0.5μm×2μm。两种时效处理后的板条体积分数基本一致,达到 70％左右。

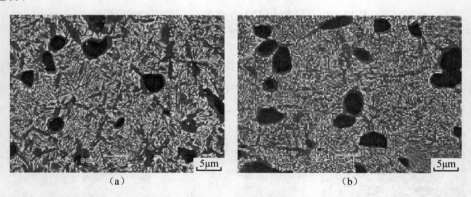

(a)　　　　　　　　　　　　　　　(b)

图 10.100　Ti-23Al-17Nb 合金经 1060℃固溶处理并油淬,经时效空冷后的微观组织[149]
(a) 800℃×24h,空冷;(b) 850℃×24h,空冷

经过比较可以看出,固溶快冷＋时效是易于获得理想双态组织的途径,时效处理过程中较大的过冷度可使 O 相生成的形核点增多,板条析出均匀,延长时间可使 O 相充分析出,降低时效温度可使板条细化。

表 10.98 为经不同热处理工艺获得不同双态组织的拉伸性能。过去的一些研

究表明,Ti_3Al 基合金的塑性和高温长时性能存在着反常关系,即第二相为等轴组织时具有较好的塑性和较差的高温长时性能,而第二相为全魏氏体组织板条形态时具有较差的塑性和较好的高温长时性能。因此可以判断,具有等轴颗粒和魏氏体板条两种形态的双态组织有可能是实现长时与短时性能良好匹配的组织类型。上述研究表明,通过 1060℃固溶处理油淬+850℃时效处理获得的双态组织具有强度、塑性和高温长时性能的最好匹配。

表 10.98　Ti-23Al-17Nb 合金不同双态组织的拉伸性能[149]

热处理	室温力学性能				650℃力学性能				持久性能(650℃,320MPa)		
	σ_b/MPa	$\sigma_{0.2}$/MPa	δ_5/%	ψ/%	σ_b/MPa	$\sigma_{0.2}$/MPa	δ_5/%	ψ/%	寿命/(h:min)	δ_5/%	ψ/%
1060℃×2h,空冷	1095	910	13.0	15.5	815	645	32.0	63.0	56:20	14	17
1060℃×2h,炉冷	835	575	8.5	9.0	636	440	27.0	48.0	352:32	12	12
1060℃×2h,油淬+850℃×24h,空冷	1080	895	9.5	12.0	800	635	18.0	42.0	312:41	8	9
1060℃×2h,油淬+800℃×24h,空冷	1180	990	8.0	11.5	900	750	13.0	25.0	219:53	9	11

以 O 相为基础的 Ti_2AlNb 基合金具有比较高的高温强度,使用温度可以达到 800℃,有良好的综合性能,O+B2 两相合金更具有较大的应用前景,是 Ti_3Al 基合金的主要研究方向。但这类合金的初始蠕变值较大是限制其在高温下使用的重大障碍。而当 Nb 含量高达 27%(原子分数)后,以 Ta 元素代替其中的部分 Nb 有利于 Ti_2AlNb 基合金的组织结构细化,提高合金的室温和高温屈服强度[150]。

表 10.99 为 Ti-22Al-25Nb 合金的拉伸性能。该合金密度为 5.3g/cm³,企业牌号为 TAC-3A,国标牌号为 JG1201。表 10.100 为该合金的其他力学性能,并与 Ti-23Al-17Nb 合金(企业牌号为 TAC-1B,国标牌号 JG1302)进行对比。由表 10.99 和表 10.100 可以看出,Ti-22Al-25Nb 合金在室温及高温条件下具有良好的塑性和韧性,室温断裂韧度达到 39MPa·m¹ᐟ²,在整个温度范围内,强度、抗疲劳和高温持久性能较 Ti_3Al 基合金均有明显提高,到 900℃时的抗拉强度仍能达到 370MPa。

表 10.99　Ti-22Al-25Nb 合金的拉伸性能[151]

温度/℃	室温力学性能		
	σ_b/MPa	$\sigma_{0.2}$/MPa	δ_5/%
室温	1150	1070	11.5
400	1010	900	20.0
500	1000	880	20.5
600	930	835	21.0
650	885	790	21.0
700	840	700	19.0
750	800	645	24.0
900	370	270	60.0

表 10.100　Ti-22Al-25Nb 合金与 Ti-23Al-17Nb 合金的其他力学性能[151]

合　金	K_{IC} /(MPa· $m^{1/2}$)(室温)	疲劳强度,10^7 周次 σ_{-1}/MPa		持久断裂寿命/h			a_k/(J/cm²)			超塑性 δ/%
		室温	650℃	600℃ 500MPa	650℃ 360MPa	650℃ 400MPa	室温	650℃	750℃	960℃
Ti-22Al-25Nb	39	549	600	103	281	148	11	56	77	700

合　金	K_{IC} /(MPa· $m^{1/2}$)(室温)	疲劳强度,10^7 周次 σ_{-1}/MPa		持久断裂寿命/h			a_k/(J/cm²)			超塑性 δ/%
		室温	600℃	600℃ 360MPa	600℃ 400MPa	650℃ 320MPa	室温	−100℃	−196℃	960℃
Ti-23Al-17Nb	28	560	460	739	150	312	9.0	5.5	2.0	1150

　　Ti-22Al-25Nb 合金在 750℃暴露 100h 时,氧化质量增加小于 1mg/cm²,达到完全抗氧化级别;在 850℃暴露 100h 时,氧化质量增加只有 2.6868mg/cm²,达到抗氧化级别。

10.5.4.7　Ti₃Al 和 T1₂AlNb 基合金的应用[151]

　　Ti₃Al 基合金作为航空发动机材料可在 650℃条件下长时工作,或作为航天发动机材料在 900℃条件下短时工作。Ti₂AlNb 基合金较之 Ti₃Al 基合金,尽管密度略大,但因其高温强度显著提高而显示出更高的高温比强度,因此受到材料工作者的关注。但作为金属间化合物材料,原子长程有序排列和金属键与共价键共存在带来优异高温强度的同时,也因可开动的滑移系数目有限、超结构位错伯格斯矢量大、位错交滑移困难,使合金的塑性和韧性偏低。

　　我国钢铁研究总院等单位近年通过系统的合金化研究和组织-性能关系研究,探索出使 Ti₃Al 和 T1₂AlNb 基合金塑性、韧性及工艺性能显著改善的合金成分设计和组织设计,确立了具有工程意义的合金牌号,合金综合性能达到国际先进水平,见表 10.97。

在合金熔炼制备方面,采用真空自耗等熔炼方法和工艺过程控制,实现了合金锭成分的准确均匀及高纯净度,已可提供 3t 级 Ti_2AlNb 铸锭[152]。在热加工成型方面,依据铸锭均匀化热处理→B2 相区温度开坯→α_2＋B2 或 α_2＋B2＋O 相区温度二次热变形的基本流程,对两种合金的变形行为及热成形棒、板、环及模锻件的具体工艺环节进行了系统的研究。对这两种合金均已研制出直径为 10～230mm 的棒材、宽幅达 800mm 的热轧板材和外径大于 700mm 的环形件,已探索出 Ti_3Al 和 $T1_2AlNb$ 基合金的薄板及箔材的冷轧成形技术。目前已研制出 Ti_3Al 基合金 0.08mm×100mm×500mm 的箔材,Ti_2AlNb 基合金 1.5mm×900mm×200mm 的冷轧板材和 0.15mm×300mm×500mm 的箔材。

为了解决 Ti_2AlNb 基合金热加工变形抗力大,材料利用率相对较低等问题,我国中国科学院金属研究所等单位近年开展了 Ti_2AlNb 基合金粉末冶金生产工艺方面的研究工作,可以避免传统铸锭冶炼过程中形成的偏析、夹杂等冶金缺陷,得到组织更为均匀、性能更加稳定的合金坯料或部件,材料利用率优于传统的铸锻工艺。采用氩气雾化和旋转电极工艺制成的合金粉末的粒度在 60～160μm。采用热等静压工艺制备的 Ti-22Al-24Nb-0.5Mo 合金与同成分的锻造合金对比,变形行为近似,变形抗力相当,表现出良好的强度和塑性水平。在此基础上,已制备出复杂形状的 Ti_2AlNb 基合金航空部件[152]。

为了适应某些部件的需要,我国材料工作者对这两种合金的焊接技术和钣金成形技术进行了探索。这两种合金已可实现合金自身之间及其与钛合金、铌合金等异种金属材料之间的电子束、激光、氩弧焊、钎焊工艺、固相扩散焊、摩擦焊等[153]。目前,两种合金的超塑性成形技术已得到实际应用。其他一些冷热成形工艺,如热旋压成形、冷冲压成形、热模压成形等,亦已应用于实际部件的研制。

Ti_3Al(Ti-23Al-17Nb)和 Ti_3AlNb(Ti-22Al-25Nb)基合金在我国航天及航空领域的应用已取得多项成果,许多实际部件已得到应用。图 10.101 和图 10.102 为这两种合金钣金成形实验件。

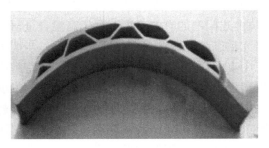

图 10.101　Ti_3Al 基合金钣金成形实验件[151]

应用轻质高温材料可实现推进系统的轻质化,促进飞行器性能的进一步提升,因此,随着我国航天航空事业的发展,Ti_3Al 和 Ti_2AlNb 基合金将会得到越来越多的重视,可望形成更广泛的应用。

图 10.102　Ti_2AlNb 基合金钣金成形实验件[151]

在各种具有高温结构应用前景的复合材料中,以金属间化合物为基,尤其以 Ti_3Al 和 Ti_2AlNb(O 相)为合金基体的复合材料被认为是最有吸引力也是最有希望成功的一种。在美国综合高性能涡轮发动机技术计划(Integrated High Performance Turbine Engine Technology,IHPTET,1987～2005 年)的推动下,美国许多部门和公司都对以 Ti_3Al 和 Ti_2AlNb 基合金 SiC 纤维增强复合材料的研究投入了很大的力量。20 世纪 90 年代末期,美国已利用高强高韧的 Ti_2AlNb 基(O 相)合金复合材料制成了航空发动机后面级压气机转子等部件,满足了压气机出口的温度目标,又达到了减重效果。我国亦开展了这方面的研究工作[52]。

10.6　高温合金近期研究动态与展望

在能源与环境压力不断增加、国防问题重要性凸显的今天,如何研发出高性能高温合金,或开发出更加节能的高温合金加工和生产技术,仍是今后一段时间需要面对和认真解决的问题。显然,凝练各种新概念、新构思,发展新方法,深入认识材料微观组织演化规律,发展相应的工业化技术,实现对微观组织精细"裁剪"和对性能的准确控制,是解决上述问题的有效途径。鉴于高温合金研究领域的快速发展,拟对该领域近期的研究动态和进展作一个梳理,以便进一步明确问题、寻找解决方案。这种梳理基于三个方面:①社会发展的重大需求与亟待解决的关键科学问题;②高温合金材料的发展历程及技术难点;③近期研究动态与发展趋势。

高温合金材料在航空航天发动机、舰用发动机、工业燃机、超超临界发电机组、核电机组、汽车涡轮增压器等国民经济和国防建设领域有着不可替代的地位。高温合金研究的不断深入,不仅推动了航空航天发动机等国防尖端武器装备的技术进步,而且促进了交通运输、能源动力、石油化工、核工业等国民经济相关产业的技术发展。进入 21 世纪以来,世界各国在高性能高温合金材料研究方面的步伐明显加快。目前,也是我国高温合金材料发展的关键时期,加快发展高温合金材料,对于引领材料工业更新换代、支撑战略性新兴产业发展、保障国家重大工程建设、促进传统产业转型升级、构建国际竞争新优势具有重要的战略意义。

作为建设创新型国家的一个标志性工程,大型飞机的设计与制造已被列入《国家中长期科学和技术发展规划纲要(2006—2020 年)》。发展大飞机,首要的问题就是研制高性能的航空发动机。提高涡轮进口温度是改进发动机性能的有效措施,而要提高涡轮进口温度,就必须采用能够承载更高温度且具有优异性能的高温合金材料。因此,高性能高温合金的研制是实现先进航空发动机设计与制造的关键。

与航空发动机相比,工业燃机使用寿命长(十万小时),工作环境更恶劣。工业燃机的核心热端部件主要采用高温合金材料制备,要求高温合金材料同时具有良好的抗热腐蚀性能、高的承温能力、良好的长期组织稳定性,以及可满足大型叶片和大尺寸涡轮盘制造所需要的良好工艺性能。因此,高性能高温合金材料是实现工业燃气轮机设计与制造的关键。为了摆脱对传统化石燃料的依赖,我国近年来大力发展核电技术。第四代高温气冷核反应堆对高温合金材料的需求量显著增加,而且对高温合金性能及安全可靠性的要求也明显提高。为满足我国核电技术发展需要,急需发展长寿命、高可靠性的高温合金管材和板材的制备与加工技术。此外,超超临界发电机组热交换器、汽车涡轮增压器、冶金加热炉衬板、内燃机排气阀座、乙烯裂解炉管、烟气脱硫装置等对于高温合金的需求将进一步增强,特别是耐高温耐腐蚀合金在石化和机械制造等行业的应用将不断扩大,用量会大幅度增加。

经过几十年的发展,航空发动机涡轮前进口温度从 1160K 提高到了 1850～1950K,推重比从 3 提高到 10 以上。为了进一步提高航空发动机性能,并为推重比 10 以上发动机提供选材,需要开展先进高温合金材料及其制备工艺基础研究。同时,随着航天发动机部件的结构设计的集成化和复杂化,转动件多为整体结构设计,静止件也呈现出薄壁、复杂和集成化的特点,从而对高温合金材料设计、成型理论和安全寿命评价等方面提出了更为急切的需求。

然而,高温合金是一类复杂的多组元合金材料体系。在这种多组元体系中,合金的设计与制备方面目前仍存在着诸多尚未解决的关键科学问题,例如,多组元合金体系元素之间的交互作用、合金成分的设计与优化、冶金缺陷的成因与控制、高合金化复杂大尺寸构件的塑性变形理论、服役性能与寿命预测等。为了进一步发展高温合金材料,需要着眼于材料设计与制备过程中的关键基础科学问题,力争在合金成分设计、纯净化冶炼和缺陷控制、塑性变形加工、高温防护涂层、服役行为分析和先进制备技术等方面取得突破性进展,为高温合金材料的进一步发展提供理论基础和技术储备,发展和完善高温合金材料科学体系[154]。

10.6.1 发展历程及技术难点评述

高温合金是金属材料中一个重要分支,由于其使用在经济和科技的关键领域,一直受到各国政府的高度重视,往往成为优先发展领域而给予强力支持。金属材料领域中许多基础概念、新技术、新工艺都曾率先在高温合金研究领域中出现,如相预测和相计算、定向凝固与单晶技术等。但高温合金研究领域目前也面临不少难题,需要我们重视并寻求解决方案。下面拟作一简单评述。

10.6.1.1 发展历程[154]

高温合金最早源自 20 世纪 30 年代末的一种含 Ti 的镍基合金 Nimonic 75,后来通过在合金中添加 B、Zr、W、Mo 等元素,形成了 Nimonic 系列高温合金。英国的高温合金体系通常就是以 Nimonic 命名的合金系列。20 世纪 40 年代初,美国开始发展航空燃气涡轮发动机,有力地推进了高温合金的研究进程,先后研制出了 Hastelloy、Waspalloy、Udimet、Inconel、Mar-M 等高温合金系列。在此期间,苏联也在耐热钢的基础上发展出了一系列铁-镍基、镍基和钴基高温合金材料。国际高温合金学界公认的、具有相对独立高温合金体系的国家主要包括美国、苏联(俄罗斯)、英国和中国。随着材料设计及制备技术的不断发展,高温合金出现了变形、铸造及粉末冶金高温合金,制备工艺也从原来的普通冶炼发展到真空冶炼、多联超纯净冶炼,同时出现了等温铸造、定向凝固、粉末冶金、机械合金化、喷射成形等新技术。随着材料设计及制备技术的发展,高温合金的性能演化趋势如图 10.103 所示[155]。

变形高温合金因其具有优异的综合性能,是制备航空发动机各种盘、环、轴、机匣、燃烧室、紧固件的关键材料。随着发动机性能的不断提高,变形高温合金的合金化程度不断上升,元素偏析倾向加剧,工艺难度显著增大。国外变形高温合金发展比较成熟,已形成以 In718、Waspaloy、U720Li、ЭП742 和 ЭК151 等为主的变形高温合金盘件材料系列,最高使用温度已达到 850℃,同时发展新的工艺使合金的性能明显提升以满足发动机不同部件的需求。变形高温合金总体上向耐高温、高可靠性和低成本方向发展。

我国发展的变形高温合金系列,具有力学性能优异、可锻性良好、可制备大锭型、成本相对低廉等优点,因而适合于制备重型燃机超大型涡轮盘锻件。例如,国内采用 VIM+SR+VAR 三联冶炼工艺,制备出重 10t,直径为 900mm 的 GH4706 合金重熔锭;然后通过反复镦拔工艺实现自由锻造开坯,成功生产出直径为 700mm 的大规格棒材和直径 2000mm 的涡轮盘锻件。近 10 年来出现了具有高温

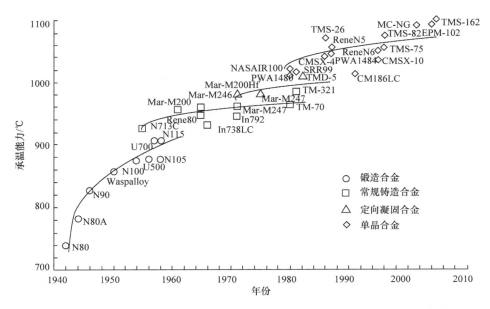

图 10.103　镍基高温合金承温能力随成分、组织和制备技术发展的进化史[156]

高强同时注重合金的热稳定性、抗氧化性能和工艺性能的新合金,其典型代表就是
GH3230 合金。GH3230 合金是 Ni-Cr 基固溶强化变形高温合金,使用温度范围
700~1050℃,具有较高的强度和抗冷热疲劳性能,组织稳定。我国也开展了
GH3230 合金板材轧制工艺的研发,并已生产出宽度达 1100mm、厚度为 0.6mm
的高温强度高、氧化性能优异的合金板材。图 10.104 为我国燃烧室用高温合金的
发展历程[156]。

　　现代高推重比发动机的发展,对高温合金材料性能要求越来越高。传统的铸
锻高温合金,由于合金化程度的提高,铸锭偏析严重,压力加工成型日益困难,已经
难以满足要求。为了克服高温合金加工和成形困难的问题,国外推重比 8 以上的
航空发动机广泛应用粉末高温合金制备涡轮盘。粉末高温合金通常划分为四代:
以 Rene95 为代表的第一代粉末高温合金;以 Rene88DT 为代表的第二代粉末高
温合金;以 Rene104、Alloy10 为代表的第三代粉末高温合金,以及在第三代合金基
础上,通过调整合金成分和生产工艺来获得更高使用温度(815℃左右)的第四代粉
末高温合金。美国普惠公司率先于 1972 年研制成功粉末冶金 In100 高温合金,装
配在 F-15 和 F-16 战斗机上。在随后的 30 多年,美国、法国、英国等西方国家研制
了 MERL76、Rene95、Rene88DT、U720、N18、RR1000、Rene104 等多种牌号的粉
末高温合金,应用于如 F-18、F-119、EJ2000 等先进战斗机,并广泛应用于波音、空
客等民用飞机。苏联于 20 世纪 70 年代研制成功ЭП741НП合金,1981 年开始批

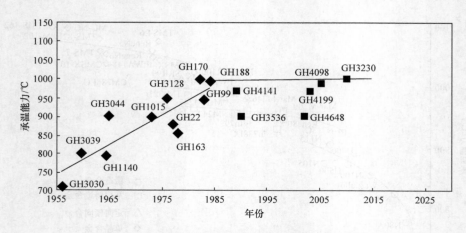

图 10.104　我国燃烧室用高温合金的发展历程[156]

量生产,并大量装配米格-29、米格-31、苏-27 等先进战机。除 ЭП741НП 合金外,目前,比较成熟的还有 ЭП962П 合金(相当于 Rene95 合金),同时还研制成功了 ЭП975П 合金(相当于美国的 AF115 合金),使用温度在 750℃ 以上。除军用飞机外,苏联的 ЭП741НП 粉末高温合金在其国内的民用飞机(如伊尔-76、图-204 等)也获得大量应用。

　　由于粉末高温合金的研制技术难度高、投资大、涉及的学科领域广,世界上能独立进行研制的国家只有美、俄、英和法等少数几个国家。对于第三代粉末高温合金,据报道仅有美国、法国和英国建立了属于自己牌号的合金,主要包括美国的 CH98、Alloy10、ME3 和 LSHR 等,法国的 NRx 系列合金,以及英国的 RR1000 合金等。目前,第四代粉末高温合金的设计目标是可满足推重比为 15~20 的航空发动机,该发动机工作时,其涡轮前端温度可达到 2000℃,高压涡轮盘的最高工作温度达到 810℃ 或者更高。即第四代粉末高温合金的发展目标是:在继承前几代粉末高温合金的高强度、高损伤容限的基础上,进一步提高其工作温度,以期获得一种高强度、高损伤容限及高工作温度的合金[157]。

　　随着高温合金构件结构复杂化和铸造技术的发展,铸造高温合金得到了广泛的应用,特别是定向凝固技术的出现,为单晶高温合金的发展创造了条件,在定向凝固合金基础上,发展了完全消除晶界的单晶高温合金。20 世纪 80 年代以来,单晶高温合金一直沿着其独特的道路发展,其承温能力得到不断的提高,发展趋势如图 10.105 所示[155]。

　　单晶高温合金消除了晶界,明显减少了降低熔点的晶界强化元素,使合金的初熔温度提高,能够在较高温度范围进行固溶处理,其强度比等轴晶和定向柱晶高温合金大幅度提高,因而得到了广泛应用。单晶高温合金的力学、化学性能与合金的

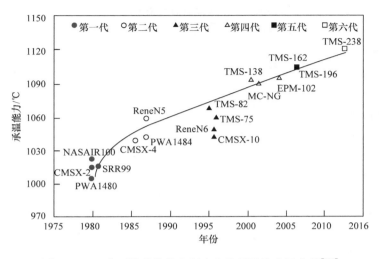

图 10.105　典型镍基单晶高温合金的承温能力及分类[155]

化学组成密切相关,如果将在 137MPa 条件下 1000h 的持久温度(称为承温能力,
或使用温度)作为分类标准进行分类,则可以将各种单晶高温合金归类为六代。自
20 世纪 80 年代开始,PWA1480、CMSX-2、CMSX-3、SRR99 等第一代单晶高温合
金出现以来,单晶高温合金的研究取得了突破性进展。随着合金设计理论水平的
提高和铸造工艺技术的进步,以及铼(Re)元素的添加,相继出现了以 PWA1484、
CMSX-4、ReneN5 等为代表,承温能力比第一代单晶高温合金高约 30℃的第二代
单晶高温合金,以及以 CMSX-10、ReneN6 等为代表,承温能力比第一代高约 60℃
的第三代单晶高温合金。通过添加 Ru、Pt、Ir 等元素,又发展出以 MC-NG、TMS-
138、TMS-162 等为代表的第四代和第五代单晶高温合金和 TMS-238 为代表的第
六代单晶高温合金,其典型合金及成分如表 10.101 所示[155,158]。各代合金的化学
成分的主要差别在于:相对第一代,第二代单晶高温合金主要添加了 Re,第三代单
晶高温合金的 Re 含量增加至 3.0%～>5.0%,第四代单晶高温合金又在第三代
的基础上引入了钌(Ru),第五代单晶高温合金则将 Ru 的添加量增加到 3.0%～
>5.0%,第六代单晶高温合金则在第五代的基础上对合金的化学组成进行了较为
精细的调整。其中,Re 是一种有效的强化元素,可以提高合金的承温能力。但是,
过量的添加,一旦超过 Re 在合金中的固溶限后,将出现拓扑密排相(TCP)的析
出,从而使合金的蠕变性能明显降低。因此,为了阻止 TCP 相的析出,在第四代单
晶高温合金引入了 3%Ru。第五代和第六代单晶高温合金则对 Re、Ru 和其他组
成元素的含量进行了更为合理的调配。

表 10.101　典型单晶高温合金的成分[155,158]

归类	牌号	Cr	Co	Mo	W	Ta	Re	Hf	Al	Ti	Ni	其他
第一代	PWA1480	10	5	—	4	12	—	—	5	1.5	余	—
	ReneN4	9	8	2	6	4	—	—	3.7	4.2	余	0.5Nb
	SRR99	8	5	—	10	3	—	—	5.5	2.2	余	—
	RR2000	10	15	3	—	—	—	—	5.5	4	余	1V
	AM1	8	6	2	6	9	—	—	5.2	1.2	余	—
	AM3	8	6	2	5	4	—	—	6	2	余	—
	CMX-2	8	5	0.6	8	6	—	—	5.6	1	余	—
	CMX-3	8	5	0.6	8	6	—	0.1	5.6	1	余	—
	CMX-6	10	5	3	—	2	—	0.1	4.8	4.7	余	—
	SC-16	16	—	2.8	—	3.5	—	—	3.5	3.5	余	—
	AF-56	12	8	2	4	5	—	—	3.4	4	余	—
	СИК7	14.8	8.8	0.4	6.9		—	—	4.1	3.9	余	0.08C,0.01B,0.02Ce
	DD403	9.5	5	3.8	5.2		—	—	5.9	2.1	余	—
	DD408	16	8.5		6		—	—	3.9	3.8	余	—
第二代	PWA1484	5	10	2	6	9	3	0.1	5.6		余	—
	ReneN5	7	8	2	5	7	3	0.2	6.2		余	0.05C,0.004B,0.01Y
	CMSX-4	6.5	9	0.6	6	6.5	3	0.1	5.6	1	余	—
	SC180	5	10	2	5	8.5	3	0.1	5.2	1	余	—
	ЖC32	5	9	1.1	8.5	4	4	—	6	1.5	余	0.15C,1.6Nb,0.015B
	ЖC36	4.2	8.7	1	12		2	—	6	1.2	余	1Nb,RE
第三代	ReneN6	4.2	12	1.4	6	7.2	5.4	0.15	5.75	—	余	0.05C,0.004B,0.01Y
	CMSX-10	3.3	2.2	0.4	5.6	8.4	6.4	0.04	5.74	0.2	余	0.1Nb
第四代	TMS-138	3.2	5.8	2.8	5.9	5.6	5.0	0.1	5.9	—	余	2.0Ru
	MC-NG	4	—	4	5	6	3	0.1	5	—	余	4.0Ru
第五代	TMS-162	3.0	5.8	3.9	5.8	5.6	4.9	0.1	5.8	—	余	6.0Ru
	TMS-196	4.6	5.6	2.4	5	5.6	5	0.1	5.6	—	余	5.0Ru
第六代	TMS-238	4.6	6.5	1.1	4.0	7.6	6.4	0.1	5.9	—	余	5.0Ru

　　第四代单晶合金 RR3010 的承温能力达到 1180℃,用在英国劳斯莱斯公司最新的 Trent 系列发动机上。新的单晶合金成分中 Re 的加入以及 Hf、Y、La、Ru 等元素的合理应用使合金的持久性能和抗环境损伤性能得到明显的提高。几乎所有先进航空发动机,如推重比为 10 的发动机 F-119、F-120、EJ200 和 P2000 以及设计目标推重比为 20 的发动机,都采用了单晶合金作为叶片材料,其在发动机中的装

配位置如图 10.106 所示[159]。第三代单晶合金在国外已获得应用,第四代单晶高温合金已开展了装机试车工作。

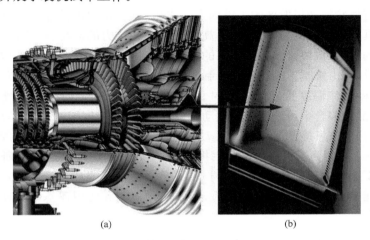

(a)　　　　　　　　　　　　　　　　　(b)

图 10.106　单晶高温合金叶片在高压涡轮发动机中装配(a)和单晶高温合金叶片(b)[159]

由于 Re 和 Ru 元素储量稀缺、价格昂贵,使得先进单晶合金的成本成倍地增加,制约了这些合金的推广应用。因此,采用储量稀缺和价格昂贵的 Re、Ru 等元素,提高单晶高温合金性能,并以 Re、Ru 元素含量高低进行“分代归类”的发展思路值得学界商榷。当前,单晶高温合金的发展重点之一是研发高性能低成本合金:通过优化合金成分,降低 Re 和 Ru 的含量,在保证性能的前提下,尽可能降低合金成本。例如,法国国家航空航天研究中心发展的无 Re 合金 MC2 已经达到了第二代单晶高温合金的性能水平。美国的通用电气公司、C-M 公司及美国航空航天局在发展低成本合金方面也取得了重要进展。2008 年,通用电气公司在 ReneN5 合金的基础上研制了 ReneN515(含 1.5% Re,质量分数)和 ReneN500（无 Re）合金,并对 Rene N515 合金在一些航空发动机上进行了测试,计划将其应用到 GEnx 等发动机上。我国发展了 DD98 系列无 Re 高性能合金,其高温力学性能基本达到了第二代单晶高温合金性能水平[158]。

在高温合金发展历程中,关键技术和核心合金成分一直是各国竞争的热点,十分重视专利保护。Ni 基高温合金核心制备技术分别涉及熔煅、铸造、定向凝固、单晶等技术[160]。1966 年(专利公开年份)在铸造的基础上采用定向结晶凝固技术之后,出现了相对应的 10 余种典型合金型号(PWA1426、CM186LC 等)。20 世纪 70 年代在定向凝固技术的基础上发展出了单晶专利技术,1982 年有了第一代单晶合金,比较著名的产品是 PWA1480,目前 Ni 基单晶合金研发到了第六代,成熟应用已经到第四代[161]。值得注意的是,第六代单晶合金 TMS-238 是 2008 年研制的,距今已有 10 余年时间,学界和工业界没有出现新单晶合金。

　　不断提升结构材料的使用温度是材料科学领域的发展方向。事实上,研制能够承受发动机内恶劣环境(高温、高应力、氧化和腐蚀)的新型高温结构材料,一直是控制航空涡轮发动机发展的关键因素。飞机/航空发动机设计部门总希望材料界能提供具有更高高温力学性能、更高氧化和腐蚀抗力的新材料。对新的超高温结构材料的追求,主要是因为在更高的温度下,航空和发电燃气轮机的效率能够得到提高。目前,由镍基单晶高温合金制成的涡轮叶片可以在接近 1150℃ 的温度环境中服役,即工作温度接近其熔点的 90%。通过使用复杂的冷却系统和热障涂层,镍基单晶高温合金可以在涡轮发动机最热的区域(温度接近 1500℃)工作。然而,涂层和强制空气冷却又会降低发动机在更高温度下工作所获得的效率,如图10.107 所示[162]。为了克服这种效率损失,一个较好的解决办法就是研制能够在更高温度下工作的新的超高温结构材料(不需要冷却系统和热障涂层)。因此,要想制造出能在更高温度工作的高温发动机,必须研制和使用镍基单晶高温合金的替代材料[162]。

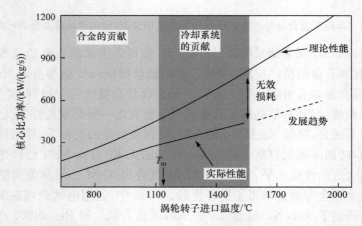

图 10.107　核心比功率(specific core power)与燃气涡轮发动机的涡轮进口温度的关系[162]

　　因此,研制具有更高承温能力的高温材料是发展新型高推比发动机的重要基础。近年来,以 Nb-Si 共晶体系为基础的新型 Nb 基超高温合金(难熔金属材料)引起了高温材料界的广泛关注,它依靠高韧性的 Nb 基固溶体来提高合金的室温韧性,而依靠金属间化合物相(如 Nb_3Si 或 Nb_5Si_3)来保证合金的高温强度。此外,通过加入 Ti、Hf、Cr、Al、B 和 Y 等元素进行多元合金化,可以显著改善其室温断裂韧性、高温蠕变强度,以及高温抗氧化能力等性能之间的匹配。同时,它的密度比第二代单晶高温合金约低 20%。因此,此类新型 Nb 基超高温合金可望应用于 1200~1450℃ 温度范围,作为超高温替代材料很有竞争力。国外 Nb-Si 系高温合金结构材料的研究主要集中在美国通用电气公司、德国宇航研究院、英国萨里大学及日本九州中心等研究机构。日本从 1996 年开始,以超高温材料研究所为中心,联合日本东北大学和东京工业大学等机构,进行新型 Nb 基超合金的开发。目前已开发的 Nb-16Si-5Mo-15W-5Hf-5C 合金在 1500℃/100h 下的蠕变断裂强度超过了 150MPa;Nb-16Si-10Mo-15W 合金在 1500℃下的高温强度为 800MPa。在众多研究机构中,通用电气公司的研究工作尤为突出。1998 年,通用电气公司在美国空军的资助下开始研究开发作为先进航空发动机应用的新型 Nb 基高温结构材料。目前该公司的 Nb-Si 基合金已经由二元 Nb-Si 基发展成为包含多种合金化元素在内的多元复杂体系。通用电气公司研发的 Nb-Si 基合金的室温断裂韧性可达 35MPa·$m^{1/2}$,室温至 800℃的压缩屈服强度保持在 1700MPa 左右,而 1200℃时材料的抗压强度是同一温度下第二代镍基单晶高温合金的 2 倍,1350℃的压缩屈服强度为 310MPa[163]。

　　近期,北京航空航天大学研究人员系统研究了 Ta 和 W 对 Nb-Si 基合金相组成、显微组织和室温断裂韧性的影响。Nb-Si 基合金的名义成分(原子分数,%)为 Nb-15Si-24Ti-4Cr-2Al-2Hf(基体合金)、Nb-15Si-24Ti-4Al-2Hf-1Ta(1Ta 合金)和 Nb-15Si-24Ti-4Cr-2Al-2Hf-1W(1W 合金)。结果表明,基体合金、1Ta 合金和 1W 合金由 Nb 固溶体(Nb_{ss})、α-Nb_5Si_3 和少量 γ-Nb_5Si_3 相组成。元素 Ta 和 W 主要配方在 Nb 固溶体(Nb_{ss})中。添加 Ta 可使基体合金的断裂韧性从 10.2MPa·$m^{1/2}$ 提高到 12.2MPa·$m^{1/2}$,而 W 的加入使合金的断裂韧性降低到 8.2MPa·$m^{1/2}$。三种合金中的 Nb_{ss} 相的断裂方式为解理断裂,在断面上有河流条纹,而 Nb_5Si_3 相表现出脆性断裂模式,其断口表面具有平坦和无特征状态。与基体合金和 1W 合金不同的是,1Ta 合金的断口显现有二次裂纹的发生和沿相界面的破裂。他们还讨论了在 Nb-Si 基合金添加 Ta 和 W 后的增韧机理[164]。

　　Nb 基超高温合金中各相之间的晶体学取向关系对材料的力学性能有重要的影响。近期,西北工业大学的研究人员对 Nb-Si 基超高温合金进行了相应的热处理,使 Nb 固溶体中析出了片状六方晶体结构的 γ-Nb_5Si_3 相。用高分辨透射电镜研究了 γ-Nb_5Si_3 析出相与 Nb 固溶体基体相之间的取向关系和界面结构。两相之间取向关系为具有近共格界面的晶体学关系:$[111]_{Nb}$/$[0001]_{\gamma}$ 和 $(101)_{Nb}$/$(1100)_{\gamma}$。界面结构可以用重位点阵/完全平移点阵(CSL/DSC)模型解释,在界面上形成了一系列相界位错(PBDS)[165]。为了更好地控制 Nb-Si 基超高温合金的热加工过程,必须深刻认识其在热变形过程中的组织演变和相应的软化机理。因此,他们还从变形组织和组成相(Nb_{ss} 和 Nb_5Si_3)的取向等方面,在不同应变条件下,研究了 Nb-Si 基超高温合金动态软化过程中的显微组织演变问题。通过对 Nb-Si 基超高温合金热压缩过程中流动特性和组织演变的研究,揭示了 Nb-Si 基超高温合金的软化机理。合金的软化主要以 Nb_{ss} 的连续动态再结晶为主,Nb_5Si_3 的连续动态再结晶的速率更慢[166]。

加工技术是实现 Nb-Si 基超高温合金实际应用的另一个需要关注的问题。目前,真空电弧熔炼技术已广泛应用于合金锭的制备。此外,定向凝固技术可以有效地改善 Nb-Si 基超高温合金的力学性能(包括高温强度和室温断裂韧性);还可以利用感应熔炼法、热压烧结法和放电等离子烧结法制备 Nb-Si 基超高温合金,以控制其显微组织,从而改善其性能。

为了揭示准共晶 Nb-Si 基合金的共晶演化过程,研究人员采用定向凝固法对 Nb-xTi-ySi-4Cr-2Al-2Hf(22Ti-15Si,24Ti-15Si,22Ti-16.5Si,原子分数,%)合金进行定向凝固,提拉速率分别为 $400\mu m/s$ 和 $500\mu m/s$。他们观察到三种典型的共晶形态:准规则共晶 I、准规则共晶 II 和共晶枝晶团。Ti 含量的降低和提拉速率的增加提高了生长速率,从而导致由准规则共晶 I 向准规则共晶 II 的转变。Si 含量的增加和提拉速率的降低使生长速率减小,导致更大程度的偏析,最终促进共晶枝晶团的形成。准规则共晶 I 和 II 的尺寸随提拉速率的增加而减小,随 Ti 和 Si 含量的增加而增大。对于准规则共晶 I 和 II,随着 Ti 含量的增加,γ-$(Nb,Ti)_5Si_3$ 相的体积分数会增加。与准规则共晶 I 相比,由于 γ-$(Nb,Ti)_5Si_3$ 相生长模式的转变,在准规则共晶 II 中存在更多的 γ-$(Nb,Ti)_5Si_3$ 相[167]。

目前,难熔金属材料,特别是难熔金属 Nb 具有较低密度($8.57g/cm^3$)、高熔点(2741K)、高强度、高塑性、低蒸气压等特性,且能同时固溶多种合金强化元素,作为超高温合金结构材料表现出优良的应用潜力,获得材料研究者和发动机设计人员的广泛关注。根据强化相及强化方式的不同,目前在研的 Nb 基超高温合金可以细分为 Nb-Si 基、Nb-Ti-Al 基和 Nb-W-Mo 基合金等[163]。

Nb-Si 基合金有潜力应用于 1200～1450℃ 高温,但其抗氧化性能较差。西北工业大学的研究人员开发了 Al、Y、Cr、B、Ce、Zr、Ge 等单元及多元联合改性的 $NbSi_2$ 基硅化物涂层体系,其中多种涂层体系经 1250～1350℃ 恒温氧化 100～200h 或 1250℃ 至室温循环氧化 100 次后仍对基体合金具有优异的保护能力[168]。哈尔滨工业大学的研究团队采用两步充填胶结法和微弧氧化法,在 Nb 基超高温合金表面制备了 Nb_2O_5-$SiO_2/NbSi_2/Nb_5Si_3$ 多层膜,并比较研究了 Nb_2O_5-$SiO_2/NbSi_2/Nb_5Si_3$ 多层膜和 $NbSi_2/Nb_5Si_3$ 涂层在 1250℃ 的等温氧化性能。结果表明,当 Nb 合金表面有 $NbSi_2/Nb_5Si_3$ 涂层时,其氧化动力学符合抛物线规律,其抛物线速率常数 k_p 为 $0.79mg^2/(cm^4 \cdot h)$。而有多层涂层的 Nb 合金具有更好的抗氧化性能,前 15h 的 k_p 仅为 $0.06mg^2/(cm^4 \cdot h)$;在随后的氧化阶段,与 $NbSi_2/Nb_5Si_3$ 涂层合金的抗氧化性能相当。多层涂层成功地延缓了氧化过程,这是由于 Nb_2O_5-SiO_2-Al_2O_3 外层中形成了 Al_2O_3 和玻璃状 SiO_2[169]。

除了 Nb 基难熔金属材料外,还有 Mo 基难熔金属等材料有希望发展成为超高温合金结构材料。其中,Mo-Si-B 体系中的单相主要有 Mo 的固溶体(Mo_{ss})、Mo_3Si、Mo_5Si_3、$MOSi_2$ 和 Mo_5SiB_2 等,熔点都在 2000℃ 以上,均是高温结构材料的潜在选择。但是纯 Mo 在 500℃就被快速氧化成挥发性的 MoO_3,而且 Mo_{ss} 因固溶原子的存在,很容易阻碍位错运动而具有较大的脆性。在 Mo_3Si 相内曾观察到大量的位错,它对合金的韧性有贡献,但是其本征脆性和热膨胀各向异性限制了它的发展。$MoSi_2$ 及 Mo_5Si_3 的熔点都高于 2000℃,高温强度及高温蠕变性能都非常优异,但是同样具有本征脆性或热学各向异性,且在 400~900℃ 范围内存在的特殊的氧化现象限制了其在超高温结构材料领域的发展。有人曾发现,对 Mo_5Si_3 添加少量硼后,高温条件下可在基体上形成一层具有流动性的硼硅酸盐玻璃膜,从而阻止氧气的向内扩散,使其在 800~1300℃时的抗氧化能力可以与 $MoSi_2$ 相媲美,并且中温无特殊氧化效应,因而钼硼的硅化物成为研究的热点。其中,Mo_5SiB_2 具有高熔点、良好的抗高温氧化性能和蠕变抗力,非常有潜力成为下一代超高温结构材料。除了单相的 Mo_5SiB_2,在 Mo-Si-B 三元相图中富钼的 Mo_{ss}＋Mo_3Si＋T2 和 T1＋T2＋Mo_3Si 两个三相区(T2 为 Mo_5SiB_2,T1 为 Mo_5Si_3,Mo_{ss} 为 Si,B 在 α-Mo 中的固溶体)也是十分热门的研究方向。前者由于含韧性良好的 Mo_{ss} 比较多,而具有相对较好的室温韧性、一定的高温强度和高温蠕变抗力;与此相比,后者全部由金属间化合物组成,具有优异的高温抗氧化性能和高温蠕变抗力,但是室温脆性较大[170]。

日本东北大学的研究人员近期研究了 TiC 增强 Mo-Si-B 基合金在 1400~1600℃温度范围内的高温拉伸蠕变行为。在 100~300MPa 的应力范围内进行了 400h 的真空试验,并用 Larson-Miller 图和 Monkman-Grant 图对蠕变断裂数据进行了合理处理。有趣的是,在超高温范围内,Mo-Si-B-TiC 合金表现出良好的蠕变强度,蠕变性能优良:在 137MPa/1400℃条件下,断裂时间为 400h,应力指数(n)为 3,蠕变表观活化能(Q_{app})为 550kJ/mol。在蠕变试验中,随应力降低(70% 以上)和适度的应变速率振荡,会增加的蠕变断裂应变。T2 相、(Ti,Mo)C 相与 Mo_{ss}(Mo 合金固溶体)相之间的相界滑动、Mo_{ss} 相中的动态回复和再结晶是造成合金蠕变的两种机制。该研究是第一次对 Mo-Si-B-TiC 合金在超高温范围内的蠕变进行的全面分析。结果表明,该材料在真空条件下具有良好的高温力学性能[171]。

在超高温下对超高温合金表面提供坚固的保护涂层是一个艰难的任务。为了在钼基合金上实现这一目标,Perepezko 利用反应扩散途径分析的基本概念,设计了一种具有相序结构的多层 Mo-Si-B 基涂层。该涂层具有结构和热力学兼容性,以及维持涂层完整性的扩散屏障。涂层设计概念具有普遍适用性。涂层结构在高温暴露过程中的演变有利于延长寿命且具有自修复能力。在温度不高于 1700℃的条件下,采用充填胶结法合成的硼硅化物涂层具有优良的抗环境氧化性能,也适用于其他难熔金属材料和陶瓷体系[172]。

目前,我国已经建成了多个高温合金研制和生产基地,这些基地有着较先进的生产设备,并具生产规模。在这些基地中有变形高温合金生产厂,还有锻件的热加工厂;也形成了一批研究单位,这些单位研究水平高,研究设备齐全;还有一些高校的实验室,也具有研发能力。以上这些单位形成了我国的多支专业技术队伍,其研发和生产相结合,技术水平较先进,自主创新能力也较强。现在,我国具备了对高温合金材料进行应用研究及评估的能力,也具备故障分析的能力,基本可自己独立解决航空、航天等部门遇到的各种高温合金问题[173]。

10.6.1.2　技术难点评述

金属材料(包括高温合金)是非理想(晶体)材料,其内部结构和化学组分呈非均匀分布。内部的多组元合金原子、各类晶体缺陷在多相区中及相界(或晶界)上呈现出不同的分布状态(微结构的几何构型与尺度、成分与缺陷的空间分布特征)。这种"空间分布特征"与合金的化学成分、加工技术与工艺过程密切相关。换言之,材料的化学成分与制备技术决定了材料的"空间分布特征"。由于影响因素众多,微结构的几何构型与尺度、成分与缺陷的空间分布特征又是常规分析方法难以企及的,所以,我们难以清晰地描述化学成分与制备技术是如何影响高温合金的微结构几何构型与尺度、成分与缺陷空间分布的,更遑论建立它们之间的定量规律。

同时,这种"空间分布特征"决定了高温合金的初始性能(如短时拉伸性能:断裂强度、屈服强度、延伸率等),但这种"空间分布特征"是非稳定的,在各种外场(温度场、力场等)作用下会随时间发生变化,即产生微结构构型、成分与缺陷的空间分布特征随时间的变化。这种"空间分布特征随时间的变化"决定了金属材料(高温合金)的服役性能和构件的寿命。同样,我们期望能掌握它们之间的内在规律,建立定量关系。显然,这个命题的重要性和存在的巨大挑战是不言而喻的。

简言之,建立材料化学成分、制备技术与工艺、微结构、性能(包括服役性能)之间的内在联系(定量),并依据这种关系,按照人类需求(对材料性能的需求)设计材料化学成分、制造技术与工艺过程,是材料学界研究人员的终极目标。困难与挑战是明显的,我们只能迎难而上。如下,我们列举了应予以关注的几个难点。

1) 合金元素的作用、成分设计方法

高温合金性能提高的基本途径之一是不断提高合金化程度。目前先进的单晶高温合金中合金化元素多达十几种,总含量高达 40%。近年来,单晶高温合金中强化相的体积分数基本保持在 65% 左右,但其中的固溶强化元素 Co、Mo、W、Ta、Re、Ru 等的含量却在不断增加,这使传统定向凝固工艺中单晶合金的凝固偏析越来越严重,有害相极易析出,因此在单晶合金成分优化的同时必须考虑发展先进的单晶制备技术,如高温度梯度液态金属冷却定向凝固技术。此外,尽管合金元素在高温合金中的强化机制已有大量报道,但迄今仍有部分元素的作用机制并不清楚,甚至存在较大争议。例如,一般认为 Re 可显著提高单晶合金的蠕变强度,但是最近发现 Re 的强化作用还与难熔元素总量及沉淀强化相的体积分数有关；此外，国外第三代典型单晶高温合金中 Co 含量分别为 3％(CMSX-10)和 12％(ReneN6)，而第四代单晶 EPM-102 中则高达 16.5％，显然 Co 对合金组织稳定性、与其他强化元素的交互作用及其对强化相体积分数的影响等均需深入研究[158]。

高温合金中微量元素(C、B、Zr、Hf 等)对合金的强化作用最近也受到特别的关注：有关 C 和 B 的平衡或非平衡偏聚及其影响机制问题一直存在争议，目前仍是研究热点；Zr、Hf 在多晶和定向凝固柱晶合金中一直是重要的晶界强化元素，但它们明显降低合金的初熔温度，影响合金的热处理工艺性能，因此在单晶合金发展初期属于完全去除元素。但近年来研究发现，单晶高温合金中加入 Hf 后，可以减少显微疏松等凝固缺陷的产生。当合金中同时加入 C 和 Hf 时，降低显微疏松的效果随 C 和 Hf 含量的不同而产生复杂变化，即 C 和 Hf 之间可能存在强烈的交互作用。过去一直认为 P 是高温合金中的有害元素，然而最近的研究发现，加入适量的 P 可以显著地提高某些高温合金的持久和蠕变性能，并且对其他性能不产生明显的影响[158]。

特别需要指出的是，至目前为止，高温合金的成分设计仍然采用传统的耗时费力的试错法(trial and error)来完成的。虽然，研究人员在试错的过程中积累了大量宝贵的经验，也涌现了不少成功的研发案例，但在很大程度上仍具有一定的偶然性和局限性，并不能形成一种材料设计研发的"范例"来推广。对于镍基高温合金来说，其合金成分及制造工艺过程都极其复杂，其研制周期也相对较长。以只针对优化镍基高温合金的一种服役性能，并且仅对其中 7 个主要合金元素的成分进行设计及优化为例，假设每种主要合金元素的最优含量的范围为 0％～10％，采用传统试错法的方法，以每种合金元素的 1％为增量水平来设计试验，那么就需要制备多达 1×10^7 种合金进行检测与分析。这个实验过程的工作量都非常巨大，显然超出了任何科研项目的能力和时间限制[174]。

相图能反映某种材料体系在一定的温度、压力、组成成分等条件下的相组成及相变信息，是合金设计中成分、相、组织、性能关系的基础。相图的建立通常有两种方法：实验测定和热力学计算。随着计算材料科学的发展，相图计算（calculation of phase diagrams，CALPHAD）方法逐渐成熟，已发展成为材料设计的有力工具，因而广泛地应用于科学研究和工程领域。相图计算的核心是用实验结果(主要是二元相图和三元平衡相关系或相图加上相关相的形成焓、混合焓、比热容、活度等)拟合、优化出各相在整个成分范围与从室温到超高温度范围内，其吉布斯自由能随成分、温度和压力变化的关系式，并据此形成热力学数据库。相图计算与多元合金热力学数据库相结合，可以实现多元合金中各相的相分数、相成分的热力学计算，从而指导合金成分设计及工艺优化。虽然，当前的镍基高温合金热力学数据库已经比较成熟,可以对合金体系中的基体 γ 相和最主要强化相 γ' 相的热力学稳定性进行很好的预测,但是对 TCP 相的预测能力则非常有限。因此,仍需要大量的实验测定与热力学优化工作,来进一步完善镍基高温合金热力学数据库,扩展数据库中所包含的元素,进而提高对 TCP 相的预测精度与可靠性。中南大学的研究人员采用高效测定二元、三元相图的扩散多元节方法(高通量测定方法),并结合相图计算方法,高通量地测定了 Cr-Ni-Ru 三元系相图等温截面;并且在此基础上,优化了Cr-Ru 二元系和 Cr-Ni-Ru 三元系热力学数据。研究者可将这些数据集成到当前镍基高温合金热力学数据库中,提高对含 Ru 高温合金体系中的相平衡关系及 σ相形成范围的预测能力[175],但要想发展成为一种高温合金成分设计的通用方法,还有很多难题需要克服。

现有的研究结果表明,合金元素即便是在单相(固溶体)中的分布也是不均匀的,更何况在多元、复相条件下由于存在更多、更复杂的各类缺陷,合金元素往往在它们附近形成或正或负的偏聚,合金元素的分布极不均匀。合金元素的这种分布状态又与材料的性能密切相关,因此,成分设计方法还应该具有预测或描述合金元素这种分布状态的能力。

然而,目前在合金元素的作用、成分设计方面仍然缺少具有普适的理论和方法。

2) 组织结构演化与精细调控方法

组织结构演化包括材料加工处理过程中组织结构形成与演化和服役(使用)过程中组织结构演化两方面。澄清材料在加工处理过程中组织结构形成与演化有助于指导材料的成分设计、制定合理的加工工艺流程和获取正确的参数,建立组织结构与性能的关系;揭示和掌握服役(使用)过程中组织结构演化规律有助于理解材料(或构件)在服役(使用)过程中的失效过程,制定相应的延寿方法。近年来,在这两方面的研究均有进展。

在变形合金领域,加工处理过程中组织结构演化的研究成效较为显著。国际上总的发展趋势是通过成分和工艺的优化,充分发掘现有成熟材料的潜力,推动一材多用,精简材料数量,将有限的资源集中于少数成熟材料的深入系统研究与考核上,同时探索和发展高性能新材料,稳定和优化制备工艺,从而有效保障变形合金体系的完备性、高可靠性和降低成本。为满足发动机向高性能、高可靠性、长寿命、大型化方向发展的需求,变形合金方面目前主要面对如下技术问题:①高合金化难变形合金的低偏析锭坯制备与可锻性;②超大尺寸锻件制备技术(重熔锭尺寸扩大与超大尺寸坯料锻压成型);③高温合金锻件的组织性能准确预报与有效控制;④变形高温合金制备支撑技术(热模锻造与等温锻造用新型耐高温模具材料、新型复合保温润滑材料开发等)。国外变形合金发展的另一个趋势是改进一些传统合金的关键性能,保持其综合性能好、容易加工、成本低等优点,发展一些改进型合金。其中以改进型 In718 合金的发展最具代表性,美国持续不断地在开展研究。在这方面,国内也开展了较多的工作。例如,P、B 复合强化 GH4169G 合金具有显著的长寿命特点,使用温度比 GH4169 合金提高 30℃,达到 680℃,并保持了 GH4169 合金综合性能好、加工性能优异、成本低的优点,具有良好的应用前景[154]。

塑性加工是调控组织结构演化的重要方法,也是提高合金性能、精确制备高温合金构件的有效手段,但高温合金的合金化程度不断提高,显著地加剧了元素偏析,增加了材料变形的不均匀性,使变形高温合金的塑性加工更加困难。一些先进的变形高温合金已经无法采用传统的热加工方法加工,必须引入新的塑性加工原理与工艺。据报道,U720Li 和 TMW 等难变形合金既可以采用普通锻造开坯,也可以采用热挤压的方法开坯。之所以采用热挤压的方法开坯,主要是由于这一类高合金化程度合金的热塑性较低,热加工窗口较窄,热挤压变形有助于防止开坯过程中产生表面裂纹。国外对于高温合金热挤压变形研究的报道较少,而我国高温合金基本上没有采用热挤压变形工艺。由于先进变形高温合金的成分和组织复杂,热工艺窗口较窄,所以其模锻大都采用热模锻工艺,部分合金还在最佳工艺条件下采用超塑性成形等方法加工。目前有关的研究主要集中于合金的组织、工艺参数与热塑性之间的唯象关系方面,而对于塑性变形动力学过程的研究则相对较少。深入地认识塑性变形机理,研究合金微观组织演化和变形条件之间的关系,是控制合金组织性能的前提。目前,相关的研究和报道还缺乏系统性[154]。

粉末高温合金的发展已经进行了近 40 年,在生产工艺逐渐趋于成熟的条件下,得益于加工处理过程中组织结构演化研究,特别是对夹杂物、原始颗粒边界和热诱导孔洞,即粉末高温合金三大缺陷的成因和演化的研究,一系列性能更为优异的合金也将被相继开发出来,今后面对的问题为:①发展超纯净细粉制备技术、真空脱气和双韧化处理技术,以提高压实盘坯的致密度和改善材料的强度和塑性;②选择合适的淬火介质或者合理的冷却曲线降低淬裂概率;③粉末高温合金工艺设计的计算机模拟技术;④双性能盘的制备技术[176,177]。

镍基单晶高温合金通过加入大量的难熔元素,如 Ta、Mo、W、Re 等,能够有效提高合金的承温能力、改善高温力学特性。但难熔元素的添加,不仅极大地提高了材料成本、增加了合金密度,而且加重了元素的偏析、晶体缺陷及拓扑密堆相有害相的析出概率。因此,对于新型单晶高温合金而言,迫切需要优化成分设计,并发展新型的熔化和凝固工艺,以改善合金组织、降低偏析和缺陷的形成。另一方面,在航空发动机热端部件中使用环境最恶劣、结构最复杂、要求最严格的是涡轮叶片,目前均采用先进的单晶高温合金材料和复杂气冷结构。复杂单晶空心涡轮叶片已经成为当前高推重比发动机的核心技术。但是,由于叶片双层壁冷结构的复杂性,导致其制备工艺更为复杂,与工艺相关及铸件复杂结构相关的凝固缺陷率显著增加。单晶高温叶片的铸造缺陷(雀斑、杂晶、大小角度晶界、取向偏离等)和再结晶缺陷等成为影响其力学性能和产品合格率的关键因素。在我国由于缺陷引起的叶片报废率居高不下,这些问题在发达国家也未得到完全解决,而成为单晶叶片发展的瓶颈。这就需要我们深入研究典型凝固缺陷的形成机理,明确合金成分、铸件结构、工艺条件的影响规律,最终形成单晶高温合金叶片凝固缺陷的有效控制方法,同时也需要对生产过程进行严格管理和优化[178]。

3) 组织结构定量(精细)表征的新方法

显然,前述难点 2)的解决,必须基于对高温合金材料组织结构的定量(精细)表征,而组织结构的定量(精细)表征也是目前研究人员面临的难点之一。

2014 年 12 月 4 日,美国白宫公布了正式版本的《材料基因组计划战略规划》。该规划是美国国家层面的最高技术投资、发展规划,是继 2001 年美国《国家纳米技术战略规划》之后的首个国家级材料技术发展规划,对于促进美国国内材料研发转型,缩短美国新材料研发周期,满足高新技术产业发展和新一代军用装备发展具有重要意义。在这个规划中的"轻金属与结构材料"的研究目标条款中有如下设计:

(1) 确立和验证一种能力,能在一周内全面表征 $1cm^3$ 体积大小的复杂工程合金的微结构。

(2) 确立一种实验和模拟的集成方法,采用这种方法能无损地获取一张全面的三维残余张应力场分布图,这一分布图的分辨率要求达到 $10\mu m$ (体积为 $10cm^3$),并能深入至构件内部 1cm 的深度。上述工作需在一天内完成。

(3) 发展一种方法,能准确定义材料的"代表性体积单元",以便用于大尺度材料实验、模拟和设计。

实现上述三个目标目前尚有困难,需要发展新方法,或者集成现有的方法。否则,我们难以准确回答如下问题(这仅仅是高温合金材料研究过程中经常遇见的问题之一)。

高温合金的变形主要是位错移动(滑移和攀移)造成的,特别是在高温条件下,用位错理论能解释其变形行为。近期的研究却表明,在三向应力作用下,即便是在 1050℃高温,高温合金也会通过微孪晶(microtwinning)产生变形。而我们对这种微孪晶知之甚少,存在不少疑问,例如:①这种微孪晶长度方向的生长控制因素是什么? 如何用数学方法描述? ②同样,微孪晶在厚度方向的生长与哪些因素有关? 与合金成分的依存关系能否得到解释? ③进一步,若增厚生长与合金原子扩散相关,那为什么扩散的拖拽力不是来自于溶剂镍原子,而是来自于其他置换合金原子? ④微孪晶的生长机理是什么? ⑤更为重要的是,由微孪晶产生的微尺度变形能解释实验观察到的、与时间相关的宏观变形响应吗?[179]

上述问题,涉及这样一些特征值:尺度(微孪晶的大小)、尺度变化(微孪晶的生长)、合金组元(微孪晶和周边区域)含量、合金组元(微孪晶和周边区域)含量的变化、微区应力分布。显然,要确定这些特征值,必须有相应的组织结构定量(精细)表征方法和工具。在确定这些特征值的基础上,借助于相关的理论分析,才有可能回答上述问题。

自 20 世纪 80 年代起,技术的革新和经济的发展越来越依赖新材料的进步。目前,从新材料的最初发现到最终工业化应用一般需要 10～20 年的时间。显然,新材料的研制步伐严重滞后于产品的设计。高温合金研究领域也面临同样的问题。当前,面对竞争激励的制造业和快速的经济发展,材料科学家和工程师必须缩短新材料从发现到应用的研发周期,以期来解决 21 世纪的各种挑战。然而,当前的新材料研发主要依据研究者的科学直觉和大量重复的"试错法"实验。其实,有些实验是可以借助现有高效、准确的计算工具。然而,目前这种计算模拟的准确性依然很弱。制约材料研发周期的另一因素是从发现、发展、性能优化、系统设计与集成、产品论证及推广过程中涉及的研究团队间彼此独立,缺少合作和相互数据的共享,以及材料设计的技术有待大幅度提升。美国的材料基因组计划拟通过新材料研制周期内各个阶段的团队相互协作,加强"官产学研用"相结合,注重实验技术、计算技术和数据库之间的协作和共享,目标是把新材料研发周期减半,成本降低到现有的几分之一,以期加速其在清洁能源、国家安全、人类健康与福祉及下一代劳动力培养等方面的进步,加强国际竞争力。这样的思路值得我们在高温合金研究领域加以借鉴。同时,近年来,高温合金研究领域发展也较快,新概念、新方法、新成果不断涌现,现拟从合金元素的作用与成分设计方法,以及变形、强化与损伤研究诸方面加以介绍。

10.6.2　合金成分设计

10.6.2.1　合金元素的作用[155,158]

高温合金结构件(如叶片、涡轮盘等)的服役环境是高温(一定时间的近恒温、一定循环周期的冷热变温)、氧化和腐蚀气氛、承受较大复杂应力。因此,高温合金合金化主要原则为:添加合金元素使其①具有抵抗高温变形和断裂的能力(强化);②具有抗氧化和抗热腐蚀能力;③性能和微结构稳定。

镍基高温合金通常含有 Cr、Co、W、Mo、Re、Al、Ti、Nb、Ta、Hf、C、B、Zr 和 Y 等十余种合金元素。这些元素在合金中起着不同的作用,如固溶强化、第二相强化和晶界强化等。

Al、Ti、Ta 和 Nb　这些元素是 γ' 相形成元素,决定着合金中强化相的数量。Al 是最主要的 γ' 相形成元素,且在高温下能形成保护性的氧化膜,提高合金的抗氧化性能。Ti 可以改善合金的抗热腐蚀性能,但对合金的抗氧化性能和铸造性能不利,而且 Ti 含量的增加使共晶体难以溶解,增加固溶处理的难度。因此,第三代和第四代单晶高温合金中都将 Ti 含量控制得很低。Ta 偏聚于 γ' 相,能提高 γ' 相的固溶温度和强度,同时有效地改善合金的抗氧化和抗热腐蚀性能。Nb 提高 γ' 相的热稳定性,延缓 γ' 相的聚集长大过程,但对合金的抗氧化和抗热腐蚀性能不利。

Cr　镍基高温合金中 Cr 主要以固溶态存在于基体中,少量生成碳化物,其主要的作用是增加抗氧化和抗热腐蚀能力。由于单晶高温合金中加入了大量的 W、Mo、Nb、Ti、Al 和 Ta 等强化元素,Cr 含量过高会降低合金的组织稳定性,造成有害相析出而严重损害合金的强度及塑性。目前,先进单晶高温合金中 Cr 含量通常控制在 5%(质量分数)以下。

Co　镍基高温合金中通常含有 8%~20% 的 Co 元素,其主要作用包括固溶强化、增加 γ' 相含量、改善合金的塑性及热加工性能并提高组织稳定性。Co 在合金中主要分布于 γ 基体内,产生固溶强化效果,尤其是降低基体的层错能,显著提高合金的持久强度和蠕变抗力。

Mo 和 W　合金中加入 Mo 和 W 后可增强原子间结合力,提高扩散激活能,使扩散过程变慢,从而提高合金的热强性。Mo 偏聚于基体能使晶格错配度变得更小,促使界面位错网密度增大,有利于提高蠕变性能。在镍基铸造合金中,W 优先分布在树枝晶轴上,而 Mo 则集中于树枝晶界,因此 W 和 Mo 同时加入能起到综合强化效果。

Re　Re 是镍基单晶高温合金中最重要的强化元素,能显著提高合金的承温能力。分别加入了 3% 和 6% Re 的第二代和第三代单晶高温合金,其使用温度较不含 Re 的第一代单晶合金分别提高了 30℃ 和 60℃。Re 在镍基高温合金中具有多种有益作用,如显著降低 γ' 强化相的长大速率;偏聚于 γ 基体,使 γ/γ' 错配度变得更负,有利于形成高密度的位错网;在基体中形成短程有序的原子团,阻碍位错运动,能获得比传统的固溶强化更明显的强化效果。但近期 Mottura 等通过三维原子探针、扩展 X 射线精细吸收结构和第一原理计算等方法并未检测到 Re 原子团的存在,且第一原理计算表明,Re 在 Ni 中的扩散激活能是所有元素中最大的,因而认为"Re 效应"的本质是 Re 极低的扩散系数抑制了合金中的扩散过程,从而提高了合金的高温强度。

Ru　镍基单晶高温合金中 Ru 的作用是降低 TCP 相的析出倾向和提高合金高温强度。Ru 通过反分配效应降低了 Re 等元素在基体中的偏聚程度,因而抑制了 TCP 相的析出。另有研究认为,Ru 不具有反分配效应,但能提高合金组织稳定性。关于 Ru 的作用机理还有待于进一步深入研究。

随着 Re 和 Ru 的添加,铸态组织中共晶含量显著增高。添加 Re 对液相线温度影响不大,但会降低固相线温度,从而扩大结晶温度间隔。Re 和 Ru 的加入还会明显降低合金的临界形核过冷度,使得杂晶的形成倾向加剧,使合金铸造性能降低。Re 也是偏析最为严重的元素之一[178, 180]。

微量元素 C、B、Zr、Hf、Y、Ce 和 La 等微量元素中,C、B 和 Zr 是高温合金中最重要的晶界和树枝晶间强化元素。偏聚于晶界和树枝晶间的 C 和 B 除了作为间隙元素填充这些区域的间隙、减慢扩散,从而降低晶界和树枝晶间开裂倾向以外,还形成碳化物和硼化物,强化晶界和树枝晶间。Hf 在 γ' 相中的溶解度比在 γ 相中要大些,因而更能强化 γ' 相,同时又是很强的碳化物形成元素,能阻止 $M_{23}C_6$ 或 M_6C 型碳化物沿晶界大量析出。加入 Y、Ce 和 La 等元素主要用于改善单晶高温合金的抗氧化性能。稀土元素及其氧化物能细化氧化膜的晶粒,提高氧化膜的塑性和黏附力,明显改善合金的抗循环氧化性能。

10.6.2.2 合金成分设计方法

1) 基于模型和实验数据库的合金成分设计(alloys-by-design)[174]

"合金成分设计"是一个由英国工程和自然科学研究委员会(Engineering and Physical Sciences Research Council,EPSRC)资助的研究项目,伯明翰大学 Reed 教授(现为牛津大学教授)为项目负责人。其研究目标是发展一种多尺度集成模型,应用这种集成模型进行合金成分设计,减少新型高温合金市场化的时间。"合金成分设计"项目的研究策略是首先发展一种多尺度集成模型,它组合了各种模型化技术,涉及的尺度从原子、微结构到宏观连续介质的超大范围。利用集成模型化技术可以将相关的涉及成分、微结构、性能的物理、化学规律(理论的、经验的)和重要实验数据(当不存在相关定量关系时)与合金设计的特征指标(如蠕变抗力、铸造工艺性能、密度和成本等)联系起来,用于新型高温合金的成分设计[181]。

Reed 等 2009 年发表论文,报道了他们的研究成果。他们基于蠕变抗力、微观结构稳定性、铸造性能、密度和成本因素的综合考虑,提出了一种单晶高温合金成分的设计方法,其中,微观结构稳定性包含 γ' 相体积分数、γ/γ' 错配度、TCP 相的稳定指数三个特征值。应用这一准则,可以在巨大的成分空间中筛选出少数几个理想的合金元素成分组合,而最佳的合金元素成分有可能就与这几个合金元素成分组合相近。Reed 认为这种方法打破了依赖研究人员的经验和试错的传统方法,增强了高温合金成分设计的有效性。其设计准则主要思路为,首先建立蠕变抗力、微观结构稳定性、铸造性能、密度和成本这五类性能特征值与合金成分的定量关系(模型),而后根据这些关系计算出海量的合金成分组合和相应性能(特征值),最后再根据具体的应用对象的性能要求,对这五类性能特征值进行平衡,筛选出少数几个理想的合金元素成分组合[174]。下面介绍各类性能特征值与合金成分的定量关系是如何建立的[182]。

(1)蠕变抗力。目前,在高温合金蠕变过程中合金原子对蠕变速率控制过程的研究方面尚缺少可用的定量描述,因此至今没有可依据化学成分计算高温合金蠕变抗力的相关理论。Reed 通过总结现有的一些研究结果,提出了用来描述蠕变抗力的优值系数(merit index),记为 M_{creep}:

$$M_{creep} = \sum \frac{x_i}{D_i} \qquad (10.18)$$

式中,x_i 是合金中溶质元素 i 的摩尔分数;D_i 是互扩散系数的近似值。在涡轮燃气轮机工程应用中,1% 蠕变所需要的时间是一个很重要的量,而且越大越好。Reed 证实了实验用高温合金发生 1% 蠕变所需要的时间与上述的优值系数呈线性关系。因此,M_{creep} 值越大的高温合金蠕变性能越好。

(2)微观结构稳定性。微观结构稳定性包含 γ' 相体积分数、γ/γ' 错配度、TCP 相的稳定指数三个特征值。

① γ' 相体积分数。高温合金中并不是 γ' 相体积分数越大越好。Reed 没有建立 γ' 相体积分数与合金成分的直接关系,而引用了 TMS-75 和 TMS-82+ 两种单晶高温合金,分别在 900℃ 和 1100℃ 条件下进行蠕变试验,结果见图 10.108。他们是如何提取 γ' 相体积分数对合金蠕变性能的影响及合金元素作用的定量值的,在论文中没有具体阐述,估计是采用了对实验结果的插值方法(建立了实验数据库),但这样方法比较粗糙。是否可以用相图计算方法建立 γ' 相体积分数与合金成分的关系? 回答是肯定的,Reed 团队与他人合作,6 年后解决了这一问题(见后文)。

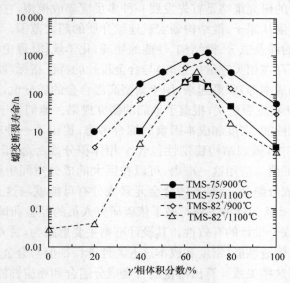

图 10.108　单晶超合金 TMS-75 和 TMS-82+ 的蠕变断裂寿命随 γ' 相体积分数的变化[174]
测量是在相同成分条件下,变化 γ 相和 γ' 相体积分数获得的

② γ/γ' 错配度。随着温度的升高，γ 相和 γ' 相的点阵常数都增大，但是在高温下 γ 相的点阵常数比 γ' 相的点阵常数增大更快。因此，在高温下高温合金的点阵错配度小于零，而且随着温度的升高会变得越来越小。由以上分析可知，在设计高温合金时，要结合合金的工作条件和性能要求，调整部分合金元素，如 Re、Cr、Ta 等，以使高温合金的错配度最低，且最好小于零。Reed 建立了如下 γ 相和 γ' 相点阵常数与合金成分的定量关系：

$$\alpha_\gamma = 3.559257 + 0.0000198T + \sum_i \Gamma_i^\gamma \cdot x_i \tag{10.19}$$

$$\alpha_{\gamma'} = 3.552743 + 0.0000552T + \sum_i \Gamma_i^{\gamma'} \cdot x_i \tag{10.20}$$

上式的单位为 Å，式中，x_i 是合金元素 i 的摩尔分数；Γ_i^γ 和 $\Gamma_i^{\gamma'}$ 是 γ 相和 γ' 相费伽德（Vegard）系数（表 10.102）。γ/γ' 错配度 δ 由如下公式表示：

$$\delta = \frac{2(a_{\gamma'} - a_\gamma)}{a_{\gamma'} + a_\gamma} \tag{10.21}$$

表 10.102　各合金元素在 γ 相和 γ' 相中的费伽德系数　　　（单位：Å）

元素	γ 相	γ' 相
Cr	0.110	−0.004
Co	0.020	−0.004
Re	0.441	0.262
W	0.444	0.194
Al	0.179	0.000
Ta	0.700	0.500

③ TCP 相的形成指数。Reed 采用 d 电子理论中，用有效值 $\overline{M_d}$ 表示 TCP 相的析出倾向。$\overline{M_d}$ 值越大，TCP 相越容易形成。进行合金设计时，要确保 $\overline{M_d}$ 值小于某个临界值从而避免 TCP 相的析出。有研究表明，TCP 相的形成是由于加入了固溶强化元素，如 Re、W、Ta 等。为了抑制 TCP 相的析出，需控制这些元素的含量。合金的 $\overline{M_d}$ 由下式计算：

$$\overline{M_d} = \sum_i x_i M_{di} \tag{10.22}$$

式中，x_i 合金元素 i 的摩尔分数；M_{di} 是元素 i 的 d 电子轨道能级（eV）。

（3）合金铸造性能。在这里，铸造性能简单定义为抵抗雀斑缺陷形成的能力。雀斑缺陷的形成与凝固过程中树枝晶间未凝固的液体变轻现象密切相关（因较重的元素在已凝固的树枝晶核严重偏聚）。Reed 等认为，合金的铸造性能可以看成抵制雀斑缺陷形成的一种控制能力。雀斑主要在糊状区由于密度反转形成，显然糊状区越小越有利于单晶生长,一般要求糊状区区间不大于 50℃。由于 Re 和 W 偏析到固相,Ta 偏析到液相,故而铸造性能可以表示为

$$M_{castability} = w_{Ta}/(1.2w_{Re} + w_W) \tag{10.23}$$

式中,w_{Ta}、w_{Re} 和 w_W 分别表示合金中 Ta、Re 和 W 的质量分数。$M_{castability}$ 值越大,则合金的铸造性能越好。因此设计合金时,在保证合金性能和相稳定性的前提下,可以适当提高 Ta 元素的含量,降低 Re 和 W 元素的含量。

(4) 密度和成本。随着单晶合金中难熔元素含量的增加,合金的初熔温度逐渐升高,但合金的密度也增加,这显然有悖于发动机叶片的设计要求。纯镍的密度为 8.907g/cm³,但是单晶镍基高温合金由于含有 10 余种合金元素,其密度显然与这个值不同。Reed 依据图 10.109 所示的数据计算合金密度和成本(估计采用数据的插值方法,建立了实验数据库)。

至此,相关特征值(如蠕变抗力的优值系数、γ′ 相体积分数、γ/γ′ 错配度、TCP 相的稳定指数、密度和成本)与合金成分的定量关系得到确立(有些关系是间接的、经验的,还比较粗糙),可以根据它们进行计算设计。Reed 等利用这些关系,计算和预测了 10 万个高温合金成分组合及其性能,或者说他们建立了具有 10 万个高温合金的成分/性能数据库。可见,成分筛选范围之大和数量之多是传统实验研究无法企及的。现在可以利用这一高温合金的成分/性能数据库进行具体的合金成分设计了。设计过程就是根据具体设计指标(或约束条件),从数据库中筛选出满足设计指标的合金成分,实例如下。

用于喷气发动机合金体系的成分设计如下。

设计指标 1:γ′ 相体积分数在 60%～70% 范围。在这一约束条件的作用下,满足条件的合金成分组合由 100000 个减少至 16700 个。

设计指标 2:合金的密度小于 8.5g/cm³。

设计指标 3:错配度 δ。选择三种错配度,正错配度 $δ_1 = (+8±2.5)×10^{-4}$,负错配度 $δ_2 = (-8±2.5)×10^{-4}$,零错配度 $δ_0 = (0±2.5)×10^{-4}$。

满足设计指标 2 和 3 的合金数量减少为:443(正错配度)、638(负错配度) 和 992(零错配度)。

设计指标 4:$\overline{M_d}$ 有效值小于 0.9615。这样的数据优于现有合金 CMSX-4 和 CMSX-10。满足设计指标 4 的合金数量减少为:286(正错配度)、317(负错配度) 和 317(零错配度)。

设计指标 5:蠕变抗力的优值系数 M_{creep}。寻优条件:在负错配度条件下蠕变抗力的优值系数最大。

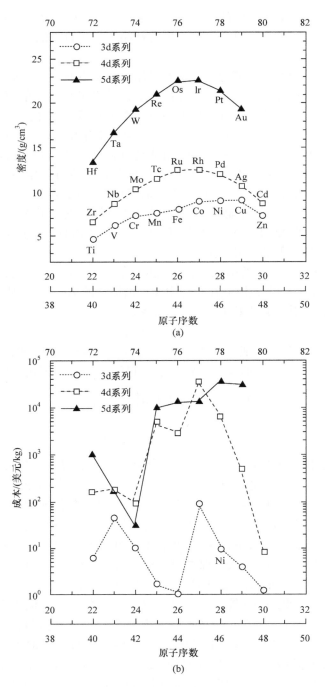

图 10.109　用于计算的各种数据[174]

(a) 相关合金元密度；(b) 相关合金元素的成本

满足上述 5 个设计指标的合金成分为:Ni-4Cr-10Co-3Re-3W-7Al-5Ta(质量分数,%)。当然,这一合金是否具有优良的性能还需实验验证。

2) 单晶高温合金成分设计方法的进展[183]

时至今日,高温合金的成分设计仍然采用耗时费力的试错法来完成,其根本原因是缺少"成分-微结构-性能"定量关系,有了这种定量关系才能建立基于理论的计算模型,并用于合金成分设计和性能预测。在 2009 年工作的基础上,Reed 等于 2016 年发表了的后续研究成果[183]。与 2009 年的工作相比,在设计指标中增加了抗氧化优值系数。其设计思路仍然为:首先建立蠕变抗力、抗氧化能力、微观结构稳定性、铸造性能、密度和成本各类性能特征值与合金成分的定量关系(计算模型或实验数据库),而后根据这些关系计算出海量的合金成分组合和相应性能,最后再根据具体的应用对象的性能要求,对各类性能特征值进行平衡,筛选出少数几个理想的合金元素成分组合。他们能期望高效率地筛选出具有优良蠕变抗力和氧化抗力、密度小和成本低的单晶合金成分。

(1) 抗氧化优值系数的引入。经验表明,在表面形成 Al_2O_3 膜能显著增强单晶高温合金的抗氧化能力,因此在合金中要添加适量的 Al 元素。研究表明,Al_2O_3 膜按抛物线规律增厚,其指数 k_t 可由下式表示:

$$k_t \propto Val_t^{\text{eff}} \cdot \Delta G_f \tag{10.24}$$

式中,ΔG_f 为 Al_2O_3 膜的形成自由能;Val_t^{eff} 为有效化学价,它能考虑镍基多元合金中其他元素对 Al_2O_3 膜的形成的影响。ΔG_f 和 Val_t^{eff} 分别用下式表达:

$$\Delta G_f = \Delta G_0 + RT\ln\left(\frac{1}{a_{\text{Al}}^{4/3} \cdot P_{O_2}}\right) \tag{10.25}$$

$$Val_t^{\text{eff}} = \sum_i^n (z_i - z_{\text{Al}})c_i^\gamma \tag{10.26}$$

式中,ΔG_0 为标准自由能;a_{Al} 为 Al 在高温合金中的活度;P_{O_2} 为氧分压;z_i 为元素 i 离子的有效价;z_{Al} 为 Al 离子的化学价($z_{\text{Al}}=3$);c_i^γ 为元素 i 在 γ 相中成分。

如果将高温合金的 ΔG_f 和 Val_t^{eff} 的数据作图,可以获得如图 10.110 所示的结果。一条虚线将图形分为左下和右上两部分,处于左下区域的合金(具有较大负值的 ΔG_f 和 Val_t^{eff})能够形成 Al_2O_3 膜,而右上区域的合金(具有较小负值的 ΔG_f 和 Val_t^{eff})不能够形成 Al_2O_3 有效的保护膜。现有的合金在图中的位置如图所示。这条虚线及对应的 ΔG_f 和 Val_t^{eff} 是形成 Al_2O_3 膜的门槛值。

有了上述的结果,Reed 等定义了表示单晶高温合金抗氧化能力大小的指标:抗氧化优值系数 $M_{\text{oxidation}}$,它的含义是所考察的合金成分(也就具有了特定的 ΔG_f 和 Val_t^{eff} 数值,或在图中具体的坐标)距虚线的距离。$M_{\text{oxidation}}$ 取负值,表示所考察的合金处于右上区域,$M_{\text{oxidation}}$ 取正值,则说明所考察的合金处于左下区域。若 $M_{\text{oxidation}}$ 取最大的正值,则表示所考察的合金具有最优的抗氧化能力。

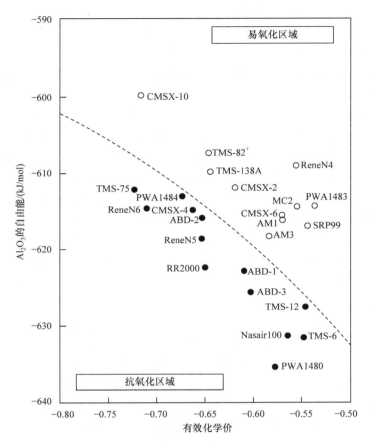

图 10.110　镍基单晶高温合金的氧化图[183]

给出了 Al_2O_3 形成的预测吉布斯自由能相随合金元素在 Al_2O_3

氧化膜中总有效价的变化。在虚线下方表示在合金中可以形成连续的 Al_2O_3 氧化膜

按照如上所述的思路,他们设计了如下三种 ABD 合金:

① 通用燃气轮机用高温合金设计。Reed 等利用相关性能特征值(如蠕变抗力的优值系数、抗氧化优值系数、γ' 相体积分数、γ/γ' 错配度、TCP 相的稳定指数、密度和成本)与合金成分的定量关系,计算和预测了 10 万个高温合金成分组合及其性能,或者说他们建立了具有 10 万个高温合金的成分/性能数据库,而后利用这一"高温合金的成分/性能数据库"进行具体的合金成分设计。设计过程就是根据具体设计指标(或约束条件),从数据库中筛选出满足设计指标的合金成分。

最后筛选出适合通用燃气轮机用高温合金成分为:Ni-8Cr-10Co-1.6Re-8.5W-5.8Al-8.5Ta(质量分数,%),其代号为 ABD-1。该合金具有低 Re 含量的特点,其蠕变抗力的计算值可与 CMSX-4(第二代单晶高温合金)媲美。

② 高性能喷气发动机用高温合金设计。筛选出适合高性能喷气发动机用高温合金成分为:Ni-4Cr-9Co-5.6Re-2.6Ru-7.4W-6.4Al-5.6Ta(质量分数,%),其代号为 ABD-2。计算数据表明,该合金具有良好的蠕变抗力、可接受的微观结构稳定性、良好的抗氧化能力、较低的密度和成本,计算数据与 TMS-138A(第四代单晶高温合金)相当。

③ 工业燃气轮机用高温合金设计。筛选出适合工业燃气轮机用高温合金成分为:Ni-13Cr-10Co-5W-5.4Al-7Ta(质量分数,%),其代号为 ABD-3。计算数据表明,该合金具有与现有合金 PWA1483、CMSX-4 相当的性能。

与 2009 年的工作相比,Reed 等还进行了实验验证,其实验结果大致如下:

① 在应力超过 400MPa 的条件下,ABD-1 的蠕变抗力与 CMSX-4 合金相当,但在低应力水平条件下,ABD-1 的蠕变抗力低于 CMSX-4 合金。

② 在高应力条件下,ABD-2 的蠕变抗力优于 TMS-138A 合金,同样,在低应力条件下,ABD-2 的蠕变抗力低于 TMS-138A 合金。原因是在低应力条件下的蠕变时间长,ABD-1 和 ABD-2 中形成了 TCP 相。这说明,设计方法在微观结构稳定性的预测能力方面尚有缺陷。

③ ABD-3 的蠕变抗力优于 STAL-15 合金(近期新研制的合金),但比 PWA1483 合金稍差。ABD-3 有希望成为实用合金应用于工业燃气轮机。

Reed 研究团队在单晶高温合金合金成分设计方法的研究方面,通过 10 多年的努力,取得了系统性进展。在合金成分设计的依据方面采用了物理模型与实验数据结合的办法,建立了蠕变抗力、抗氧化能力、微观结构稳定性、铸造性能、密度和成本各类性能特征值与合金成分的定量关系,并基于这些关系,利用计算机建立了包含海量的合金成分与性能关系数据库,然后再根据具体的应用对象的性能要求,对各类性能特征值进行平衡,筛选出少数几个理想的合金元素成分组合,期望能高效率地筛选出具有优良蠕变抗力和氧化抗力、密度小和成本低的单晶合金。这种方法是独树一帜的,值得我们借鉴。同时,这种方法在一些细节上处理尚显粗糙,根本原因仍然是缺少"成分-微结构-性能"定量关系。建立"成分-微结构-性能"定量关系的任务面临巨大挑战,任重道远。

金合金成分设计方法优点是明显的,被认为是开发下一代新型高温合金的重要方法[181],但学术界和工业界的反应不是十分积极,10 余多年过去了,用"alloys-by-design"作为主题词,在 Web of Science 上查询,只能查到少数几篇论文[183~186],甚为遗憾。以单晶高温合金为例,从 1980 年至 2008 年,在不足 30 年的时间内,发展了六代合金。如今 10 余年过去了,未见新一代合金出现,什么原因?值得思考。研发成本太高?"合金成分设计"这一类方法能有效地降低研发成本,何不完善并采用? 有一点是明确的,即发展这一类研究方法需要跨单位、跨学科、跨研究群体,需要有效地组织。

3) 基于"材料基因组工程"方法的成分设计

2014 年 12 月,美国白宫公布了正式版本的《材料基因组计划战略规划》,规划的目标包括:把现有的新材料研发的周期从 20～30 年缩短到 2～3 年,成本降低到现有的几分之一。其主要内容包括以下几个方面[187]。

(1)材料计算手段——跨尺度集成。目前,从电子到宏观层面都有各自的材料计算软件,但是还不能做到高效跨尺度计算以达到材料性能预测的目的。在这方面,未来的工作主要集中在以下几个方面:①建立准确的材料性能预测模型,并依据理论和经验数据修正模型预测;②建立开放的平台实现所有源代码共享;③开发的软件界面友好,以便进一步拓展到更多的用户团体。

(2)实验手段——高通量筛选。①实验为弥补理论计算模型的不足和构架不同尺度计算间的联系;②补充非常基础的材料物理、化学和材料学的数据,涉及材料的电子、力学、光学等性能数据,构建材料性能相关的成分、组织和工艺之间内在联系,并建立庞大的数据库;③利用实验数据修正计算模型,加速新材料的筛选及高效确定。

(3)数字化数据库建立——有效设计基础。①构建不同材料的基础数据库、数据的标准化及它们的共享系统;②拓展云计算技术在材料研发中的作用,包括远程数据存储与共享;③通过数字化数据库建设,联系科学家与工程师共同高效开发新材料。

可以预见,若能完成上述研究内容,按照材料的性能需求设计其成分、加工工艺和微结构组成的目标就可以实现。达到这样的目标,路还十分漫长,但千里之行始于足下,下面介绍基于材料基因组工程方法,设计新型高温合金的实例。

英国牛津大学 Reed 研究团队与瑞典相图研究人员合作,采用 CALPHAD 方法,构建了合金成分与微结构特征(如 γ' 相体积分数)的关系数据库,而后再采用前述的合金成分设计方法。该方法可以建立合金成分与特征性能(如蠕变抗力、密度和成本等)的关系,这样就建立了高温合金成分-微结构特征-性能的定量关系,有了这种关系就可以根据具体的特征性能要求进行合金成分设计[188]。可见,Reed 研究团队的材料基因组工程方法就是 CALPHAD 与合金成分设计的耦合[189,190]。

用蠕变抗力和氧化抗力作为约束条件(合金的设计指标),Reed 研究团队利用这种方法,给出了蠕变抗力和氧化抗力最优组合的高温合金成分,如表 10.103 所示。该结果尚未进行实验验证。

表 10. 103　　具有蠕变抗力和氧化抗力最优组合的合金化学成分(单位:%)

氧化限	Cr	Co	Re	W	Al	Ta	Ni
0.2	6.7	8.6	4.7	5.8	5.2	5.5	余
0.4	4.6	9.3	4.9	4.5	5.4	5.9	余
0.6	9.7	9.7	4.8	3.0	5.5	7.5	余
0.8	10.8	9.0	4.3	2.7	5.6	5.0	余
1.0	9.6	9.6	4.8	1.4	5.7	5.1	余

　　国内中南大学等单位也开展了基于材料基因组工程方法设计新型高温合金的研究。他们的研究工作包括高通量合金制备及其关键热力学和动力学数据的高通量采集、显微组织的多尺度和多维度表征、微型试样的力学性能检测[191]。

　　(1) 高通量合金制备及其关键热力学和动力学数据的高通量采集。扩散多元节方法是利用各元素在设定温度下的相互扩散,形成在一定成分范围内、具有连续成分变化的固溶体和化合物相,从而可一次性获得具有微观分辨率的成千上万种合金成分,是一种高通量的合金制备方法。结合微区检测技术,可以高通量地获得相应二元、三元及多元体系的关键热力学和动力学数据,包括等温相图截线和截面以及扩散系数等,为 CALPHAD 热力学和动力学计算和相应数据库的建立提供高效验证和持续发展的支撑,进而指导并提高多组元合金的成分及工艺设计能力。

　　(2) 显微组织的多尺度和多维度表征。由于镍基高温合金在显微组织上的非均匀性,传统的连续体有限元模型已经不能够准确地预测其性能。当前,耦合多尺度(multi-scale)的模拟方法和基于材料微观组织的性能计算方法有了很大发展。同时,显微组织的多尺度多维度组织结构检测表征工具和方法也有了长足的进步,可以表征材料各向异性和组织不均匀性等信息,为进一步发展显微组织与性能的相互关系奠定了基础。美国空军研究实验室在镍基单晶高温合金多尺度显微组织的表征上做了许多工作。他们利用机械切割或者聚焦离子束(focused ion beam, FIB)得到一层一层的切片,分析后得到每个切片的显微组织,通过算法自动识别出树枝晶干与共晶组织区域,然后再使用数字化处理得到三维组织与晶体取向分布信息。

　　(3) 微型试样的力学性能检测。研究表明,不同试样尺寸的蠕变寿命与蠕变速率各不相同。蠕变断裂的过程是一个裂纹萌生、延展和结合的过程,在蠕变断面周围会有许多细小裂纹,由于材料形状不同,这些裂纹所产生的应力集中状态也不相同,必定会导致各个部位蠕变寿命不同。曾有人对镍基单晶高温合金进行了微小样品的单轴压缩试验,发现在样品直径为 $10\mu m$ 时,其压缩力学行为与大块样品无明显区别,但当样品直径为 $5\mu m$ 甚至更小的 $2\mu m$ 时,压缩力学性能会明显降低。因此,通过研究样品尺寸对材料性能影响的内在机理,从而量化其影响程度,对材料部件性能的预测和验证至关重要。

通过高通量合金制备及其关键热力学和动力学数据的高通量采集、显微组织的多尺度和多维度表征、微型试样的力学性能检测三方面的系统研究,可以建立高温合金成分-微结构特征-性能的定量关系,有了这种关系就可以根据具体的特征性能要求进行合金成分设计。目前,该研究工作尚处于方法和平台构建阶段,期待他们在高温合金设计方面的具体研究成果。

4) 其他可用于合金成分设计的工具[192]

d 电子合金理论是基于 DV-Xα cluster 模型的分子轨道计算发展而来的合金设计方法,又称新相分析法,由 Morinaga 等提出。通过 DV-Xα cluster 的分子轨道计算,可以有效研究各种晶体结构内局部区域的电子状态,该理论采用两个重要的物理参量:键级 B_o 和金属元素 d 电子轨道能级 M_d。参数 B_o 表示原子之间电子云的重叠,是原子间共价键强度的度量;参数 M_d 为过渡族元素 M 的 d 电子轨道能级,与合金元素 M 的电负性和金属键半径有关,可用做相结构稳定性的表征参量。对于多元复杂合金,采用平均值 $\overline{B_o}$ 和 $\overline{M_d}$ 来描述合金化效应

$$\overline{M_d} = \sum_i x_i M_{di} \tag{10.27}$$

$$\overline{B_o} = \sum_i x_i B_{di} \tag{10.28}$$

其中,x_i、B_{oi} 和 M_{di} 分别为合金元素 i 的原子分数、B_o 和 M_d 值。

该设计方法最先应用于设计高 Cr 抗热腐蚀 Ni 基高温合金。通过系列试验,确定了抑制该合金有害相析出的稳定临界条件,即 $\overline{M_{dt}} \leqslant 0.991$ 和 $\overline{M_{dy}} \leqslant 0.93$,其中 $\overline{M_{dt}}$ 为消除 γ/γ' 共晶相析出的条件,$\overline{M_{dy}}$ 为抑制有害脆性相 σ 相的析出条件。而且这两个临界电子参数具有等价性。此后,该方法也广泛应用于生物医用低弹性模量 β-Ti 合金和 Fe 基不锈钢合金中。

近期,伊朗金属研究中心的研究人员利用 d 电子合金理论,建立若干模型,可用于含 γ' 形成元素 Al 和 Ta 高温合金的多种特征值的预测,包括 γ' 的固溶线、γ/γ' 的共晶温度、γ' 的体积分数等[193]。

其他相关可用于合金成分设计的工具还有:电子浓度方法、固体与分子经验电子理论、当量法,以及各种计算机模拟计算方法等。尽管有些方法运用相关物理理论(如 d 电子、第一性原理等)计算和设计合金成分,但仍难以实现精确定量设计合金成分。

10.6.3　变形、强化与损伤研究

在过去几十年中,研究人员对高温合金的变形机理和组织结构演化进行过大

量、系统的研究,成果丰硕。然而,近年来由于使用各种先进的微观分析方法和计算机模拟技术,对高温合金的变形、强化与损伤过程有更深入的观察和分析。我们拟从蠕变变形机理与微孪晶、强化机理、损伤的微观分析几个方面作一简介。

10.6.3.1　蠕变变形机理与微孪晶

单晶高温合金的变形按照是否与时间相关可以归为两类:蠕变变形(变形与时间相关)和非热激活变形(变形与时间无关)。蠕变变形往往出现在高温和低应变速率条件下,非热激活变形一般指室温和短时变形。单晶高温合金变形的微观机理与应力、温度和应变速率密切相关,如图 10.111 所示[194]。根据不同的应力、温度和应变速率,单晶高温合金变形涉及四种机理:①在较低温度下,单晶高温合金的变形通过位错滑移切割 γ' 相,形成反相畴界(antiphase boundary,APB)的方式进行,称之为反相畴界剪切(APB shearing)变形;②在中温和较低应力条件下,通过形成微孪晶的方式进行,称之为微孪晶变形;③随着应力和应变速率的增加,变形将以位错大面积切割 γ' 相和 γ 相,形成连续层错的方式进行,称之为连续层错(continuous faults)变形,若进一步增加应力和应变速率,又会以形成反相畴界的方式进行变形;④在高温、较低应力和应变速率条件下,变形通过位错攀移绕过 γ' 相的方式进行,称之为位错攀移(dislocation climb)变形。

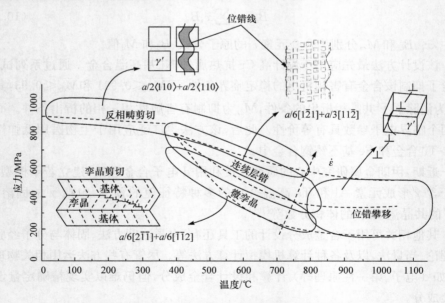

图 10.111　单晶高温合金的变形机理图[194]

说明应力、温度和应变率对变形机理的影响

Kear 于 1970 年在高温合金中引入了微孪晶变形机理,从那以后,不少研究人员在单晶和多晶高温合金中观察到微孪晶变形(在不同温度和应力条件下)。这些结果表明,微孪晶变形动力学与合金的化学组成、微结构特征(如沉淀相尺寸)、合金类型(单晶或单晶)等因素密切相关。起初,Kear 认为微孪晶的形成是由 γ' 相中各个孤立的超点阵内禀层错(superlattice intrinsic stacking fault,SISF)在高应力作用下合并造成的。随后,Kolbe 等认为微孪晶的形成与原子的局部扩散有关,并建立模型来说明微孪晶的成因。其主要思路为:合金中的位错运动导致一种高能量层错结构(称之为复杂堆垛层错,complex stacking fault,CSF)的形成,在此基础上经过四个步骤的原子重排,使一局部区域的完整晶体相对于它的原始晶体转动了 60°,即形成微孪晶。虽然该模型能通过原子的运动成功地解释微孪晶形成过程中晶体转动,但该模型尚不能说明为什么位错有能力克服一高能垒(300mJ/m²)后,形成高能量层错结构(CSF)。其次,该模型也未涉及在形成过程中微孪晶周围区域出现的合金元素分布的变化。近期的一系列研究结果表明,在蠕变条件下,重元素(Co、Cr、W 和 Ta)将在层错(SESF(superlattice extrinsic stacking fault,超级点阵外禀层错)和 SISF)周围产生重新配分;Smith 等观察到 Co、Nb、Ti 和 Ta 沿SESF 偏聚,并在其尖端形成高密度 Co/Cr 气团。计算机模拟研究表明,这种偏聚可以有效地降低层错能,因而能促进层错的扩展或生长。同样,在 γ' 相中的微孪晶周围也能观察到合金元素的偏聚[194]。

微孪晶在晶体学意义上与传统的变形孪晶完全相同,即有特定的孪晶晶面和切变位移。微孪晶与传统的变形孪晶不同之处是其在形成过程中呈现有扩散型相变的特征。例如,在形成过程中,需要原子在孪晶界面附近的扩散迁移。类似于有关合金中存在的扩散/切变耦合机理,Reed 等[183]建立了一个受扩散控制的微孪晶生长模型,以便回答如下问题:①这种微孪晶长度方向的生长控制因素是什么?②微孪晶在厚度方向的生长与哪些因素有关? 与合金成分的依存关系能否得到解释? ③进一步,若增厚生长与合金原子扩散相关,那为什么扩散的拖拽力不是来自于溶剂镍原子,而是来自于其他置换合金原子? ④微孪晶的生长机理是什么?⑤更为重要的是,由微孪晶产生的微尺度变形能解释实验观察到的、与时间相关的宏观变形响应吗? Reed 等建立的这一模型基于位错理论,认为微孪晶的形成是孪晶部分位错沿⟨011⟩方向外力作用下的解耦(decorrelation)引起的。他们还用扩散/切变位移耦合相变理论,解释了温度、应力和合金元素对微孪晶生长动力学的影响,并较好地回答了上述问题。

有一个重要的研究值得大家关注,即早期的研究认为微孪晶一般在中温变形区间(600~800℃)产生,但近期的观察却表明,在三向应力作用下,即便是在1050℃高温,高温合金也会通过微孪晶产生变形[195]。这对微孪晶变形在高温蠕变区间产生现象的研究具有十分重要的科学和实用价值。

单晶高温合金用于制作燃气轮机叶片,是过去 20 年中先进结构材料应用最为成功的范例。单晶高温合金叶片在燃气轮机高温区会发生蠕变变形。同时,由于叶片复杂的几何构型,以及因设计要求而加工的内部冷却通道,会在叶片的某些关键部位承受多向应力作用。因此,除了应力、温度,以及由复杂热/机械力作用下会形成微结构梯度变化,这种由冷却通道几何构型形成的应力集中(多向应力),如何产生对叶片蠕变行为的影响? 如何造成对叶片的损伤? 我们现在还知之不多。我们现在大致知道,高温合金的蠕变变形模式将会因合金的化学成分、蠕变温度、蠕变速率的变化而发生明显的变化。其中,强化相 γ' 出现塑性变形被认为是一种材料的损伤。一般认为,存在两个温度区间,在这两个区间内对应有两个不同的变形机理。这就是中低温区间($T<900℃$)和高温区间($900℃≤T≤1150℃$)。在这两个区间中,有一点是相同的,即蠕变变形首先出现 γ 相中,以 $1/2\langle110\rangle$ 位错平面滑移方式进行,位错在移动过程中可以切割 γ' 相并发生分解,在 γ' 相中形成超点阵内禀和外禀层错[195]。

当蠕变温度较低时,γ' 相的形貌是稳定的。但在高温条件下,γ' 相会出现"筏化"(rafting),进而对高温合金的蠕变变形机理、持久寿命产生重要的影响。镍基高温单晶合金在一定温度和载荷下,原始呈立方体较均匀分布在基体 γ 相中的强化相 γ' 在蠕变过程中可以发生沿某个方向上的择优长大,这种现象称为筏化,或称为定向粗化(directional coarsening)。例如,有人曾报道,在条件 930℃ 和 1040℃下,出现了筏化,由于剪切 γ' 相成为变形的主要方式,而使合金的拉伸屈服强度发生改变。这种现象会因更宽的 γ 相通道的形成而加剧。若应力水平足够高,塑性变形将不再局限在 γ 相。此时,位错就会切割 γ' 相颗粒,并形成超点阵内禀和外禀层错。这一过程导致合金蠕变的初期阶段。当然,这种变形机理只出现在基体相具有低层错能的合金,如含 Re 和 Ru 的合金,而在第一代单晶合金中则不会出现。

在较低温度、较高应变速率条件下,微孪晶或机械孪晶是一种典型的变形方式,但这种方式在面心立方结构合金中却比较少见。有几个研究曾报道过,在中低温区间和较高应力($800\sim850℃/>500$MPa)水平条件下,在合金蠕变过程中有微孪晶产生;另有一个报道称在高温区间($1010℃/248$MPa),并沿 $\langle110\rangle$ 方向施加载荷,能观察到微孪晶。另外,沿 $\langle001\rangle$ 方向施加载荷,合金在压缩条件下比拉伸条件下更易产生微孪晶。同时,研究还表明,在热/机械力交变作用条件下(此时,高温时会在合金试样上产生压应力;较低温度时,在合金试样上产生拉应力),微孪晶是合金的主要变形方式。

尽管有上述关于合金蠕变中形成微孪晶的相关研究,但微孪晶是否是 Ni 基高温合金的蠕变变形的一种方式(特别是在高温区间和多向应力作用下),还值得作进一步的研究。这有助于理解在工程叶片的冷却孔附近、叶片几何形状突变区(如台阶)附近产生的应力集中,并寻找适当的对策。近期,美国和法国研究人员系统地研究了 Ni 基高温合金在高温区间和多向应力作用下的蠕变变形,并对在这种条件下微孪晶的形成机理进行了分析[195]。他们的研究结果表明,在 Ni 基单晶高温合金的高温(1050℃)蠕变过程中,出现了微孪晶。其中,对〈001〉取向的合金试样施加多向载荷是产生微孪晶的必要条件。这是因为多向载荷促进了晶体点阵向[111]方向的转动。转向[111]晶向后,晶体的滑移系比[001]和[011]晶向的滑移系要少,因此容易产生应变集中、位错塞集、形成滑移带,最终形成孪晶。他们还建立了一个评价多向载荷应力复杂程度的指标:三向应力因子(triaxiality factor),用以评价应变的局域性。结果表明,应变的局域性越明显,微孪晶越容易产生;同时,越容易诱发微裂纹和微孔洞的形成。这与 Reed 等的研究结果相似,更为重要的是微孪晶会诱发微裂纹,微孪晶诱发微裂纹的过程如图 10.112 所示[195]。此外,在高温(1050℃)条件下,高的应变速率也促进微孪晶的产生。

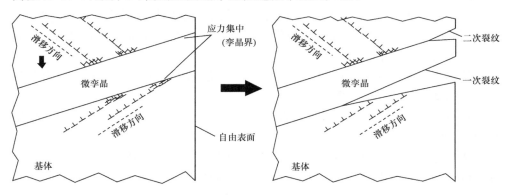

图 10.112　孪晶边界裂纹萌生和扩展的微观力学模型[195]

10.6.3.2　强化机理

镍基高温合金具有优异的高温力学性能,特别是蠕变和疲劳性能。最主要的原因是,其微观尺度上的形变受到了大体积分数 γ'-Ni$_3$(Al,Ti,Ta) 沉淀硬化相的限制。这种效应的产生不能用基体相和沉淀相的弹性模量差异来解释,因为它们并没有很大的差别。一般认为,伴随反相畴界和堆垛层错形成的层错能是强化效应的贡献者。层错能限制了变形过程中引入的位错对 γ' 相的切割(位错切割 γ' 相的难易程度与层错能的大小密切相关),从而限制了塑性流动。

层错能对镍基高温合金的物理冶金行为具有重要影响。合金的屈服强度随沉淀相尺寸、分布变化关系,可以用如下的理论表达式加以描述[196]:

$$\tau_y = \frac{\Delta E_{APB}}{2\boldsymbol{b}}\left[\left(\frac{6\Delta E_{APB}fr}{\pi T_L}\right)^{1/2}\right] - f \tag{10.29}$$

$$\tau_y = \sqrt{\frac{3}{2}}\left(\frac{G\boldsymbol{b}}{r}\right)f^{1/2}\frac{w}{\pi^{3/2}}\left(\frac{2\pi\Delta E_{APB}}{wG\boldsymbol{b}^2} - 1\right)^{1/2} \tag{10.30}$$

式中,τ_y 是剪切屈服应力;ΔE_{APB} 是 APB 能;b 是伯格斯矢量;r 是沉淀相平均半径;f 是 γ' 沉淀相的体积分数;T_L 是线张力;G 是 γ 相的剪切模量;w 是考虑不定因素的无量纲常数。式(10.29)和式(10.30)分别对应于弱耦合位错和强耦合位错。可以看出,APB 能实质上控制了合金的变形性能。此外,合金化学成分对强度的影响是通过改变 APB 能来达到的,或者说屈服强度取决于 γ' 相的化学组成(Ni_3(Al,Ti,Ta))。因此,如 Ti 和 Ta 等主要配分在 γ' 相的元素,会升高 APB 能,从而会增加屈服应力。γ' 相的化学计量也是十分重要的,但需要进行必要的计算,才能推断出这些定量关系的精确细节。

Crudden 等的工作以此为出发点,系统研究了多晶镍基高温合金的合金成分与力学性能之间的定量关系。研究重点放在 APB 能及其他在赋予材料强度方面的作用。首先考虑了 APB 能大小的实验和理论依据,然后利用计算热力学和电子结构计算的方法,量化了 APB 能变化对 γ' 相化学组成的依赖关系。最后,建立了一个屈服应力模型,其中,APB 能与化学成分直接相关。进而在合金的化学成分与强度之间建立了定量联系[197]。

具体工作涉及两大步骤:①建立 APB 能与化学成分的关系;②建立合金化学成分与强度之间的定量关系。

目前,获取 APB 能有三种具体方法:①透射电子显微镜测量;②依据强化模型推演;③理论计算。

透射电子显微镜测量 APB 能的原理是,用透射电子显微镜测量 γ' 相中超晶格部分位错对之间的距离,而后利用如下公式进行计算:

$$\Delta E_{APB} = \frac{\alpha \mu b^2}{2\pi d} \tag{10.31}$$

式中,α 是与位错类型相关的特征值;μ 是剪切模量;b 是伯格斯矢量。

利用基于强化理论的模型,也可以从拉伸试验结果中推导出 APB 能。有人曾用此方法测定的 APB 能,并与用透射电子显微镜测量的 APB 能进行了比较,观察到这两种技术之间的结果有很好的一致性。

也有人用计算模型计算过 Ni_3Al 的 APB 能,其方法包括:嵌入原子法、全势线性增广波、线性 muffin-tin 轨道法和密度泛函理论(density functional theory,DFT)。

为了设计未来的高强度镍基高温合金,更期望选择具有较高 APB 能的 γ' 相合金化学成分。但是,使用直接测量或从头计算方法来确定化学成分对 APB 能的影响时,仍然存在重大的挑战。这两种方法目前还有局限性,还需要做出重大努力加以完善。直接测量需要复杂的样品制备和显微技术,而 DFT 方法目前也仅限于对三元体系的研究。因此,Crudden 等发展了一种快速计算 APB 能的 CALPHAD 方法,并期望该方法能在未来高强度多晶镍基高温合金设计和优化中的得到应用[197]。

他们用 CALPHAD 方法计算了 Ni-Al-X 三元合金体系的 APB 能,其中,X＝Ti,Ta,Nb,Mo,W,Cr。同时,也采用 DFT 方法进行了计算,以便对结果进行对比。用 CALPHAD(650℃)和 DFT 计算得到 Ni_3Al 的 APB 能分别为 $232mJ/m^2$ 和 $310mJ/m^2$。CALPHAD 和 DFT 方法的计算值均高于 APB 能的实验测量值。他们还用 CALPHAD 和 DFT 两种方法预测了第三元素对 APB 能的影响,其结果表明,用 CALPHAD 方法计算值与 Ni-Al-Ti 和 Ni-Al-Ta 合金的实测值符合得很好。根据 CALPHAD 方法的计算结果,Ti 对 APB 能的影响最大,在低合金化水平下,Ta 和 Nb(在原子分数小于 3％范围内)、Mo 和 W(在原子分数小于 5％范围内),它们的含量变化对 APB 能的影响与 Ti 的作用相似,即随含量的增加,APB 能增加。添加 Ta、Nb、Mo 和 W 时,当原子分数为 5％时,APB 能达到最大值,这些元素的更高含量对 APB 能有负面影响。Cr 是唯一不会增加 APB 能的元素。同时,DFT 方法计算表明,Ta 对提高 APB 能的影响最大,其次是 Nb 和 Ti。采用 CALPHAD 和 DFT 方法,计算得到的 Ni-Al-Ti 和 Ni-Al-Cr 合金的 APB 能随含量的变化趋势非常相似。两种建模方法都预测了 Mo 和 W 的加入对 APB 能的相似变化,但这两种方法对 Ni-Al-Ta、Ni-Al-Nb 合金的计算结果明显不同。

有了不同化学成分的 APB 能计算值后,就可以根据合金化学成分与强度之间的定量关系,模拟设计合金屈服强度了。式(10.29)和式(10.30)给出了沉淀强化的表达式,若想利用它们来计算合金的屈服强度,还需有沉淀相大小和分布的详细数据。有人提出,沉淀相临界半径对应的最大析出强化强度,可以用式(10.30)的导数(相对于沉淀相颗粒半径 r)来求得。由此,合金的最大析出强化的强度可以用如下式近似表达:

$$\sigma_{y_{peak}} = M \cdot \frac{1}{2}\Delta E_{APB} f^{1/2}/\boldsymbol{b} \qquad (10.32)$$

式中,M 是泰勒(Taylor)系数。Reppich 通过实验证实强化峰值出现在部分位错之间弱耦合和强耦合的转变点。这个简化的沉淀强化模型已用于合金设计,可使合金化学组分得到优化,以提高屈服强度。这里,他用 650℃的两相(γ-γ')平衡条件计算 γ'沉淀相的体积分数 f。

Crudden 等从文献中提取了 42 种不同的工业、实验多晶镍基高温合金在 650℃时的屈服强度;同时,依据式(10.32),用合金的平均化学成分计算出了每种合金的析出强化(屈服强度)。为了证明该模型的有效性,将屈服强度计算值与实验值进行了比较,结果见图 10.113,显示出沉淀强化实验数据与计算值之间的相关性,拟合直线的斜率等于 1,相关系数 R_2 为 0.52。这条直线 y 轴的截距为 307MPa,这说明理论模型的计算值比实测值偏高不少,或者说理论模型高估了合金的屈服强度。尽管如此,如果将该理论模型用于新型合金成分设计时的初步筛选时,这种相关性还是可以接受的[197]。

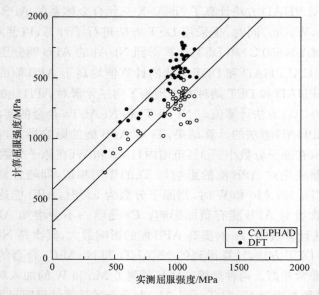

图 10.113　利用 CALPHAD 和 DFT 方法确定 APB 能量,并计算得到的
屈服强度值与屈服强度实测值(实测温度 650℃)的比较[197]

　　由此可见,要在合金的化学成分与强度之间建立了定量关系,并用于新型高温合金的成分设计,还需要不懈努力。

　　近期,在高温合金强化机理研究方面还有不少优秀的工作。例如,Galindo-Nava 等提出了一种考虑 γ′ 相颗粒单峰和多峰尺寸分布的高温合金屈服应力的新模型[198]。他们在对 γ′ 相经典的剪切模型进行评述的基础上,在新模型中加入了以前没有考虑过的重要特征参数;通过加权 γ′ 相颗粒个体对总强度的贡献,将其推广到能说明颗粒尺寸多峰分布产生的强化效应,并将研究集中在粉末冶金合金上。学者预测了 8 种不同初始组织、成分和 700℃ 以下高温合金的屈服应力和 γ′ 相颗粒强化。通过理论分析表明,在 10～30nm 范围内,多峰 γ′ 相合金的强度低于单峰 γ′ 相合金。他们认为,这种基于无参数的物理模型能够预测具有复杂组织的高温合金的屈服应力,这突破了经典模型的局限性。这种方法还可以对影响多晶高温合金屈服强度的相关因素进行重要性评价。

　　Collins 等建立了一种基于析出弥散强化、晶粒长大和晶界硬化模型相结合的计算方法,该方法可以预测镍基高温合金在任意热循环下的微观组织和屈服强度[199]。应用该方法对先进的多晶镍基高温合金 RR1000 的锻后热处理进行了优化,提高了合金的弹性极限。他们利用热力学数据和温度相关的晶格参数(用原位同步 X 射线衍射测定),得到了所需反相畴界能随温度变化的关系,预测了 600～

700℃温度区间最佳的屈服强度。此时,析出相颗粒尺寸在 34～57nm 范围内。他们还利用沉淀模拟软件(PrecipiCalc)优化固溶和时效热处理工艺,使在期望的沉淀尺寸范围内,晶内析出 γ' 相颗粒的体积分数最大化,同时可使初始(一次)γ' 相的临界体积分数最小,以便使晶粒尺寸达到 $7\mu m$。他们预测的该材料获得最佳屈服强度的热处理工艺为:1105℃加热 4h,以 40℃/s 的速率冷却至常温,798℃时效 16h。650℃的拉伸试验表明,该工艺获得的屈服强度比具有常规显微组织的 RR1000 合金提高 125MPa。

10.6.3.3　损伤的微观分析

γ' 相强化多晶 Ni 基高温合金具有很高的强度,但在高温和含氧气氛环境中,其晶界由于与氧发生反应而成为弱化源头。尤其是当合金应用于动力发电机组或涡轮发动机的高温部件时,由于服役环境温度超过 700℃,需承受高应力,同时还存在氧化性和腐蚀性燃气流作用,晶界上存在这样的薄弱之处,实难让人放心。另一方面,随着追求更高的燃烧效率和减少排放,需要进一步提高工作温度。因此,因环境因素辅助裂纹(environmentally-assisted cracking)的生成对高温构件产生的损伤,成为 Ni 基高温合金在更高温度环境应用的障碍,得到了学界和工业界的高度关注。但对它的成因尚缺少统一的认识,需要进一步开展系统的试验研究和表征,以阐明内在起作用的物理和化学因素。

从文献报道看,环境因素辅助裂纹常常出现在低周疲劳和持久疲劳试验中。然而,用这样的试验来研究环境因素辅助裂纹却耗时耗材。Gabb 等建议用低应变速率拉伸试验来代替,获得的非弹性失效应变(拉伸断裂应变或延伸率)与驻留疲劳裂纹扩展速率有良好的对应关系。这种试验方法被认为是一种具有开创性意义的方法,能有效地加速对环境因素辅助裂纹成因研究的进程。Reed 等采用这种方法,并结合能谱仪、纳米二次离子质谱仪、高分辨电子背散射衍射技术,对一种 Ni 高温合金(U720Li)的环境因素辅助裂纹成因进行了系统研究,期望能回答如下问题[200]:

(1) 因环境因素引起晶界损害,进而导致裂纹沿晶扩展的本质是什么?

(2) 变形机理对环境因素引发损伤区域的最终失效进程有什么作用?

(3) 我们能否利用适当的热处理工艺,降低高温合金对环境因素辅助裂纹的敏感性?

据此,他们在不同环境气氛(空气和氩气)和不同温度(室温至 1000℃)条件下,对多晶 Ni 基高温合金(U720Li)进行了系列拉伸试验,获取不同条件下的拉伸断裂应变或伸长率,作为特征指标。研究表明,合金的拉伸断裂应变受环境因素的强烈影响,并在 700℃时取最小值,即存在明显的环境因素诱发脆性,如图 10.114 所示。脆性源于沿 γ 晶界的内氧化,特别是在一次 γ' 相与 γ 基体的非共格界面上的内氧化。此时,在外力作用下,由于位错在晶界上的积累而产生足够高的局部微应力,促使微裂纹沿晶界形成。当温度进一步升高至 850℃后,由于位错在晶界上的累积变少,拉伸断裂应变又开始增加。

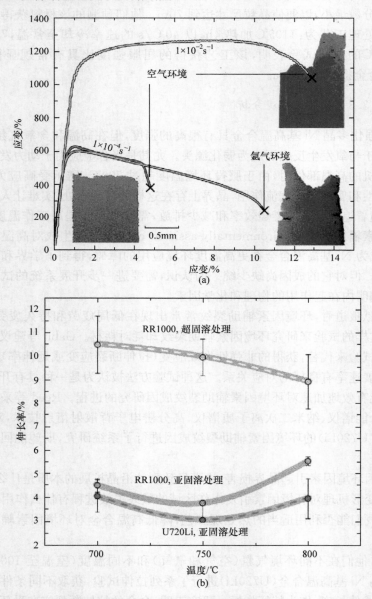

图 10.114　(a) U720Li 合金典型的应力-应变曲线,测试条件:800℃、空气和氩气、一个快应变速率和一个慢应变速率; (b) 对亚固溶热处理的 U720Li、RR1000 合金和超固溶热处理的 RR1000 合金进行慢应变速率拉伸试验时,拉伸断裂应变在 700～800℃的变化[200]

在 750℃条件下,试样拉伸断口表面存在明显的环境损伤特征。在有环境因素损伤的区域,其断面垂直于外力方向并沿晶断裂;而在无环境因素损伤的区域,其断面与拉伸轴成约 45°角,其上分布着韧窝和微孔洞,为穿晶断裂。在沿晶断裂区域与穿晶断裂区域之间存在一明显的过渡区域。在 800℃和 850℃,环境因素损伤严重,几乎完全以沿晶断裂的方式失效。与此相反,在 600℃以下温度和惰性气体中,不出现环境因素损伤情况,试样在均匀变形后以韧性断裂的方式失效。

根据镍基高温合金在平面、抛光表面上的氧化行为的研究,在低应变速率拉伸和氧化气氛条件下,在裂纹尖端可能会发生的氧化反应过程如图 10.115 所示。首先,我们设想裂纹沿 γ 相晶粒边界扩展。在裂纹尖端表面,首先形成 NiO 和 CoO 氧化物。在此基础上,形成的 $(Ni_{1-x}Co_x)O$ 复杂氧化物有可能填补裂纹缺口,而不是扩大缺口,但在其下面的基体中存在孔隙。由于极低的氧平衡分压,Al_2O_3 将在氧化区域最深内部出现,其向内生长的速率受 O^{2-} 迁移的控制。预计在 Al_2O_3 前面(与裂纹尖端反向)还存在一个 Cr_2O_3 的区域。有人提出了一个存在于裂纹尖端的三层氧化物结构,如图 10.115(b)所示,在 $(Ni_{1-x}Co_x)O$ 和 Cr_2O_3 之间也可能存在尖晶石层 $NiCr_2O_4$。另外,TiO_2 可以沿 Cr_2O_3 与 Al_2O_3 的边界析出。与抛光表面试样的氧化不同,在裂纹尖端不需要通过体扩散来实现离子的输运。这里的氧化物是平行于基体/氧化物界面方向生长的,因此界面可以作为短路扩散路径,导致氧化物沿晶界生长。

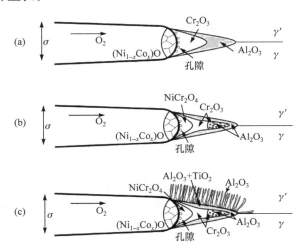

图 10.115　(a) 按热力学条件,在裂纹尖端形成的 $(Ni_{1-x}Co_x)O$、Cr_2O_3 和 Al_2O_3 层状氧化物示意图,(b)和(c)是在 γ 相晶界和与一次 γ' 相界面上观察到氧化物形态示意图(U720Li 合金)[200]

晶间氧化损伤解释了随着温度的升高,由于氧化过程的强化,拉伸断裂应变在 500～750℃下降的现象。然而,这不能解释在 750℃以上拉伸断裂应变增加的现象。有可能在中温条件下,滑移辅助晶界滑动(slip-assisted grain boundary sliding)对环境损伤晶界的准脆性破坏起着重要作用。随着温度的升高,由于晶界迁移率的增加,拉伸断裂应变恢复。此外,晶界滑动在中温区是活跃的,其发生与晶界附近位错胞结构的形成相有关。这些位错胞在滑移面上起着障碍物的作用,导致应力积聚在被损伤的 γ 晶界和 γ′ 相界面上。由此产生的应力集中导致在裂纹尖端的晶间氧化物产生准脆性破坏。

　　总之,晶界的行为解释了在 750℃ 以上拉伸断裂应变增加的原因:随着温度的升高,增加了晶界迁移率,这是关键效应。图 10.116 显示了在低温、中温和高温三个温度区间,拉伸断裂应变随温度的变化关系,图中还给出了环境因素损伤示意图。

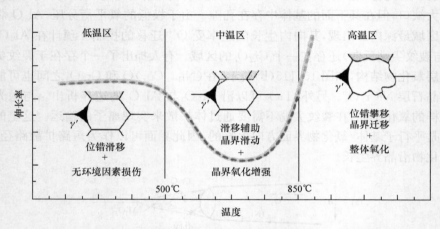

图 10.116　环境因素损伤和表观变形机制之间的相互作用示意图[200]
说明了 U720Li 合金的拉伸断裂应变随温度的变化

　　在 Ni 基高温合金中,MC 型碳化物也是应力集中地方,在高温疲劳条件下会成为裂纹萌生中心。当受到高应力作用时,这些脆性颗粒不易产生塑性变形,而只能通过断裂失效。随后,源于这些部位的微裂纹可能进一步扩展。当在复杂的含氧环境、应力和温度循环下进行试验时,裂纹将从源自氧化 MC 型碳化物处的裂纹萌生中心开始向体内扩展,而不是从接近于自由表面的区域开始。MC 型碳化物氧化后,其氧化产物将导致其体积膨胀,并在附近的基体相中产生明显的局部塑性变形。然而,碳化物氧化引发裂纹的确切机理尚不清楚。例如,尚不清楚局部塑性变形在多大程度上发生,以及是否有可能改变 γ/γ′ 组织的组成。

　　近期,Kontis 等研究了在 750℃ 空气条件下,多晶高温合金表面附近的碳化物氧化行为,氧化碳化物是潜在的裂纹萌生点[201]。用高分辨电子背散射衍射测量了 γ/γ′ 晶粒中的晶格转动,这种晶格转动可以用来研究碳化物氧化引起的塑性变形。他们发现位错密度的增大加速了 γ' 相的溶解动力学,导致氧化碳化物附近产生再结晶软化区。这一区域与原始的 γ/γ' 组织相比有明显的化学组分变化。他们还讨论了这种有害的氧化碳化物和再结晶软化区对高温合金裂纹萌生周期的影响。

另外,镍基单晶高温合金消除了晶界这一高温下容易失效的薄弱环节,具有优良的高温力学性能,已经成为先进航空发动机涡轮叶片的主要材料。然而,单晶高温合金叶片在铸造和热处理过程中,易出现表面再结晶现象。研究表明,再结晶区域作为一种缺陷组织,会在单晶合金中重新引入横向晶界,破坏了单晶高温合金叶片的组织完整性,显著降低合金的高温拉伸、持久及疲劳性能,成为叶片服役过程中的重大隐患。

研究发现,镍基单晶高温合金中的碳化物随着 C 含量的增加而增加,合金表面再结晶深度受碳化物含量的影响先升高后降低。有人在 80Ni-20Cr 合金中添加 Al 时发现,随着 Al 含量升高,合金组织由单一的 γ 相转变成 γ/γ' 相,再结晶温度迅速升高。由此可见,合金成分决定显微组织,从而影响合金的再结晶倾向。

随着航空发动机对叶片承温能力的要求不断提高,合金中大量添加难熔元素,先进单晶高温合金中 Re、W、Mo、Ta 等元素的总和已达到 20%,然而这些固溶强化元素如何影响单晶高温合金的再结晶却缺乏报道。近期,北京科技大学等单位的研究人员研究了这一问题[202]。研究结果表明,在单晶高温合金显微组织均匀的情况下,Re 和 W 能延长再结晶的孕育期,抑制再结晶晶粒长大。研究结果还表明,再结晶晶粒会在压痕表面(机械损伤处)形成,并沿枝晶干向内扩展,晶界迁移受到枝晶间粗大 γ' 相和 γ/γ' 共晶的阻碍。添加 Re 和 W 提高了铸态单晶高温合金的 γ' 相溶解温度和 γ/γ' 共晶含量,导致单晶高温合金的再结晶温度升高。随热处理温度升高,各单晶高温合金的再结晶面积随着枝晶间 γ' 相和共晶含量的减少而增大。相同热处理温度下,由于不同成分单晶高温合金枝晶间粗大 γ' 相和 γ/γ' 共晶的含量不同,不含难熔元素 Re 和 W 的单晶高温合金再结晶面积最大,含 Re 单晶高温合金的再结晶面积大于含 W 单晶高温合金,同时添加 Re 和 W 的单晶高温合金再结晶面积最小。这些研究有助于理解单晶高温合金再结晶的过程,并寻找到抑制再结晶发生的方法。

高温合金研究领域的相关理论和技术知识浩若烟海。尽管人们在该领域的认知在不断扩展,但关键科学问题和瓶颈问题仍会在很长时间内存在,并对我们的认知形成挑战。当然,还会有很多我们目前无法预知的问题,对此我们要有充分的准备。

参 考 文 献

[1]　滕长岭. 钢铁材料手册 第 6 卷:耐热钢[M]. 2 版. 北京:中国标准出版社,2010.

[2]　郭建亭. 高温合金材料科学(上册):应用基础理论[M]. 北京:科学出版社,2008;高温合金材料学(中册):制备工艺[M]. 北京:科学出版社,2008;高温合金材料学(下册):高温合金材料与工程应用[M]. 北京:科学出版社,2010.

[3]　谢锡善. 我国高温材料的应用与发展[J]. 机械工程材料,2004,28(1):2～11.

[4]　托马晓夫 Н Д. 金属腐蚀及其保护的理论[M]. 华保定,余柏年,曹楚南,等译. 北京:中国工业出版社,1964.

[5]　Меськин В С. Основы легировния стали[M]. Москва:Металлургиздат,1959.

[6]　Chen R Y,Yuen W Y D. Review of the high-temperature oxidation of iron and carbon steels in air or oxygen[J]. Oxidation of Metals,2003,59(5-6):433.

[7]　Saunders S R J,Monteiro M,Rizzo F. The oxidation behaviour of metals and alloys at high temperatures in atmospheres containing water vapour:A review[J]. Progress in Materials Science,2008,53:775.

[8]　章守华. 合金钢[M]. 北京:冶金工业出版社,1981.

[9]　Colombier L,Hoghmann J. Aciers Inoxydables [M]. 俄译本. Нержавеющие и жаропрочные стали,1958.

[10]　Гудремон Э. Специальные стали[M]. Том 1,Металлургиздат,1959(译自德文).

[11]　Alman D E,Jablonski P D. Effect of minor elements and a Ce surface treatment on the oxidation behavior of a Fe-22Cr-0. 5Mn (Crofer 22APU) ferritic stainless steel[J]. International Journal of Hydrogen Energy,2007,32:3743.

[12]　曾丽,喇培清,刘致远,等. 铝对 HP40 合金高温抗氧化性能的影响[J]. 钢铁研究学报,2009,21(6):53.

[13]　Jang C H,Kim D J,Kim D H,et al. Oxidation behaviors of wrought nickel-based superalloys in various high temperature environments[J]. Transactions of Nonferrous Metals Society of China,2011,21:1524.

[14]　Leonard K J,Busby J T,Zinkle S J. Influence of thermal and radiation effects on microstructural and mechanical properties of Nb-1Zr[J]. Journal of Nuclear Materials,2011,414:286.

[15]　周顺深. 低合金耐热钢[M]. 上海:上海人民出版社,1976.

[16]　杨宜科,吴天禄,江先美,等. 金属高温强度及试验[M]. 上海:上海科学技术出版社,1986.

[17]　Chang H C(张兴钤),Grant N T. Transactions of ASME[J]. 1956,206:545.

[18]　陈石富,马惠萍,鞠泉,等. GH230 合金的热疲劳行为[J]. 钢铁研究学报,2011,23(3):29.

[19]　龙会国,陈红冬,龙毅. 电站锅炉部件典型金属故障分析及防止措施[J]. 热力发电,2011,40(6):97.

[20]　Austin C R,St. John C R,Lindsey R W. American Institute of Mining and Metallurgical

Engineers, Technical Publication[R]. No. 1834, Iron and Steel Division Ⅷ, 1945, 384.

[21] 陈国良. 高温合金学[M]. 北京:冶金工业出版社,1988.

[22] 朱日彰,卢亚轩. 耐热钢和高温合金[M]. 北京:化学工业出版社,1996.

[23] Francis J A, Bhadeshia H K D H, Withers P J. Welding residual stresses in ferritic power plant steels[J]. Materials Science and Technology, 2007, 23(9):1009~1021.

[24] 张铭. P91 和 WB36 管件研制[J]. 辽宁工学院学报,2002,22(4):46.

[25] 赵强,王然,彭先宽,等. WB36 钢的热处理工艺及微观组织[J]. 热力发电,2010,39(1):29.

[26] 太田定雄. 铁素体系耐热钢[M]. 张善元,张绍林译. 北京:冶金工业出版社,2003.

[27] 赵钦新,顾海澄,陆燕荪. 国外电站锅炉耐热钢的一些进展[J]. 动力工程,1998,18(1):74.

[28] Aghajani A, Somsena C H, Pesickab J, et al. Microstructural evolution in T24, a modified 2 (1/4)Cr-1Mo steel during creep after different heat treatments[J]. Materials Science and Engineering A, 2009, 510-511:130.

[29] Abe F. Bainitic and martensitic creep-resistant steels[J]. Current Opinion in Solid State and Materials Science, 2004, 8:305.

[30] Sikka V K, Jawad M H. Development of a New Class of Fe-3Cr-M(V) Ferritic Steels for Industrial Process Application[R]. Oak Ridge National Laboratory, 2005.

[31] 龙会国,龙毅,陈红冬. 高温再热器 T23/12Cr1MoV 异种钢焊缝失效机理[J]. 中国电力,2011,44(5):70.

[32] 邓永清,朱丽慧,王起江,等. 国产 T23 钢高温时效时组织和力学性能的研究[J]. 金属热处理,2007,32(9):21.

[33] 季献武,段鹏,李驹,等. T23 钢在超超临界 1000MW 机组的应用及现状[J]. 华东电力,2009,37(12):2097.

[34] 李益民,范长信,杨百勋,等. 大型火电机组用新型耐热钢[M]. 北京:中国电力出版社,2013.

[35] Lalik S, Niewielski G, Cebulski J. Mechanical properties of joints welted in creep-resistant low-alloy T24 steel[J]. Welding International, 2007, 21(5):364.

[36] 陈家伦,于秀清. 用于锅炉的耐高温铁素体管材 T91/P91 性能综述[J]. 锅炉制造,1996,(1):15.

[37] 赵钦新,朱丽慧,顾海澄,等. 国产 T91/P91 的深化研究[J]. 锅炉技术,1999,30(8):16.

[38] 王延峰,郑开云,吾之英,等. T92 钢管长时高温组织稳定性及性能研究[J]. 动力工程学报,2010,30(4):245.

[39] 王起江,洪杰. 超超临界电站锅炉用新型管材的研制[J]. 宝钢技术,2008,(5):44.

[40] Masuyama F. History of power plants and progress in heat resistant steels[J]. ISIJ International, 2001, 41:612.

[41] Svobaoda M, Dlouhý J, Podstranska I, et al. Microstructural changes in creep of TAF 650 steel at 650℃ [C]. METAL 2000-Mezinárodní metalurgická konference/9/, Ostrava (CZ), 2000.

[42] Kirami K,Kushima H,Sawada K. Long-term creep strength prediction of high Cr ferritic creep resistant steels based on degradation mechanisms[C]//Proceedings of the confenrence,Dublin,Ireland,2003:444.

[43] Taneike M,Abe F,Sawada K. Creep-strengthening of steels at high temperatures using nano-sized carbonitride dispersions[J]. Nature,2003,424:294.

[44] Abe F,Horiuchi T,Taneike M K,et al. Stabilization of martensitic microstructure in advanced 9Cr steel during creep at high temperature[J]. Materials Science and Engineering A,2004,378:299.

[45] Ukai S,Fujiwara M. Perspective of ODS alloys application in nuclear environments[J]. Journal of Nuclear Materials,2002,307-311:749.

[46] 吾之英,崔正强. ASME CODE CASE 2328-1 钢管的国产化现状[J]. 机械工程材料,2010,34(10):59.

[47] 郭岩,唐丽英,周荣灿,等. 晶粒尺寸和表面状态对 S30432 钢蒸汽氧化行为的影响[J]. 动力工程学报,2011,31(8):644.

[48] 刘正东,程世长,杨刚,等. 中国超超临界火电机组用 S30432 钢管研制[J]. 钢铁,2010,45(6):1.

[49] 王起江,朱长春,洪杰. 07Cr25Ni21NbN 奥氏体耐热无缝钢管的研制[J]. 发电设备,2011,25(5):362.

[50] 方园园. 新型奥氏体耐热钢 HR3C 的析出相分析[D]. 大连:大连理工大学,2010.

[51] 郭岩,贾建民,侯淑芳,等. 国产 TP347H FG 钢的水蒸气氧化行为的研究[J]. 腐蚀科学与防护技术,2011,23(6):505.

[52] 干勇,田志凌,董瀚,等. 中国材料工程大典 第 2 卷 钢铁材料工程(上)、第 3 卷 钢铁材料工程(下)[M]//中国机械工程学会,中国材料研究学会,中国材料工程大典编委会. 北京:化学工业出版社,2006.

[53] 郭岩,周荣灿,侯淑芳,等. 617 合金时效组织结构及力学性能分析[J]. 中国电机工程学报,2010,30(26):86.

[54] 赵双群,谢锡善,董建新. 700℃超超临界燃煤电站用镍基高温合金 Inconel 740/740H 的组织与性能[C]. 第九届电站金属材料学术年会论文集(第二卷),2011,成都.

[55] 郭建亭,杜秀魁. 一种性能优异的过热器管材用高温合金 GH2984[J]. 金属学报,2005,41(11):1221.

[56] Smith G D,Sizek H W. Introduction of an advanced super-heater alloy for coal boilers,Corrosion 2002[R]. Houston:NACE International,2000,00256:1.

[57] Ren W J,Swindeman R. A Review on current status of alloys 617 and 230 for Gen IV nuclear reactor internals and heat exchangers[J]. Journal of Pressure Vessel Technology,2009,131:044002.

[58] 陈石富,马惠萍,鞠泉,等. 稀土元素 La 对 GH230 合金 1000℃抗氧化性能的影响[J]. 钢铁研究学报,2009,21(11):45.

[59] 陈石富,马惠萍,鞠泉,等. La 含量对 GH230 合金组织和性能的影响[J]. 中国冶金,2009,

19(10):13.

[60] 中国机械工程学会热处理专业分会《热处理手册》编委会. 热处理手册 第 2 卷(4 版). 林锦棠,石联峰. 第 15 章 发电设备零件的热处理[M]. 北京:机械工业出版社,2008.

[61] 袁万彬,徐绍明. 燃气轮机用 R26 材料汽封圈毛坯锻造工艺研究[J]. 四川工程职业技术学院学报,2011,25(2):46.

[62] Михайлов-Михеев Л Б. Металл газовых трубин[M]. Москва:Машгиз,1958.

[63] 陈德和. 不锈钢的性能与组织[M]. 北京:机械工业出版社,1977.

[64] Clark L. High-Temperature Alloys[M]. New York:Pitman Publishing,1953.

[65] 杨钢,王立民,程世长,等. 蒸汽轮机用叶片钢的研究进展[J]. 特钢技术,2009,15(3):1.

[66] 廖洪军,姚长贵,王敏. 汽轮机叶片钢 1Cr12Ni3Mo2VN 热处理工业[J]. 宝钢技术,2009,(1):56.

[67] 谢学林,杨钢,陈敬超,等. 热处理工艺对 1Cr12Ni3Mo2VN 耐热钢力学性能的影响[J]. 热处理, 2009, 24(5):35.

[68] 杨钢,刘新权,杨沐鑫,等. 1Cr12Ni3Mo2VN(M152)耐热钢的脆化机制[J]. 特钢技术,2009,15(4):14.

[69] 李海生,任金桥. 浅析化学成分对 1Cr12Ni2W1Mo1V 机械性能的影响[J]. 热特钢技术,2008,14(1):34.

[70] 何刚,王海波,蔡伟,等. 超临界汽轮机用 1Cr11MoNiW1VNbN 不锈钢组织和性能的研究[J]. 热处理技术与装备,2007,28(5):45.

[71] 李志,贺自强,金建军,等. 航空超高强度钢的发展[M]. 北京:国防工业出版社,2012.

[72] 朱蓓蒂,张之栋,曾晓雁,等. 汽轮机末级叶片的激光熔覆研究[J]. 中国激光,1994,A21(6):526.

[73] 沈红卫,方顺发,宋帆,等. 2Cr12MoV 钢自锁式末叶片进汽边高频淬硬试验[J]. 热力透平,2005,34(1):51.

[74] 谢飞,李雄,张炳生,等. 乙烯裂解炉管的渗碳与抗渗碳[J]. 材料导报,2002,16(8):24.

[75] 马鸣图. 先进汽车用钢[M]. 北京:化学工业出版社,2008.

[76] 李邦熙. 炉用高温耐热材料 3Cr24Ni7SiNRE[J]. 工业加热,1983,(3):4.

[77] 冶金工业部钢铁研究院. 合金钢手册 第一分册[M]. 北京:中国工业出版社,1971.

[78] 上海锅炉厂,本溪钢铁公司第一炼钢厂. 2Mn18Al5SiMoTi 抗氧化钢的实验和应用[J]. 机械工程材料,1979,(04):35.

[79] DIN. DIN 17480-1984. Valve steels and alloys for internal combustion engines[S]. Berlin,1984.

[80] SAE. SAE J775 AUG93. Engine poppet valve information report. America[R]. 1993.

[81] AFNOR. NF A35-579(1991). Valve steels and alloys for internal combustion engines[S]. France,1991.

[82] 程世长,刘正东,杨钢. 中国内燃机气阀钢的现状和建议[J]. 钢铁研究学报,2005,17(3):4～7.

[83] Cheng S,Lin Z. Development of valve steel for internal combustion engine in China[J].

Journal of Iron and Steel Research,International,1998,5(2):1～6.

[84]　Jin C,Hak J,Hong J. A study of exhaust valve and seat insert wear depending on cycle numbers[J]. Wear,2007,263(1):1147.

[85]　Su Y,Guo J,Wu S,et al. Modelling generation mechanism of defects during permanent mould centrifugal casting process of TiAl alloy exhaust valve[J]. Material Science and Technologe,2011,27(1):246.

[86]　Yu Z,Xu X. Failure analysis and metallurgical investigation of diesel engine exhaust valves[J]. Engine Failure Analysis,2006,13(4):673.

[87]　Cademas M,Cuetos J M,Fermandez J E,et al. Laser cladding of Stellite 6 on stainless steel diesel engine exhaust valves[J]. Revista de Metalurgia,2002,38(6):457.

[88]　Zhu Y,Yin Z,Teng H. Plasma cladding of Stellite 6 powder on Ni76Cr19AlTi exhausting valve[J]. Transactions of Nonferrous Metals Society of China,2007,17(1):35～40.

[89]　周人俊,林肇樑,陶家驹. 化学成分及热处理对 4Cr9Si2 钢室温机械性能的影响[J]. 钢铁,1965,(4):14.

[90]　秦添艳. 内燃机气阀用钢的发展现状[J]. 上海金属,2011,33(2):50.

[91]　李广田,李立新,孙振岩,等. 新型阀门钢 5Cr8Si2 组织与性能[J]. 特殊钢,2001,22(1):9.

[92]　刘光辉,叶长青,李立新,等. 新型节铬 5Cr8Si2 性能试验研究[J]. 黑龙江冶金,1999,(3):7.

[93]　柯翼铭. 8Cr20Si2Ni 钢热处理工艺的选择[J]. 金属热处理,1987,(10):38.

[94]　柳学胜,范植金,方炜,等. 热处理工艺对 8Cr20Si2Ni 阀门钢碳化物的影响[J]. 金属热处理,1999,(8):23.

[95]　Борздыка А М,Цейтлин В З. Термическая обработка жаропрочных сталей и сплавов[M]. Москва:Издательство,1964.

[96]　张祖贤,等. 兵器黑色金属材料手册 下册[M]. 北京:兵器工业出版社,1990(内部发行).

[97]　陈兴. 16V240ZJ 内燃机气阀强韧性研究[D]. 上海:上海交通大学,2006.

[98]　夏晓玲,李玉清. 5Cr21Mn9Ni4N 钢中碳化物层状析出与晶界沉淀[J]. 特殊钢,1993,14(6):36.

[99]　李玉清,关云,夏晓玲. 5CrMn9Ni4N 奥氏体耐热钢中的晶界 Cr$_2$N[J]. 电子显微学报,1998,17(1):33.

[100]　张保议. 3Cr23Ni8Mn3N 作为大功率柴油机排气阀用钢的可行性研究[J]. 热加工工艺,2001,(5):49.

[101]　黄武. 高负荷风冷柴油机排气阀钢 5Cr21Mn9Ni4Nb2WN(21-4N＋WNb)[J]. 特殊钢,1985,(5):38.

[102]　程世长,刘正东,杨刚,等. 铌对 21-4N 气阀钢性能影响的研究[R]. 钢铁研究总院,2005.

[103]　罗尔夫·米尔巴赫. Resis TEL 一种新的廉价耐热气门材料[J]. 程世长译. 内燃机配件,1990,(2):53.

[104]　丁国娣. 船用柴油机气门钢 GH751 的性能分析[J]. 柴油机,2004,(4):3.

[105]　王明建,夏申琳,李雪峰. 钛合金用于制造汽车零部件[J]. 现代零部件,2014,(4):50.

[106] 王悔改,冷文才,李双晓,等. 热处理工艺对 TC4 钛合金组织和性能的影响[J]. 热加工工艺,2011,10(40):181.

[107] 朱雪峰,余日成,黄艳华,等. 热处理对 TA19 钛合金组织和力学性能的影响[J]. 金属热处理,2015,2(40):102.

[108] 程宗祥,朱蕴策,林峰. 第 11 章 汽车、拖拉机及柴油机零件的热处理[M]//中国机械工程学会热处理专业分会《热处理手册》编委会. 热处理手册第 2 卷. 4 版. 北京:机械工业出版社,2008.

[109] 黄干尧,李汉康,等. 高温合金[M]. 北京:冶金工业出版社,2002.

[110] 《中国航空材料手册》编委会. 中国航空材料手册(2 版)第 2 卷,变形高温合金铸造高温合金[M]. 北京:中国标准出版社,2002.

[111] 《中国航空材料手册》编委会. 中国航空材料手册 第 2 卷,变形高温合金铸造高温合金[M]. 北京:中国标准出版社,1989.

[112] Heckl A,Neumeier S,Cenanovic S,et al. Reasons for the enhanced phase stability of Ru-containing nickel-based superalloys[J]. Acta Materialia,2011,59:6563.

[113] Heckl A,Neumeier S,Göken M,et al. The effect of Re and Ru on γ/γ' microstructure,γ-solid solution strengthening and creep strength in nickel-base superalloys[J]. Materials Science and Engineering A,2011,528:3435~3444.

[114] Kuo C M,Yang Y T,Bor H Y,et al. Aging effects on the microstructure and creep behavior of Inconel 718 superalloy[J]. Materials Science and Engineering A,2009,510-511:289.

[115] Whitmorea L,Leitnera H,Povoden-Karadenizb E,et al. Transmission electron microscopy of single and double aged 718Plus superalloy[J],Materials Science and Engineering A,2012,534:413.

[116] Xiao L,Chen D L,Chaturvedi M C. Shearing of γ'' precipitates and formation of planar slip bands in Inconel 718 during cyclic deformation[J]. Scripta Materialia,2005,52:603.

[117] Gao P,Zhang K F,Zhang B G,et al. Microstructures and high temperature mechanical properties of electron beam welded Inconel 718 superalloy thick plate[J]. Transactions of Nonferrous Metals Society of China,2011,21:315.

[118] Ye D Y. Effect of cyclic straining at elevated-temperature on static mechanical properties,microstructures and fracture behavior of nickel-based superalloy GH4145/SQ[J]. International Journal of Fatigue,2005,27(9):1102.

[119] 叶锐曾,徐志超,葛占英,等. 镍基变形高温合金中弯曲晶界形成的机制[J]. 金属学报,1985,21:A131.

[120] Tian S G,Wang M G,Yu H C,et al. Influence of element Re on lattice misfits and stress rupture properties of single crystal nickel-based superalloys[J]. Materials Science and Engineering A,2010,527:4458~4465.

[121] 高温合金金相图谱编写组. 高温合金金相图谱[M]. 北京:冶金工业出版社,1979.

[122] 李嘉荣,熊继春,唐定中. 先进高温结构材料与技术(上、下册)[M]. 北京:国防工业出版

社,2012.

[123] 张国庆,李周,田世藩,等.喷射成形高温合金及其制备技术[J].航空材料学报,2006,26(3):257.

[124] 罗光敏,樊俊飞,单爱党.喷射成形高温合金的研究和应用[J].材料导报,2007,21(9):52.

[125] 中国金属学会高温材料分会.中国高温和合金手册 上卷[M].北京:中国质检出版社,中国标准出版社,2012.

[126] 谢锡善,冬建新,付书红,等.γ″和 γ′相强化的 Ni-Fe 基高温合金 GH4169 的研究与发展[J].金属学报,2010,46(11):1289.

[127] 刘杨,王磊,乔雪璎,等.应变速率对电场处理 GH4199 合金拉伸变形行为的影响[J].稀有金属材料与工程,2008,37:66.

[128] 罗顺.镍基单晶合金 MCrAlY 涂层防护性能研究[D].长沙:中南大学,2009.

[129] 孙瑞杰,闫晓军,聂景旭.定向凝固涡轮叶片高温低周疲劳的破坏特点[J].航空学报,2011,32(2):337.

[130] Pu S,Zhang J,Shen Y F,et al. Recrystallization in a directionally solidified cobalt-base superalloy[J]. Materials Science and Engineering A,2008,480:428.

[131] Kermajani M. Influence of double aging on microstructure and yield strength of AEREXTM 350[J]. Materials Science and Engineering A,2012,534:547.

[132] Klein L,Shen Y,Killian M S,et al. Effect of B and Cr on the high temperature oxidation behaviour of novel γ/γ′-strengthened Co-base superalloys[J]. Corrosion Science,2011,53:2713~2720.

[133] Klopp W D. Aerospace Structural Metals Handbook[R]. Vol. 5,Code 4302,1986.

[134] 濮晟.DZ40M 高温合金的再结晶及其对合金力学性能的影响[D].南京:南京航空航天大学,2007.

[135] Sato J,Omori T,Oikawa K,et al. Cobalt-base high-temperature alloys[J]. Science,2006,312:90.

[136] 长崎诚三,平林真.二元合金状态图集[M].刘安生译.北京:冶金工业出版社,2004.

[137] 陈国良,林均品.有序金属间化合物结构材料物理金属学基础[M].北京:冶金工业出版社,2004.

[138] Fagarascanu D,Haubold T. Properties of forged γ-TiAl compressor blades[C]∥Kim Y W,Dimiduk D M,Loretto M H. Gamma titanium aluminides,Warrendale,Pennsylvania,TMS,1999:365.

[139] Maki K,Ehira A. Development of a high-performance TiAl exhaust valve[R]. SAE Paper,Warrendale,Pennsylvania,TMS,1996:117.

[140] Keller M M,Jones P E,Porter W J,et al. The development of low-cost TiAl automotive valve[J]. JOM,1997,49(5):42.

[141] Kawaura H,Nishino K,Saito T. New surface treatment using a fluidized bed furnace for improving oxidation resistance of TiAl-base alloys[C]∥Nathal M V,Darolia R,Liu C T. Structural Intermetallic 1997,Warrendale,Pennsylvania,TMS,1997:377.

[142] Clements H, Appel F, Bartels A, et al. Processing and application of engineering γ-TiAl based alloys[C]. Proceeding of the 10th World Conference on Titanium, Hamburg, 2003: 2123.

[143] 陶正兴. 钛铝间金属化合物研究开发现状[J]. 上海钢研, 1997, (1): 49.

[144] Zan X, Wang Y, Xia Y, et al. Dynamic behavior and fracture mode of TiAl intermetallic with different microstructure at elevated temperatures[J]. Transactions of Nonferrous Metals Society of China, 2011, 21: 45.

[145] Huang W, Zan X, Nie X, et al. Experimental study on the dynamic tensile behavior of a poly-crystal pure titanium at elevated temperatures[J]. Materials Science and Engineering A, 2007, 443: 33.

[146] Zan X, Chen X, Huang W, et al. Rapid-contact heating technique in tensile impacts at elevated temperatures[J]. Journal of Experimental Mechanics, 2005, 20: 321~327.

[147] 黄旭, 李臻熙, 黄浩. 高推重比航空发动机用新型高温钛合金研究进展[J]. 中国材料进展, 2011, 30(6): 21.

[148] 张永刚, 韩雅芳, 陈国良, 等. 金属间化合物结构材料[M]. 北京: 国防工业出版社, 2001.

[149] 张建伟, 张海深, 张学成, 等. Ti-23Al-17Nb 合金双态组织的控制及其对力学性能的影响[J]. 稀有金属材料与工程, 2010, 39(2): 372.

[150] 彭继华, 李世琼, 毛勇, 等. Ta 对 Ti_2AlNb 基合金微观组织和高温性能的影响[J]. 中国有色金属学报, 2000, 增刊 1(10): 50.

[151] 张建伟, 李世琼, 梁晓波, 等. Ti_3Al 和 Ti_2AlNb 基合金的研究与应用[J]. 中国有色金属学报, 2010, 20(专辑 1): s326.

[152] 杜刚, 崔林林, 雷强, 等. O 相合金 Ti_2AlNb 的研究进展[J]. 中国材料进展, 2018, 37(10): 68.

[153] 冯艾寒, 李渤渤, 沈军. Ti_2AlNb 基合金的研究进展[J]. 材料与冶金学报, 2011, 10(1): 30.

[154] 孙晓峰. 973 计划材料领域"十三五"战略规划（高温合金部分）[R]. 2014 年 10 月.

[155] Long H B, Mao S C, Liu Y N, et al. Microstructural and compositional design of Ni-based single crystalline superalloys-A review[J]. Journal of Alloys and Compounds, 2018, 743: 203.

[156] 杜金辉, 赵光普, 邓群, 等. 中国变形高温合金研制进展[J]. 航空材料学报, 2016, 36(3): 27.

[157] 郭茂文, 刘春荣, 郑雪萍, 等. 粉末高温合金的研究现状[J]. 热加工工艺, 2017, 46(20): 11.

[158] 孙晓峰, 金涛, 周亦胄, 等. 镍基单晶高温合金研究进展[J]. 中国材料进展, 2012, 31(12): 1.

[159] Dexin M A, Novel casting processes for single-crystal turbine blades of superalloys[J]. Frontiers of Mechanical Engineering, 2018, 13(1): 3.

[160] 郑玉荣, 吴新年, 王晓民. 镍基高温合金核心技术发展[J]. 中国材料进展, 2015, 34(3): 246.

[161]　Sato A. Nickel-Based Single Crystal Superalloy for Turbine Blade Used for Aircraft Engine and Industrial Gas Turbine,Contains Composition Containing Cobalt,Niobium,Rhenium,Ruthenium,Remainder of Nickel and Unavoidable Impurities[P]:Ishikawajima Harima Heavy Ind:WO2008111585A1. 2008-09-18.

[162]　Lemberg J A,Ritchie R O. Mo-Si-B alloys for ultrahigh-temperature structural applications[J]. Advanced Materials,2012,24:3445.

[163]　史志武,张洪宇,韦华,等. Nb-Ti-Al 基超高温合金研究进展[J]. 稀有金属,2016,40(2): 172.

[164]　Guo Y L,Jia L N,Kong B,et al. Microstructure and fracture toughness of Nb-Si based alloys with Ta and W additions[J]. Intermetallics,2018,92:1.

[165]　Ma X,Guo X P,Fu M S. Precipitation of γNb₅Si₃ in Nb-Si based ultrahigh temperature alloys[J]. Intermetallics,2018,98:11.

[166]　Tang Y,Guo X P. Flow softening behavior during hot compression of a Nb-Si based ultrahigh temperature alloy[J]. Journal of Alloys and Compounds,2018,731:985.

[167]　Wang N,Jia L N,Kong B,et al. Eutectic evolution of directionally solidified Nb-Si based ultrahigh temperature alloys[J]. International Journal of Refractory Metals & Hard Materials,2018,71:273.

[168]　郭喜平. Nb-Si 基超高温合金制备技术及抗氧化硅化物渗层[J]. 中国材料进展,2015,34 (2):120.

[169]　Ge Y L,Wang Y M,Chen J C,et al. An Nb₂O₅-SiO₂-Al₂O₃/NbSi₂/Nb₅Si₃ multilayer coating on Nb-Hf alloy to improve oxidation resistance[J]. Journal of Alloys and Compounds,2018,745:271.

[170]　张来启,黄永安,林均品. Mo-Si-B 三元系金属间化合物超高温结构材料研究进展[J]. 南京航空航天大学学报,2016,48(1):1.

[171]　Kamata S Y,Kanekon D ,Lu Y Y,et al. Ultrahigh-temperature tensile creep of TiC-reinforced Mo-Si-B based alloy[J]. Scientific Reports,2018,8:10487.

[172]　Perepezko J H. Surface Engineering of Mo-Base Alloys for Elevated-Temperature Environmental Resistance[J]. Annual Review of Materials Research,2015,45:519.

[173]　王建国,任朋立,张周科,等. 我国高温合金的发展及前景[J]. 热加工工艺,2016,45(4): 13.

[174]　Reed R C,Tao T,Warnken N. Alloys-by-design:application to nickel-based single crystal superalloys[J]. Acta Materialia,2009,57:5898.

[175]　朱礼龙,戚海英,江亮,等. 镍基高温合金相关相图的高通量测定与热力学优化[J]. 中国有色金属学报,2015,25(11):2953.

[176]　韩志宇,曾光,梁书锦,等. 镍基高温合金粉末制备技术的发展现状[J]. 中国材料进展, 2014,33(12):748.

[177]　王梦雅,纪箴,张一帆,等. 粉末高温合金中原始粉末颗粒边界研究进展[J]. 粉末冶金技术,2017,35(2):142.

[178] 张军,黄太文,刘林,等. 单晶高温合金凝固特性与典型凝固缺陷研究[J]. 金属学报,2015,51(10):1163.

[179] Barb D,Alabort E,Pedrazzini S,et al. On the microtwinning mechanism in a single crystal superalloy[J]. Acta Materialia,2017,135:314.

[180] 刘刚,刘林,张胜霞,等. Re 和 Ru 对镍基单晶高温合金组织偏析的影响[J]. 金属学报,2012,48(7):845.

[181] Rae C. Alloys by Design:modelling next generation superalloys[J]. Materials Science and Technology,2009,25(4):479.

[182] 倪莉,张军,王博,等. 镍基高温合金设计的研究进展[J]. 材料导报 A:综述篇,2014,28(2):1.

[183] Reed R C,Zhu Z,Sato A,et al. Isolation and testing of new single crystal super alloys using alloys-by-design method[J]. Materials Science & Engineering A,2016,667:261.

[184] Lu Q,van der Zwaag S,Xu W. Charting the 'composition-strength' space for novel austenitic,martensitic and ferritic creep resistant steels[J]. Journal of Materials Science & Technology,2017,33:1577.

[185] Lu Q,Xu W,van der Zwaag S. The design of a compositionally robust martensitic creep-resistant steel with an optimized combination of precipitation hardening and solid-solution strengthening for high-temperature use[J]. Acta Materialia,2014,77:310.

[186] Crudden D J,Raeisinia B,Warnken N,et al. Analysis of the chemistry of Ni-Base turbine disk superalloys using an alloys-by-design modeling approach[J]. Metallurgical and Materials Transactions A:Physical Metallurgy and Materials Science,2013,44A(5):2418.

[187] Office of Science and Technology. Fact Sheet:The materials genome initiative-Three years of progress[R]. Washington D C:Office of Science and Technology Policy,2014.

[188] Zhu Z,Hoglund L,Larsson H,et al. Isolation of optimal compositions of single crystal superalloys by mapping of a material's genome[J]. Acta Materialia,2015,90:330-343

[189] Kaufman L,Agren J. CALPHAD,first and second generation-birth of the materials genome[J]. Scripta Materialia,2014,70:3.

[190] Olson G B,Kuehmann C J. Materials genomics:from CALPHAD to flight[J]. Scripta Materialia,2014,70:25.

[191] 王薪,朱礼龙,方姣,等. 基于"材料基因组工程"的 3 种方法在镍基高温合金中的应用[J]. 科技导报,2015,33(10):79.

[192] 姜贝贝,王清,董闯. 基于固溶体短程序结构的团簇式合金成分设计方法[J]. 物理学报,2017,66:026102.

[193] Mostafaei M,Abbasi S M,Designing and characterization of Al-and Ta-bearing Ni-base superalloys based on d-electrons theory[J]. Materialsand Design,2017,127:67.

[194] Barba D,Alabort E,Pedrazzini S,et al. On the microtwinning mechanism in a single crystal superalloy[J]. Acta Materialia,2017,135:314.

[195]　le Graverend J B,Pettinari-Sturmel F,Cormier J,et al. Mechanical twinning in Ni-based single crystal superalloys during multiaxial creep at 1050℃[J]. Materials Science and Engineering A,2018,722:76.

[196]　Reed R C. Superalloys:Fundamentals and Applications[M]. Cambridge:Cambridge University Press,2006.

[197]　Crudden D J,Mottura A,Warnken N,et al. Modelling of the influence of alloy composition on flow stress in high-strength nickel-based superalloys[J]. Acta Materialia,2014,75:356.

[198]　Galindo-Nava E I,Connor L D,Rae C M F. On the prediction of the yield stress of unimodal and multimodal γ' nickel-base superalloys[J]. Acta Materialia,2015,98:377.

[199]　Collins D M,Stone H J,A modelling approach to yield strength optimisation in a nickel-base superalloy[J]. International Journal of Plasticity,2014,54:96.

[200]　Nemeth A A N,Crudden D J,Armstrong D E J,et al. Environmentally-assisted grain boundary attack as a mechanism of embrittlement in a nickel-based superalloy[J]. Acta Materialia,2017,126:361.

[201]　Kontis P ,Collins D M,Wilkinson A J,et al. Microstructural degradation of polycrystalline superalloys from oxidized carbides and implications on crack initiation[J]. Scripta Materialia,2018,147:59.

[202]　濮晟,谢光,王莉,等. Re 和 W 对铸态镍基单晶高温合金再结晶的影响[J]. 金属学报,2016,52(5):538.

索引（按汉语拼音顺序）